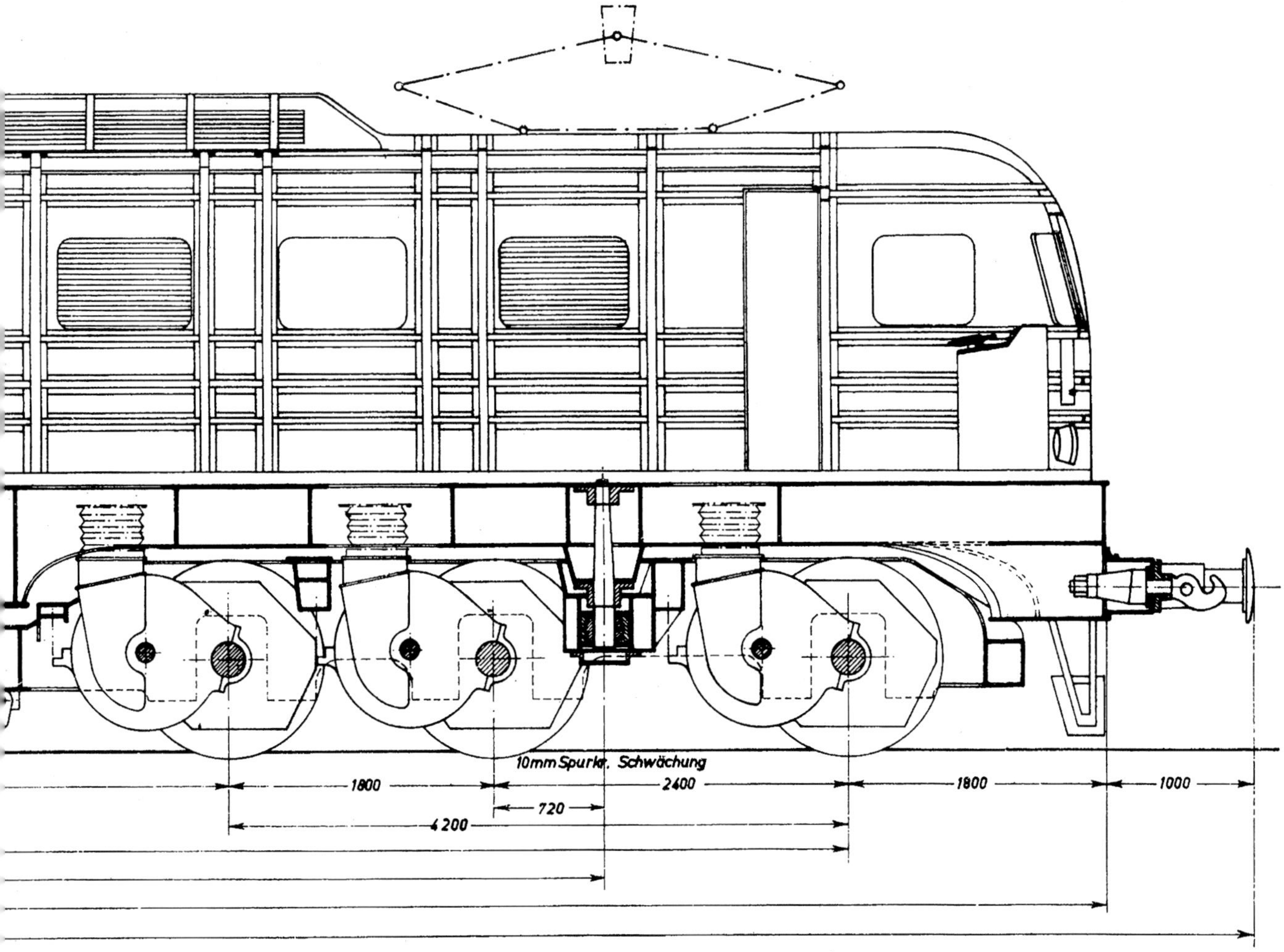
10mm Spurkr. Schwächung
1800
2400
1800
1000
720
4200

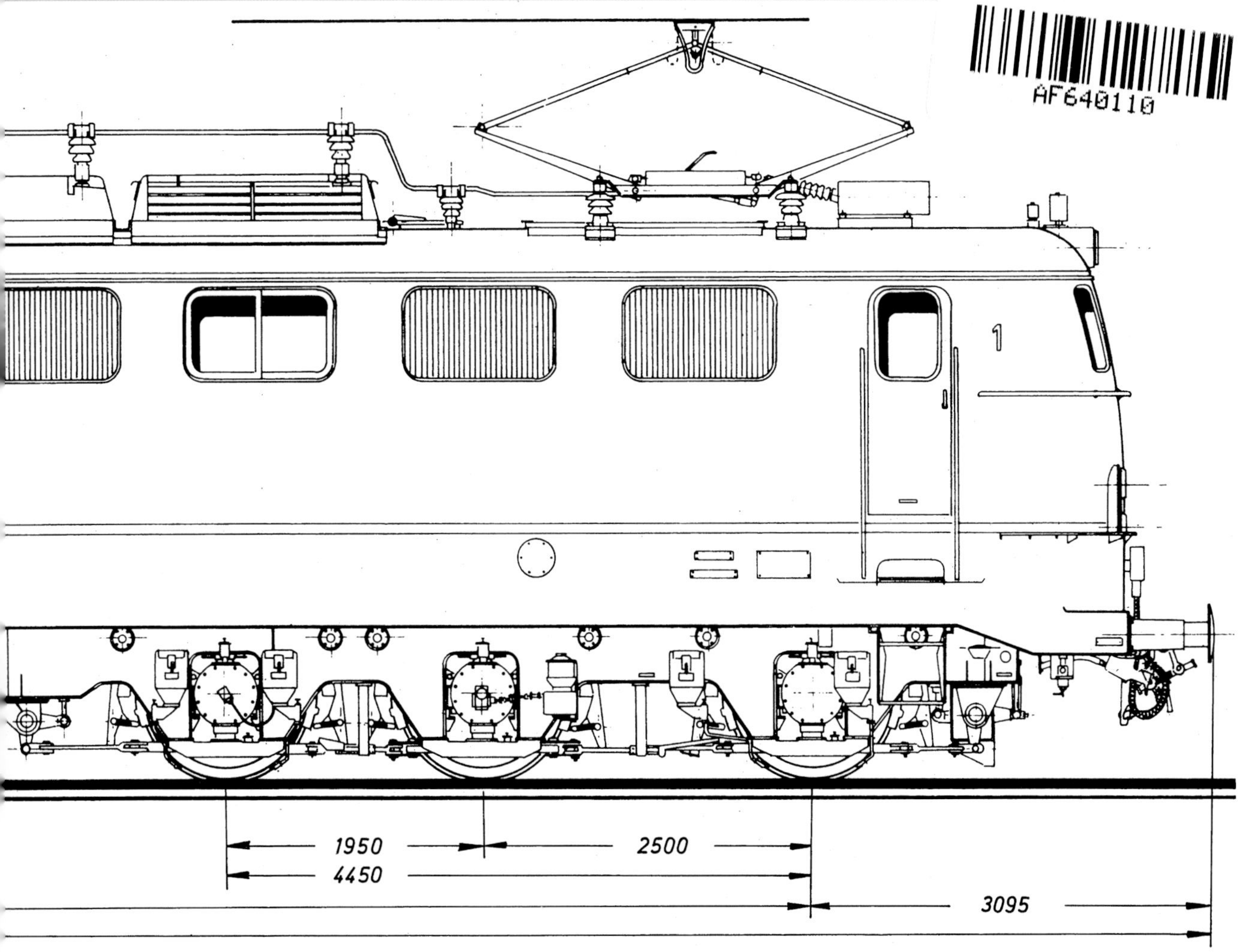
1
1950
2500
4450
3095

Roland Hertwig

Die Baureihe E 50

Einheits-Ellok für den schweren Güterzugdienst

EISENBAHN KURIER
VORBILD UND MODELL

EK-Verlag

Impressum

Titelbild

Das Bw Bebra beheimatete nicht nur lange Zeit eigene E 50, sondern war auch Wende-Bw für Nürnberger und Würzburger Loks. Am 17. März 1983 ist die Nürnberger **150 029** im Betriebswerk eingerückt. AUFNAHME: A. DZIEWIOR, SAMMLUNG EK-VERLAG

Rückseite

Oben: Dynamisch legt sich mit **150 192** im Mai 1985 eine Lok der letzten Bauserie bei Neckargemünd in den Gleisbogen. Sie wurde als eine der letzten Loks ihrer Baureihe am 14. Februar 1973 von der DB abgenommen. Nach einer Dienstzeit von gerade einmal 28 Jahren erfolgte ihre Ausmusterung am 20. November 2000.
AUFNAHME: HENNING FOLZ

Unten: In ihrem vorletzten Einsatzjahr war die Baureihe 150 noch immer auch in jenem Einsatzgebiet (Strecke Aschaffenburg – Würzburg) aktiv, in welchem sie 1957 ihre ersten Dienste absolviert hatte. **150 095** – hier am 22. August 2002 bei Himmelstadt – war dort erstmals 1963 anzutreffen. AUFNAHME: GEORG WAGNER

Vorsatz

Oben: Schnittzeichnung eines ersten Entwurfes für die Baureihe E 50 mit Tatzlagerantrieb (vorgestellt im Dezember 1952 in München auf dem Fachausschuss für elektrische Triebfahrzeuge in München).
ABBILDUNG: BZA MÜNCHEN, SAMMLUNG EK-VERLAG

Unten: Schnittzeichnung der Baureihe 150 mit Gummiringfederantrieb. Hier die Version der Lokomotiven 150 101-150 127 (Baujahre ab 1963).
ABBILDUNG: BZA MÜNCHEN, SAMMLUNG NORMAN KAMPMANN

Nachsatz

E 50 038 des Bw Würzburg am 28. Mai 1960 im Bw Nürnberg Rbf.
AUFNAHME: WALTER HANOLD/ARCHIV JÖRG SAUTER

ISBN 978-3-8446-6062-3

www.eisenbahn-kurier.de

Bearbeitung/Gestaltung: Norman Kampmann

Bildbearbeitung: Daniel Jennewein, Sabine Ressel, Sandra Schnellbach, Rico Schreiber

Unser Gesamtverzeichnis erhalten Sie kostenlos unter Tel. 0761-70 310 0 oder unter service@eisenbahn-kurier.de

EK-Verlag – ein Verlag der VMM Verlag + Medien Management Gruppe GmbH
Lörracher Straße 16 – 79115 Freiburg

Inhalt

△ **Bild 1** • Im Frühjahr 1957 hat eine Werklok die gerade fertiggestellte **E 50 003** auf dem Krupp-Werksgelände in Essen fotogerecht im Außenbereich bereitgestellt. Die gehobenen Stromabnehmer greifen ins Leere – zum Aufnahmezeitpunkt gab es im Ruhrgebiet noch keine elektrisch betriebene DB-Strecke. Als erste Verbindung ging am 2. Juni 1957 zwar die Strecke Düsseldorf – Duisburg – Hamm ans Netz, elektrische Güterzuglokomotiven suchte man hier zunächst allerdings vergeblich. Die ersten eigenen E 50 erhielt das Bw Hagen-Eckesey erst acht Jahre später … Aufnahme: Krupp, Sammlung Norman Kampmann

Vorwort

Die Baureihe E 50 gehört zur Gruppe von Ellok-Baureihen, die als Einheitselektrolokomotiven bezeichnet werden. Das vom Fachausschuss für elektrische Triebfahrzeuge des Eisenbahn-Zentralamtes München erstellte Typenprogramm für elektrische Lokomotiven aus dem Jahr 1952 sah den Bau der Baureihen E 10 (für den Schnellzug- und mittelschweren Güterzugdienst), E 41 (für leichten Personen- und Güterzugdienst) sowie E 50 (für schweren Güterzugdienst) vor, die für das rasch wachsende elektrische Streckennetz benötigt wurden. Das wesentliche Betätigungsfeld der späteren E 40 – der mittelschwere Güterzugdienst – sollte dabei eigentlich durch die E 10 abgedeckt werden, die daher zunächst als Mehrzwecklok konzipiert war. Es kam aber zur Aufteilung der Aufgaben zwischen den Baureihen E 10 und E 40. Vor der Schaffung der DB Cargo AG waren die Güterzugbaureihen allerdings planmäßig auch im Reisezugverkehr tätig.

Auch wenn die Lokomotiven der Baureihe E 50 zu den Einheitselektrolokomotiven zählen, waren sie nie ganz einheitlich. Die feinen äußerlichen Unterschiede der Lokomotiven werden in einem eigenen Kapitel aufgezeigt. Daneben bestanden auch nicht sichtbare technische Unterschiede. Damit auch Laien die Unterschiede verstehen können, werden die Bauteile und ihre Funktion möglichst einfach (zum Teil vereinfacht) beschrieben.

Als die ersten Loks der Baureihe E 50 gebaut wurden, gab es nur in Süddeutschland elektrifizierte Strecken. Mit der Ausdehnung des elektrischen Netzes nach Norden, wuchsen auch das Einsatzgebiet und der Bestand der Baureihe. Dieser Zusammenhang wird in der Chronik der Baureihe E 50 ebenso aufgezeigt, wie der Niedergang der schweren Sechsachser in den Jahren um die Jahrtausendwende.

Unfälle sind bedauerlich, kamen aber bei der im Güterverkehr eingesetzten E 50 immer wieder vor, weshalb dieses Thema in einem eigenen Kapitel behandelt wird.

Die Beheimatungen der E 50 werden mittels einer lückenlosen Beheimatungsstatistik aufgeführt. Daran anschließend wird beschrieben, wie die Loks von den Heimat-Betriebswerken eingesetzt wurden, was auch durch ausgewählte Umlaufpläne belegt wird.

Gerade dieser Teil des Buches konnte nur dank Unterstützung zahlreicher DB-Dienststellen realisiert werden. Daher sei an dieser Stelle den beteiligten DB-Mitarbeitern für ihre Hilfe und Geduld gedankt. Dank gebührt auch den zahlreichen Eisenbahnfreunden, die Daten, Umlaufpläne oder Bildmaterial für das Buch zur Verfügung gestellt haben. Die Beschreibung und Illustration des Lokbaus war nur mit Hilfe von Archivmaterial der am Bau beteiligten Firmen möglich.

Besonderer Dank gebührt Thomas Borbe für die Bereitstellung von umfangreichem Archivmaterial, Ulrich Budde für wertvolle Hinweise, Peter Große für zahlreiche amtliche Unterlagen, Klaus Hopf für viele Umlaufpläne, Jürgen Hörstel für die Bearbeitung des Kapitels „Unfälle“, Christian Wolf für die Vielzahl technischer Zeichnungen und Henning Folz für die kritische Durchsicht des Manuskripts.

In der Hoffnung, Ihnen interessante und bis dato unbekannte Fakten vermitteln zu können, wünsche ich Ihnen eine informative und spannende Lektüre!

Roland Hertwig

△ **Bild 2** • Rund ein Jahr später lieferte Krupp im Sommer 1958 bereits die **E 50 030** aus. Seit Oktober 1957 war zusätzlich auch die Auslieferung von E 50 der Firma Krauss-Maffei (E 50 031-041) angelaufen. AUFNAHME: ENGELS/BZA MÜNCHEN, SAMMLUNG NORMAN KAMPMANN

Die Vorläufer der DB-Einheits-Elloks

△ **Bild 3** • Für die Konstruktion der ab 1933 ausgelieferten Baureihe E 93 waren von Beginn an keine Laufachsen mehr vorgesehen, womit das gesamte Lokgewicht als Reibungsgewicht genutzt werden konnte – dieses Prinzip wurde bei allen späteren Güterzuglokomotiven beibehalten. Die seit August 1933 im Bw Kornwestheim beheimatete E 93 02 zeigt sich um 1935 dem Fotografen in Plochingen. AUFNAHME: CARL BELLINGRODT/EK-VERLAG

Auf der Suche nach den Vorläuferinnen der DB-Einheitselloks führt kein Weg an der Baureihe E 44 vorbei. Schon im Jahr 1931, als die Versuchsloks E 44 001, 101 und 201 entstanden, waren in ihnen wesentliche Merkmale der künftigen DB-Loks verwirklicht, sie verfügten über geschweißte Drehgestelle und einen geschweißten Hauptrahmen. Bei der ab 1931 erfolgten Serienfertigung kamen schließlich ölgekühlte Transformatoren sowie Nockenschaltwerke mit Feinsteuerreglung zum Einbau, die neuen Bauelemente bewährten sich.

Für den schweren Güterzugdienst wurde ab 1933 die Baureihe E 93 gebaut, in der sich viele Bauelemente der E 44 wiederfanden. Bereits sieben Jahre später erhielt sie mit der Baureihe E 94 einen leistungsstärkeren Nachfolger. Die Leistungssteigerung wurde durch eine verbesserte elektrische Ausrüstung erzielt, der mechanische Teil blieb weitgehend unverändert.

Die Baureihe E 94 war die letzte Neuentwicklung der Deutschen Reichsbahn. Zwar waren die Planungen für den Bau einer Baureihe E 46, die mit einer Achsfolge Bo'Bo', einer Stundenleistung von 2.500 kW und einer Höchstgeschwindigkeit von 110 km/h als stärkeres und schnelleres Nachfolgemodell der Baureihe E 44 schon weit gediehen, doch verhinderten die Kriegsereignisse die Realisierung. Dies gilt auch für die Entwicklung einer Baureihe E 100 für den Güterverkehr im Gebirge. Diese sollte die Achsanordnung Bo'Co'+Co'Bo' haben.

Ab 1942 wurde die Elektrifizierung weiterer Strecken eingestellt. Die Deutsche Reichsbahn (1937–1945 DRB) verfügte zu diesem Zeitpunkt über 2.660 km elektrifizierte Strecken (ohne Österreich). Gleichzeitig wurde der Bau von Elloks auf die kriegswichtigen Typen E 44 und E 94 beschränkt, die fortan als Kriegs-Elektroloks KEL 1 und KEL 2 bezeichnet wurden.

Am Kriegsende im Mai 1945 verblieben vom elektrifizierten Streckennetz der DRB rund 1.000 km in der sowjetisch besetzten Zone.

Auf diesen Strecken wurde in den Folgejahren die Fahrleitung weitgehend demontiert. Die in den Westzonen verbliebenen Streckenkilometer lagen hauptsächlich in Süddeutschland. Neben diesem zusammenhängenden Netz gab es elektrischen Inselbetrieb auf der Wiesen- und Wehratalbahn bei Basel, auf der Höllentalbahn (50 Hz), der Hamburger S-Bahn sowie einigen süddeutschen Nebenstrecken.

Auf all diesen Strecken konnte der elektrische Betrieb nach dem Kriegsende innerhalb weniger Monate wieder aufgenommen werden. Allerdings gab es anfangs Engpässe, da von den 449 Elloks, die in den Westzonen verblieben waren, rund die Hälfte schadhaft waren. Sie wurden vorrangig wieder instandgesetzt, wobei neben dem Ausbesserungswerk München-Freimann auch die Firma Krauss-Maffei unterstützte, die – wie alle deutschen Lokomotivfabriken – von den Alliierten mit einem Produktionsverbot belegt worden war. Lediglich die Fertigstellung der am Kriegsende noch im Bau befindlichen Loks war erlaubt, wodurch in den Jahren 1946 und 1947 die Loks E 44 176, 177, 179 und 180 sowie E 94 137 und 138 entstanden. Gleichzeitig mussten jedoch 26 Elloks ausgemustert werden, da sie so schwere Kriegsschäden aufwiesen, dass ihre Ausbesserung nicht mehr lohnte.

Nach der Behebung der größten Kriegsschäden an Gleisen, Bauwerken und Fahrzeugen konnte sich die DR (West) ab 1948 wieder mit Zukunftsaufgaben beschäftigen. Für Planungen im Bereich des elektrischen Betriebes war das Zentralamt München zuständig. Es prüfte nicht nur die Wirtschaftlichkeit der weiteren Streckenelektrifizierung (bzw. -elektrisierung, wie es noch bis Anfang der sechziger Jahre hieß) in Richtung Norden, sondern auch Fragen der Fahrzeugbeschaffung.

Bild 4 ▷ Im Dezember 1933 zeigt sich die im Juli 1933 abgenommene Serienlok E 44 007 in München-Laim Rbf. Diese Maschine zählte zu den später im Zweiten Weltkrieg irreparabel beschädigten und nicht wieder aufgebauten Lokomotiven.

Aufnahme: SSW, Sammlung EK-Verlag

Bild 5 ▷ Die Baureihe E 50 trat die Nachfolge der Baureihe E 94 an. Auch wenn zwischen der Abnahme der hier gezeigten E 94 284 am 2. Juni 1956 und der von E 50 001 am 4. April 1957 nur acht Monate Zeitunterschied lagen, gab es doch einen Technologiesprung (Aufnahme vom 4. Januar 1958 in Laufach).

Aufnahme: Ron Amberger, Eisenbahnstiftung

Das Zentralamt vertrat die Ansicht, dass für die neu elektrifizierten Strecken sowie als Ersatz für die Vorkriegselloks nur zwei neue Baureihen benötigt würden:

- eine vierachsige Universallok mit V_{max} 120 km/h und einem Achsdruck von 20 t für den Reisezugdienst sowie für den leichten und mittelschweren Güterzugdienst,
- eine sechsachsige Lok mit V_{max} 100 km/h und einem Achsdruck von 20 t für den schweren Güterzugdienst.

Beide Baureihen sollten Drehgestelle besitzen. Die vierachsige Lok sollte auch in Doppeltraktion vor schweren Güterzügen einsetzbar sein und eine Ausrüstung für den Einsatz mit Wendezügen besitzen. Bei der sechsachsigen Güterzuglok wurde zunächst geprüft, ob es günstiger sei, eine Lok mit zwei dreiachsigen Drehgestellen – wie die E 94 – oder eine Gelenklok mit drei zweiachsigen Drehgestellen zu bauen. Es zeigte sich, dass der technische Aufwand bei der Lok mit zwei dreiachsigen Drehgestellen etwas geringer war.

Da im Jahr 1949 die Lokomotiven der Baureihe E 94 noch verhältnismäßig jung waren, wollte sich die DR (West) zunächst auf die Weiterentwicklung dieser Baureihe beschränken und keine sechsachsigen Versuchslokomotiven entwickeln und bauen.

Für die vierachsige Lokbaureihe wollte man jedoch Versuchslokomotiven konstruieren, die eine verbesserte Ausführung der bereits 1940 geplanten Baureihe E 46 darstellen sollten. In ihnen sollten neue Bauelemente erprobt werden, die seit 1940 im In- und Ausland entwickelt worden waren. Dabei standen vor allem neue schweizerische Elloks Pate.

Bereits 1949 wurden fünf Lokomotivfabriken (Henschel, Jung, Krupp, Krauss-Maffei und Maschinenfabrik Esslingen) sowie die drei Elektrofirmen Allgemeine Elektricitäts-Gesellschaft (AEG), Brown, Boveri & Cie. (BBC) und Siemens-Schuckertwerke (SSW) mit der Erstellung von Entwürfen für die neue E 46 beauftragt. Die Planungsunterlagen waren bis zum April 1950 einzureichen, da die Deutsche Bundesbahn (die am 7. September 1949 aus der DR/West hervorgegangen war) noch 1949 die weitere Elektrifizierung des Streckennetzes bis hin zum Ruhrgebiet beschlossen hatte, wofür nun eine große Zahl an neuen Elloks benötigt wurde.

Von den E 10-Versuchslokomotiven zum ersten DB-Ellok-Typenprogramm

△ **Bild 6** • Nachdem die DB im November 1950 den Bau von vier Prototyplokomotiven der Baureihe E 10 in Auftrag gegeben hatte, zeigt sich die Krauss-Maffei/BBC-Maschine E 10 001 am 23. August 1952 zwar noch ohne Lackierung, aber bereits in betriebsbereitem Zustand. Auf dem KM-Werksgelände in München-Allach unternimmt die Lok erste Bewegungsfahrten. Die offizielle Vorstellung der ersten Neubaulok durch die DB erfolgte schließlich im September 1952. AUFNAHME: DR. GÜNTHER SCHEINGRABER/EK-VERLAG

Den an der Planung der Baureihe E 46 beteiligten Firmen wurde seitens der DB eine Vielzahl an Bedingungen vorgegeben, von denen hier einige vorgestellt werden sollen:

Die neuen Lokomotiven sollten in der Lage sein Schnellzüge mit 700 t auf 10 ‰ mit 90 km/h und Güterzüge mit 1.300 t auf 5 ‰ mit 70 km/h zu befördern. Ihre Höchstgeschwindigkeit war mit 125 km/h angesetzt. Eine Zugkraft von 7 t am Radumfang war gefordert, wobei 6 t bereits fünf Sekunden nach dem Anfahren aus dem Stillstand erreicht werden mussten. Die Erwärmung der Fahrmotoren durfte eine Temperatur von 90 °C nicht überschreiten. Auch durften Schwankungen bei der Fahrdrahtspannung zwischen 10,5 und 18,5 kV keine Betriebsstörungen verursachen. Die Loks sollten zweiachsige Drehgestelle mit Drehzapfen erhalten, wobei die Zugkraftübertragung über den Brückenrahmen und nicht mehr über die Drehgestelle (wie bei der E 44) erfolgen sollte. Auf Vorbauten, wie sie bei den Vorkriegselloks aus Sicherheitsgründen zu finden waren, glaubte man verzichten zu können. Schließlich war Vielfachsteuerung für den Einsatz in Doppeltraktion sowie die Ausrüstung für den Wendezugeinsatz einzubauen.

Nachdem anfangs der Bau von drei Versuchslokomotiven ins Auge gefasst worden war, gab die DB – als die Finanzierung gesichert war – im November 1950 insgesamt vier Loks in Auftrag. Gegenüber den Vorplanungen wurde die vorgesehene Höchstgeschwindigkeit der Loks nun auf 130 km/h heraufgesetzt und ihre Baureihenbezeichnung in E 10 umgewandelt.

Die Bauaufträge ergingen wie folgt:

- E 10 001 Krauss-Maffei und AEG,
- E 10 002 Krupp und BBC,
- E 10 003 Henschel und SSW,
- E 10 004 Henschel und BBC/AEG

Im Dezember 1950 bestellte die DB noch eine fünfte Versuchslok mit der Betriebsnummer E 10 005, die baugleich mit der E 10 004 war. Im Gegensatz zu den ersten vier Versuchslokomotiven, die umfangreichen Probefahrten und Tests unterzogen werden sollten, wollte man die fünfte Lok gleich im Plandienst einsetzen, um sie mit den Vorkriegselloks der Baureihe E 18 vergleichen zu können. Die Auslieferung der Maschinen erfolgte im Zeitraum zwischen dem 23. August 1952 (E 10 001) und dem 23. März 1953 (E 10 005).

Schon 1952 – also noch vor dem Beginn der Erprobung der E 10-Versuchslokomotiven – wurde die Serienfertigung von neuen Elloks ins Auge gefasst. Die Zeit drängte, denn bereits seit 1949 waren wieder Strecken elektrifiziert worden, so z. B. die Strecke Regensburg – Nürnberg im Jahr 1950.

Um den Mangel an Elloks zu überbrücken, ließ die DB zunächst einige Vorkriegsbaureihen nachbauen. So entstanden in den Jahren von 1954 bis 1956 noch die Loks E 18 054 und 055, E 44 184–187 sowie E 94 178–196 und 262–285. Diese Maschinen konnten zur Erprobung von Bauteilen der geplanten Einheitselloks genutzt werden. Gleichzeitig erhielt die DB aus der DDR im Tausch gegen Dampflokersatzteile die dort aufgrund der Demontage der Oberleitung nicht benötigten E 18 24, 28, 34, 44 und 048 sowie die E 94 042, 046, 054 und 055.

Bild 7 ▷
Am 27. Februar 1953 zeigt sich die erst wenige Wochen alte E 10 002 im AW München-Freimann. Sie trägt keinen seitlichen Schriftzug, sondern den damals auch bei Wagen verwendeten Vorgänger des DB-Emblems.

Bild 8 ▷
Am 25. November 1952 weilt E 10 003 anlässlich einer Zwischenuntersuchung im AW München-Freimann.

Aufnahmen (2):
Dr. Günther Scheingraber/EK-Verlag

Bild 9 ▷
Ab Oktober 1953 stand die bereits Ende 1952 angelieferte E 10 004 für den Betriebsdienst zur Verfügung. Mit dem D 403 befährt die Lok bei Hagenbüchach im Jahr 1955 die Strecke Nürnberg – Neustadt (Aisch) – Würzburg. Hier war am 3. Oktober 1954 der elektrische Betrieb eingeführt worden.

Aufnahme:
Carl Bellingrodt/EK-Verlag

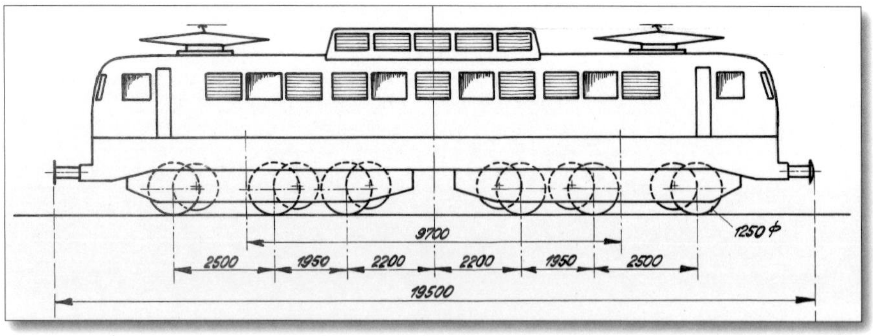

△ **Bild 10**
Einer der ersten Entwürfe der schweren Güterzug-Ellok der Baureihe E 50.

Abbildung: AEG, Sammlung Thomas Borbe

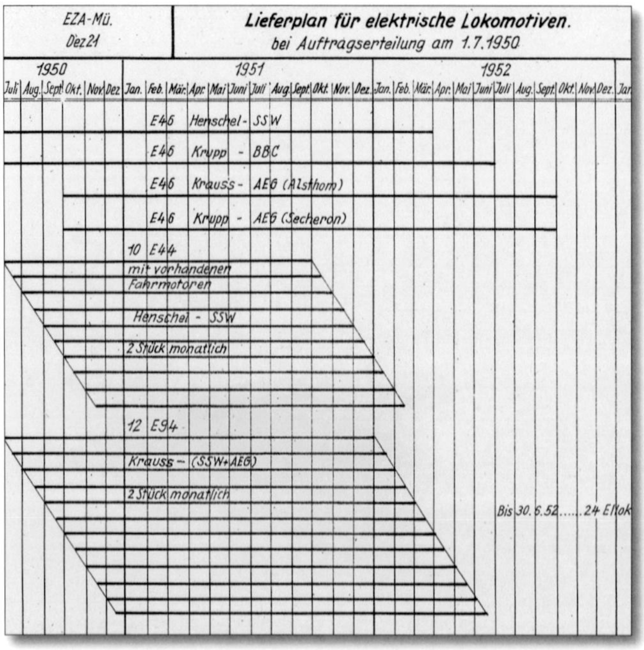

◁ **Bild 11**
Ein Anfang 1950 von der DB aufgestellter Auslieferungsplan sah bis 1952 zunächst die Beschaffung von 24 neuen Elloks vor, darunter auch die Lieferung von vier Prototyp-Elloks der Baureihe E 46 (später E 10).

Abbildung: DB, Sammlung EK-Verlag

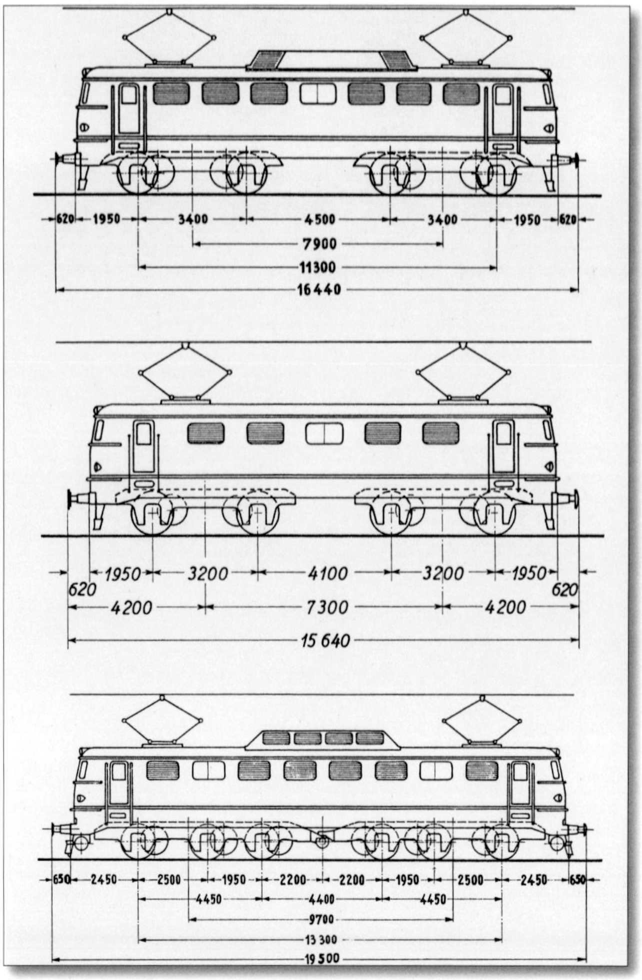

◁ **Bild 12**
Die Skizzen zeigen die für das neue Ellok-Typenprogramm geplanten Baureihen für den Streckendienst. Oben die Baureihen E 10/E 40, in der Mitte die Baureihe E 41 und unten die Baureihe E 50. Die Maße (in mm) und das Aussehen der einzelnen Typen änderten sich bei der Bauausführung teilweise noch.

Abbildung: DB, Sammlung Roland Hertwig

Ab 1952 wurde an einem Typenprogramm für neue Elloks gearbeitet. In ihm war natürlich die Baureihe E 10 für den Schnellzugdienst zu finden. Ob sie auch für den leichteren Güterzugdienst zu verwenden war, sollten erst die Versuche mit den Prototypen zeigen. Für den schweren Güterzugdienst brauchte man eine Nachfolgerin für die Baureihe E 94. Diese als Baureihe E 50 projektierte schwere Güterzuglok sollte folgende Bedingungen erfüllen:

- Stundenleistung: ca. 4.500 kW,
- Höchstgeschwindigkeit: 100 km/h,
- Achsdruck: ca. 21 t.
- Beförderung von 1.600 t Last über eine Steigung von 10 ‰ mit 50 km/h.

Die Höchstgeschwindigkeit von 100 km/h war für damalige vorausschauend schon sehr hoch angesetzt worden. An ein Ausnutzen so hoher Geschwindigkeiten im schweren Güterverkehr war allerdings zunächst noch nicht zu denken. Um das geforderte Programm zu erfüllen, musste die Motorleistung der E 50 ungefähr 39 % höher als die der E 94 liegen. Da das Gesamtgewicht der Lokomotive jedoch mit Rücksicht auf die vorgeschriebene Achslast nur unwesentlich erhöht werden konnte, mussten bei der Berechnung und Konstruktion der E 50 große Gewichtsersparnisse erzielt werden. Dies wurde erreicht – während das Leistungsgewicht der elektrischen Ausrüstung bei der E 94 bei 17,4 kg/kW liegt, beträgt es bei der E 50 nur noch 12,7 kg/kW.

Um den leichten Verkehr, z. B. Nahverkehrszüge und Nahgüterzüge, kostengünstig befördern zu können, wollte man auf eine leistungsschwache Maschine als Nachfolgerin für die E 44 nicht verzichten. Diese als Baureihe E 41 vorgesehene Lok sollte auch als Ersatz für Vorkriegselloks auf bayerischen Nebenstrecken eingesetzt werden können. Daher durfte ihre Achslast 16 t nicht überschreiten. Andererseits musste sie für den Dienst auf Hauptstrecken über eine Höchstgeschwindigkeit von 100 km/h verfügen. Die Leistung sollte etwa 2.000 kW betragen.

Die Beschaffung weiterer Loktypen wurde für die fernere Zukunft geplant. So sollte für schwere Schnellzüge mit hohen Geschwindigkeiten noch eine sechsachsige Schnellzuglok-Baureihe E 01 entwickelt werden. Ihre Höchstgeschwindigkeit war mit 160 bis 180 km/h angesetzt, die Stundenleistung mit 3.750 kW. Um den Oberbau nicht zu hoch zu beanspruchen, sollte der Achsdruck nicht höher als 17 t sein.

Für den Rangierdienst war die Projektierung jeweils einer zweiachsigen und einer dreiachsigen Lokbaureihe vorgesehen,

△ **Bild 13** • Nur wenige Jahre nach Beginn der Auslieferung der neuen Einheitselloks dominierten dieser Baureihen den elektrischen Betrieb der Deutschen Bundesbahn. Im Sommer 1963 haben sich an der Drehscheibe im Bw Bebra E 41 068 (Bw Frankfurt 1), E 40 438 (Hannover Hbf), E 40 377 (Hannover Hbf), E 40 170 (Bebra), **E 50 092** (Bebra), **E 50 091** (Bebra) und E 40 367 (Bebra) versammelt. Die beiden E 50 waren dem Bw Bebra fabrikneu erst im Mai 1963 zugeteilt worden. AUFNAHME: DB, SAMMLUNG EK-VERLAG

beide mit Stangenantrieb. Während die dreiachsige Variante mit einer Leistung von 725 kW und einer Höchstgeschwindigkeit von 45 km/h das Programm der V 60 auf elektrifizierten Bahnhöfen absolvieren sollte, war die zweiachsige Ausführung mit einer Leistung von 80 kW und einer Höchstgeschwindigkeit von 30 km/h als Ersatz für Diesel-Kleinloks im leichten Rangier- und Bauzugdienst gedacht.

Da bei Neuelektrifizierungen nicht mehr alle Bahnhofsgleise mit einer Oberleitung überspannt werden sollten, war auch die Beschaffung von Zweikraftlokomotiven ähnlich der bereits in Dienst stehenden E 80 ins Auge gefasst worden. Bei einer Achsanordnung A1A A1A und einem Achsdruck von 16 t sollte die neue Bauart eine Stundenleistung von 250 kW erbringen und eine Höchstgeschwindigkeit von 35 km/h besitzen.

Die von allen genannten Bauarten vom Betriebsmaschinendienst allerdings besonders dringend benötigte Ausführung war die der schweren Güterzuglokomotive der Baureihe E 50. Deshalb wurden nach dem Vorliegen erster Versuchsergebnisse der E 10-Prototypen umgehend die am Bau dieser Maschinen beteiligten Firmen damit beauftragt, Konstruktionspläne für die Baureihe E 50 zu erstellen. Bereits 1953 lagen die Pläne vor, wobei die Ausführungen der Firma Krupp auf den Fachausschuss der DB am überzeugendsten wirkten. Bis Mitte 1954 hatte man aus den Messfahrten mit den Versuchslokomotiven genügend Ergebnisse gesammelt, um das endgültige Typenprogramm zu erstellen. Es sah nun folgendermaßen aus:

BR	Achs-anord.	Höchst geschw.	Stunden-leistung	Achs-last	Verwendg.
E 10	Bo'Bo'	150 km/h	3.240 kW	21,2 t	Schnellzüge
E 40	Bo'Bo'	100 km/h	3.240 kW	20,8 t	Güterzüge im Flachland
E 41	Bo'Bo'	120 km/h	2.200 kW	16,6 t	leichte Züge
E 50	Co'Co'	100 km/h	4.350 kW	21,0 t	Güterzüge auf Steigungsstrecke

Daraus geht hervor, dass die DB ihr Typenprogramm im 1952 inzwischen um die Baureihe E 40 erweitert hatte. Denn die Erprobung der E 10-Versuchslokomotiven hatte gezeigt, dass deren Getriebeübersetzung bei der Beförderung von Güterzügen nicht vorteilhaft war. Deshalb erschien es zweckmäßiger, diesen Ellok-Typ in zwei Varianten zu bauen: Zum einen eine Ausführung mit geringer Getriebeübersetzung, die eine niedrigere Höchstgeschwindigkeit aber höhere Zugkraft zur Folge hatte. Zum anderen eine Ausführung mit größerer Getriebeübersetzung für höhere Geschwindigkeiten aber geringere Zugkräfte.

Im Gegensatz zu den E 10-Versuchslokomotiven wurde für die E 10-Serienlokomotiven eine Höchstgeschwindigkeit von 150 km/h festgesetzt. Damit sollte auf den geplanten Bau einer Fernschnellzug-Lok (vorgesehene Baureihenbezeichnung E 01) verzichtet werden können. Auch den Bau elektrischer Rangierlokomotiven verfolgte die DB aus wirtschaftlichen Gründen inzwischen nicht mehr.

Für die Baureihe E 41 war die Höchstgeschwindigkeit auf 120 km/h festgesetzt worden. Dies war darauf zurückzuführen, dass für diese Baureihe inzwischen ein erweitertes Aufgabenfeld vorgesehen war. Sie sollte außer auf Nebenstrecken künftig schwerpunktmäßig auch auf Hauptstrecken eingesetzt werden und dort den leichten Reise- und Güterverkehr übernehmen. Da für die Nahverkehrs- und Eilzüge von der DB eine Höchstgeschwindigkeit von 120 km/h angestrebt wurde, musste die Baureihe E 41 entsprechend ausgelegt werden.

Umgehend wurden die am Bau der E 10-Versuchslokomotiven beteiligten Firmen damit beauftragt, die Bauteile, die sich bei dieser Lok am besten bewährt hatten, konstruktiv zu überarbeiten, damit sie in den

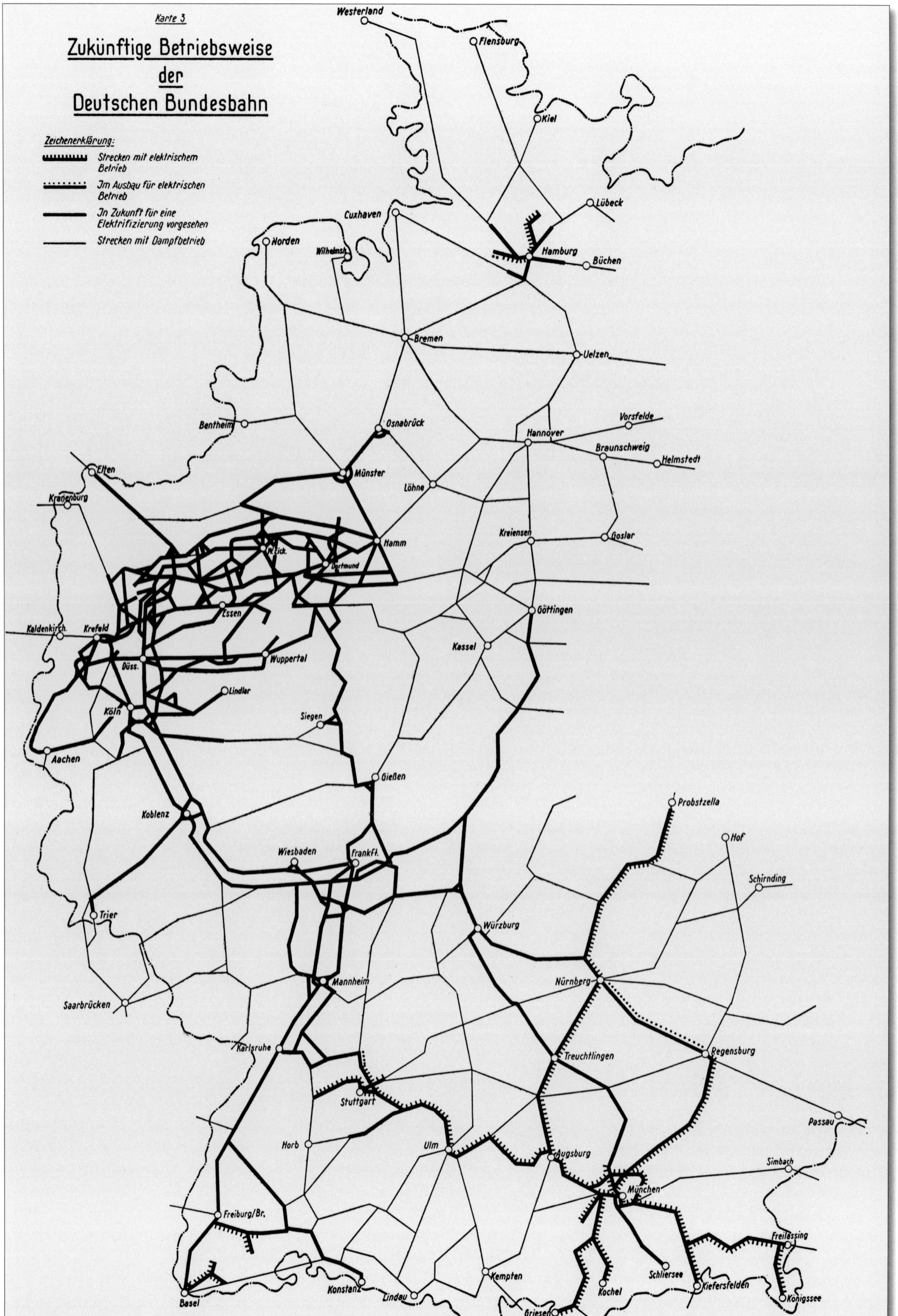

△ **Bild 14 •** Die Planungen der DB für den elektrischen Betrieb auf ihrem Streckennetz sahen 1950 vor allem eine Elektrifizierung der Achse Rhein/Ruhr – Süddeutschland vor. Der Betrieb in das norddeutsche Tiefland sollte zunächst weiter durch die Dampf- und später durch die Dieseltraktion abgedeckt werden. Abb.: Sammlung EK-Verlag

Bild 15 ▷ Mit E 10 101 wurde am 10. April 1957 die erste Serienlok der Baureihe E 10 abgenommen und beim Bw Offenburg in Dienst gestellt. Bereits am 6. Juli 1957 wurde die Lok zum Bw Heidelberg umbeheimatet.

Aufnahme: DB, Sammlung EK-Verlag

Bild 16 ▷ Als erste Einheits-Ellok wurde am 27. Juni 1956 die E 41 001 an die DB übergeben. Hier zeigt sich die Lok kurz nach ihrer Abnahme im September 1956 im AW München-Freimann mit einem aus einem ES 85 umgebauten Steuerwagen.

Aufnahme: Dr. Günter Scheingraber, EK-Verlag

neuen Einheitsbaureihen Verwendung finden konnten.

Die Federführung bei der Konstruktion der neuen Baureihen wurde aufgeteilt:

- E 10: Krauss-Maffei/SSW,
- E 41: Henschel/BBC,
- E 50: Krupp/AEG

Da die Baureihe E 40 weitgehend der Baureihe E 10 entsprechen sollte, war hierfür kein spezielles Konstruktionskonsortium vorgesehen.

Eine wichtige Vorgabe der DB war es, bei der Entwicklung der neuen Lokomotivkonstruktionen möglichst viele gleiche Bauteile in den verschiedenen Baureihen zu berücksichtigen. So konnten zum einen die Fertigungskosten herabgesetzt und die Vorhaltung von Ersatzteilen verringert werden. Wichtig war aber zum anderen auch die einheitliche Gestaltung der Führerstände. Denn damit konnte nicht nur die Ausbildung der Lokführer vereinfacht werden, sondern auch im späteren Dienst ein einfacherer Wechsel von der einen zur anderen Einheitsellok-Baureihe ermöglicht werden.

Das Ergebnis der Planungen konnte sich sehen lassen. Rund 35 % der Bauteile, insgesamt mehrere hundert, waren bei allen Baureihen identisch ausgeführt worden. Die Hauptteile der elektrischen Ausrüstung, so zum Beispiel Fahrmotoren, Transformatoren und die elektrische Bremse, waren hingegen dem unterschiedlichen Betriebsprogramm der Baureihen entsprechend ausgelegt und somit nicht einheitlich ausgeführt.

Für die Realisierung der neuen Ellok-Generation erhielten alle am Bau beteiligten Firmen jeweils die Konstruktionsunterlagen für alle Baureihen vier Baureihen zugestellt. Damit sollte jede Firma in der Lage sein, alle vier unterschiedlichen Bauarten zu fertigen. Das Ziel der DB war es, den mit der großflächig einsetzenden Streckenelektrifizierung bestehenden Lokbedarf möglichst schnell abdecken zu können. Allerdings gab es zwei Spezialbauteile, deren Konstruktionsunterlagen von den Herstellerwerken gemäß einem Vertrag mit der DB nicht weitergegeben wurden: der SSW-Gummiringfederantrieb und der BBC-Hauptschalter.

Allgemeine Übersicht

Die Baureihe E 50 sollte folgende Beförderungsleistungen erbringen:

Anhängelast	Steigung	Geschwindigkeit
Güterverkehr		
3.000 t	1,5 ‰	75 km/h
2.450 t	3 ‰	75 km/h
1.945 t	5 ‰	75 km/h
1.740 t	7 ‰	70 km/h
1.590 t	10 ‰	60 km/h
1.000 t	20 ‰	50 km/h
Reisezugdienst		
970 t	7 ‰	100 km/h
765 t	10 ‰	100 km/h
420 t	20 ‰	100 km/h

Diese Leistungsdaten entsprachen ungefähr denen der Nachbaulokomotiven der Baureihe E 94 (E 94 262–285), die über eine Trafoleistung von 4.680 kVA verfügtenv(die älteren E 94 besaßen dagegen nur eine Trafoleistung von 3.240 kVA). Die E 50 sollte einen Trafo mit einer Leistung von 4.900 kVA erhalten. Die Höchstgeschwindigkeit der E 94-Nachbauloks und E 50 sollte mit 100 km/h identisch sein und lag damit über jener der übrigen E 94 mit 90 km/h. Der Aufbau von E 94 und E 50 sollte sich aber grundlegend unterscheiden. Bei der E 94 übertrugen die beiden dreiachsigen Drehgestelle die Zug- und Stoßkräfte. Jedes Drehgestell trug einen halbhohen Vorbau, in dem ein Teil der elektrischen Ausrüstung und der Hilfsbetriebe untergebracht waren. Die Brücke mit den beiden durch einen Seitengang verbundenen Führerständen und dem Maschinenraum mit Trafo, Schaltwerk und der weiteren elektrischen Ausrüstung stützte sich über gefederte Gleitstühle auf den beiden Drehgestellen ab und wurde über Drehzapfen geführt.

Die E 50 hingegen sollte – wie alle geplanten Einheitselloks – einen Lokkasten erhalten, der alle Bauteile der Lok enthielt sowie die Zug- und Stoßkräfte übertragen sollte. Dadurch, dass die Drehgestelle nicht mehr diese Kräfte aufnehmen mussten, konnten sie leichter gebaut werden. Auch technisch sollte es beträchtliche Unterschiede geben. Die E 94 hatte ein Niederspannungs-Nockenschaltwerk, das noch keine Nachlaufsteuerung besaß. Vielmehr musste der Lokführer mit einem Fahrschalterhandrad über Ketten und Wellen die Schaltung vornehmen. Die Führerstände waren für stehende Bedienung eingerichtet. Bei der E 50 hingegen war ein Hochspannungsschaltwerk mit Nachlaufsteuerung vorgesehen. Die Führerstände sollten im Sitzen bedient werden können. Da eine Lok der Baureihe E 50 deutlich höhere Beschaffungskosten als eine E 40 verursachte, bemühte sich die DB, diese größere Bauart so einfach und anspruchslos wie möglich zu fertigen, um sie wirtschaftlich betreiben zu können. Da die Höchstgeschwindigkeit der E 50 mit 100 km/h verhältnismäßig niedrig lag und in den fünfziger Jahren noch davon ausgegangen wurde, die Güterzugloks künftig weitgehend im Geschwindigkeitsbereich um 65 km/h zu betreiben, glaubte die DB, vor allem beim Fahrwerk sparen zu können. Dies sollte sich rächen, denn zweimal musste die Drehgestellkonstruktion verändert werden. Unter heutigen Bedingungen hätte die Baureihe die lauftechnische Zulassung wohl nicht erhalten.

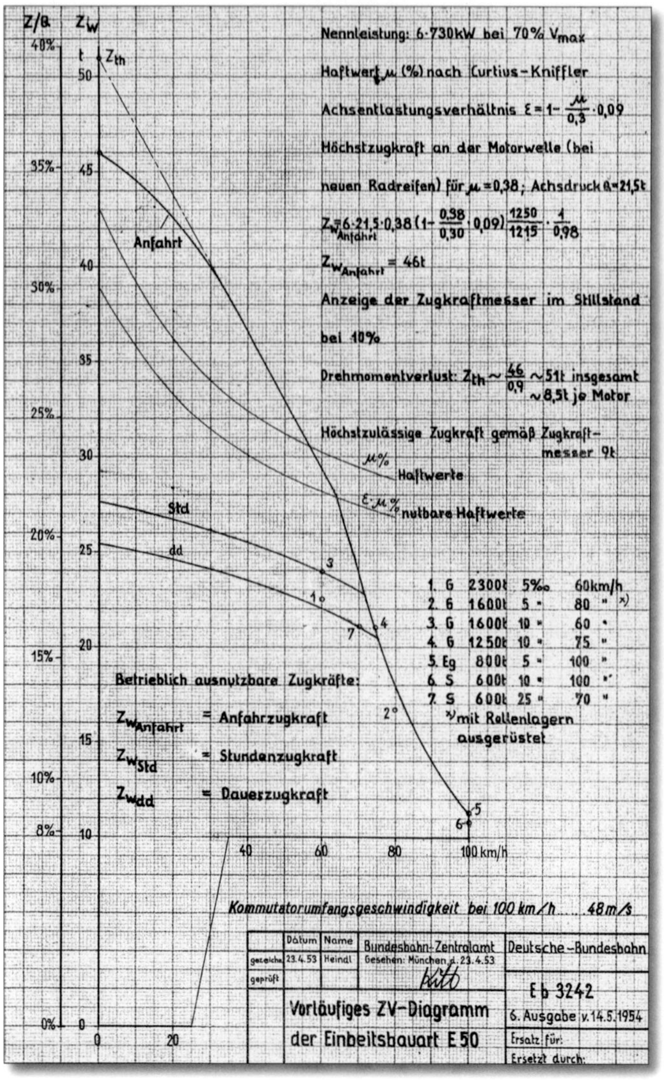

◁ **Bild 17**
Vorläufiges Zugkraftdiagramm der Baureihe E 50 mit Stand vom 14. Mai 1954 für die zu projektierende Einheitsbauart.

ABBILDUNG: DB, SAMMLUNG EK-VERLAG

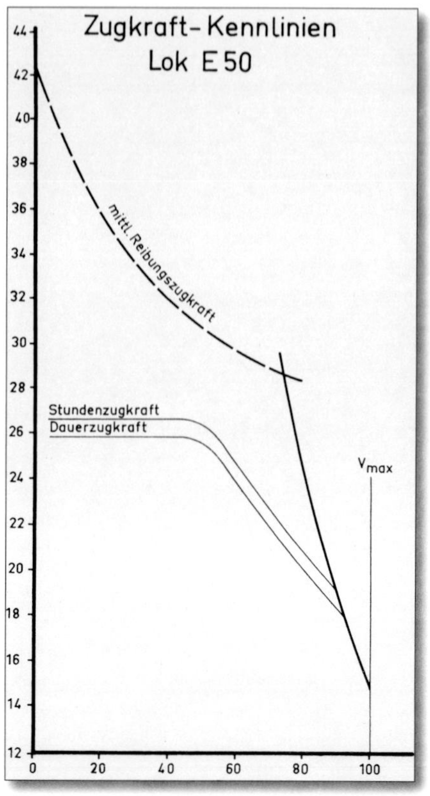

Bild 18 ▷
Diagramm der endgültigen Zugkraft-Kennlinie der Baureihe E 50. Angegeben sind auf der y-Achse die Gesamtzugkraft der Motoren (Z) in t und auf der x-Achse die Fahrgeschwindigkeit (V) in km/h.

ABBILDUNG: DB, SAMMLUNG R. HERTWIG

△ **Bild 19** • Die Lokomotiven E 50 001 bis E 50 030 wurden von Krupp in Essen an die Deutsche Bundesbahn geliefert. Dabei erfolgte ihre Auslieferung nicht immer in der Reihenfolge der Ordnungsnummern. Als erste Lok ihrer Baureihe wurde am 4. April 1957 allerdings passend **E 50 001** in den Bestand der DB übernommen. Die Lok wurde dem Bw Würzburg zugeteilt. Die Aufnahme entstand noch vor der endgültigen Abnahme vermutlich auf dem Werkgelände der Firma Krupp in Essen.

AUFNAHMEN (2): KRUPP, SAMMLUNG NORMAN KAMPMANN

Bild 20 ▷

Nach E 50 001 und 004 wurde **E 50 002** am 31. Mai 1957 als dritte Lok in Betrieb genommen. Auf dieser DB-Aufnahme ist der Lokrahmen – wie auch bei den beiden anderen Aufnahmen dieser Seite – mit schwarzer Farbe retuschiert worden.

AUFNAHME: BZA MÜNCHEN, SAMMLUNG NORMAN KAMPMANN

▽ **Bild 21** • Gut ist im Vergleich zur Aufnahme oben die bei der Baureihe E 50 auf den beiden Längsseiten unterschiedlich ausgeführte Anordnung von Lüftungsgittern und Maschinenraumfenstern zu erkennen (hier **E 50 003**).

△ **Bild 22 •** Typenaufnahme der fabrikneuen **E 50 001** an ihrem Abnahmetag (4.April 1957) auf dem Gelände des damals für die Elektrolokomotiven der Deutschen Bundesbahn zuständigen Ausbesserungswerkes München-Freimann. Nachdem im Rahmen der Erprobung an E 50 002 ein schwerer Schaltwerkschaden aufgetreten war, hatten bereits vom 1. bis zum 7. März 1957 sechs E 50 für Nacharbeiten im AW.Freimann geweilt.
Aufnahme: Dr. Günther Scheingraber/EK-Verlag

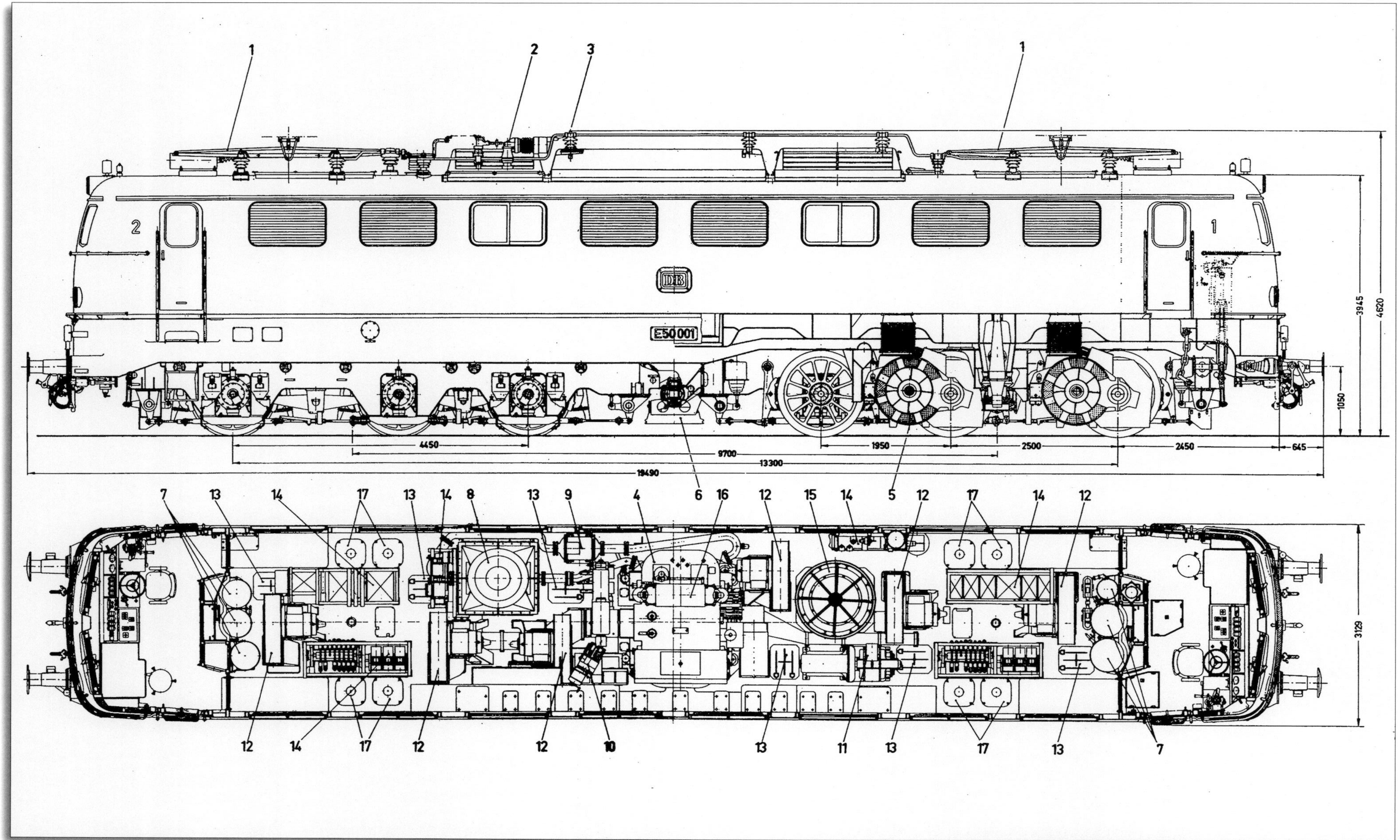

△ **Bild 23** • Schnittzeichnung von E 50 001. Benennung der Bauteile (1) Stromabnehmer, (2) Hauptschalter, (3) Isolator für den Messwandler, (4) Transformator mit Schaltwerk, (5) Fahrmotor, (6) Magnet der induktiven Zugbeeinflussung, (7) Hauptluftbehälter, (8) Lüfter für Ölkühler, (9) Ölumlaufpumpe, (10) Schaltwerksantrieb, (11) Luftpresser, (12) Fahrmotorlüfter, (13) Kommutatorklappe, (14) Gerätegerüst, (15) Bremswiderstand mit Lüfter, (16) Überschaltwiderstand, (17) seitliche Abstützung.

Abbildung: DB, Sammlung Roland Hertwig

Die Bauteile der E 50 und ihre Funktion

△ **Bild 24** • Da AEG die elektrische Ausrüstung für die meisten E 50 lieferte, wurde die Lok auch für Werbezwecke genutzt. Abbildung: AEG, Sammlung EK-Verlag

Der elektrische Teil

Vorbemerkungen

Der elektrische Teil der Neubau-Elloks war an ihrem Gewicht mit knapp 50 %, an den Kosten jedoch zu rund 75 % beteiligt. Daher wird seine Betrachtung an den Anfang gestellt.

Heute betreibt die DB AG mit wenigen Ausnahmen ihre elektrifizierten Strecken mit Wechselspannung von 15 kV und einer Frequenz von 16,7 Hz. Diese Spannung geht auf einen Beschluss der Bayerischen Staatseisenbahnen aus dem Jahr 1908 zurück. Seinerzeit hatte man noch eine Frequenz von 16⅔ Hz, was die einfache Entnahme elektrischer Energie über rotierende Synchronumformer (Polzahlverhältnis von 3 : 1) aus dem Landesversorgungsnetz mit der Frequenz 50 Hz ermöglichte. Am 16. Oktober 1995 wurde in Deutschland, Österreich und der Schweiz die Frequenz des Bahnstroms geringfügig auf 16,7 Hz erhöht, indem die Drehzahl von Generatoren oder mechanischen Umformern um 0,2 % erhöht wurde. Damit sollte die thermische Belastung in den mit Asynchronmaschinen ausgerüsteten Umformern besser verteilt werden.

1912 schlossen die deutschen Staatsbahnen einen Vertrag, bei der Elektrifizierung des deutschen Streckennetzes einheitlich die in Bayern genutzte Frequenz anzuwenden. Unbenommen davon wurde ab 1936 auf der Höllentalbahn in Süddeutschland der elektrische Betrieb mit einer Frequenz von 50 Hz getestet. Hierbei konnte auf das Umformen verzichtet und eine höhere Spannung von 20 kV gewählt werden. Der Testbetrieb verlief recht zufriedenstellend, so dass noch bis Anfang der fünfziger Jahre ernsthaft erwogen wurde, alle weiteren Elektrifizierungsprojekte der DB mit 50-Hz-Wechselspannung vorzunehmen. Anders als in Frankreich wurden diese Pläne aber zugunsten eines einheitlichen Lokomotivparks und eines universellen Lokeinsatzes schließlich zu den Akten gelegt.

Die Stromabnehmer

Den Kontakt zwischen dem Fahrdraht und den elektrischen Ausrüstungsgegenständen der Lok stellt der Stromabnehmer her. Die Vorkriegselloks besaßen Stromabnehmer der Bauarten SBS 9, SBS 10, SBS 38 und SBS 39 von Siemens. Alle diese Stromabnehmer verfügten nur über ein Kohleschleifstück. Beim Fahren mit einem Stromabnehmer traten vor allem bei hö-

Daten der Baureihe E 50	
Nennleistung bei 80 km/h:	4.500 kW
Dauerleistung:	4.410 kW
Dauerleistung des Transformators:	4.900 kVA
Höchstgeschwindigkeit:	100 km/h
Größte zulässige Anfahrzugkraft:	438 kN
Anzahl der Fahrstufen:	28
Anzahl der Fahrmotoren:	6
Polzahl der Fahrmotoren:	12
Tatzlagerantrieb (zweiseitiges Stirnradgetriebe)	
Übersetzung des Zahnradgetriebes:	1:3,727
Gesamtmasse:	125 t
Masse der mechanischen Ausrüstung:	68 t
Masse der elektrischen Ausrüstung:	57 t
Gummiringfederantrieb	
Übersetzung des Zahnradgetriebes:	1:3,727
Gesamtmasse:	128 t
Masse der mechanischen Ausrüstung:	68 t
Masse der elektrischen Ausrüstung:	60 t
Länge über Puffer:	19.490 mm
Drehzapfenabstand:	4.450 mm
Gesamtachsstand:	13.300 mm
Treibraddurchmesser neu:	1.250 mm
Kleinster befahrbarer Krümmungsradius:	140 m
Kleinster befahrbarer Scheitelradius bei Ablaufbergen:	200 m
Bauart der Bremsen:	
Druckluftbremse:	Einlösige Knorr-Einkammer-Druckluftbremse mit Zusatzbremse
Elektrische Bremse:	Gleichstrom-Widerstandsbremse
Handbremse:	Eine Spindelhandbremse je Führerraum, die auf das Bremsgestänge des nächstgelegenen Drehgestells wirkt.
Dauerleistung der elektrischen Bremse:	1.200 kW
Höchste elektrischen Bremsleistung:	1.530 kW

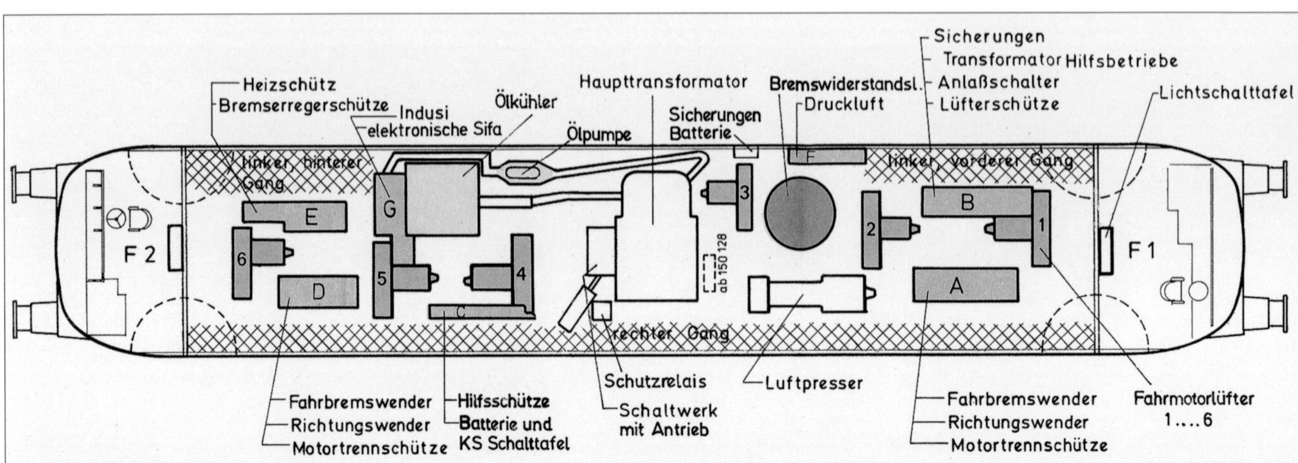

△ **Bild 25** • Diese Draufsicht zeigt die Lage der Hauptbaugruppen in der Lok. Mit A bis G sind die Gerätegerüste bezeichnet, mit 1 bis 6 die Fahrmotorlüfter sowie mit F 1 und F 2 die Führerstände. Abbildung: DB, Sammlung Christian Wolf

△ **Bild 26 • 150 038** trug zeitweilig eine Wippe B 12 auf ihren Stromabnehmern der Bauart DBS 54. Hier ist sie am 19. September 1981 auf der Schiebebühne des Bw Mannheim zu sehen. AUFNAHME: HENNING FOLZ

heren Geschwindigkeiten Kontaktunterbrechungen auf. Daher durfte nur mit zwei gehobenen Stromabnehmern gefahren werden. Durch den doppelten Druck der Stromabnehmer wurde der Fahrdraht stark belastet und verschlissen. Auch hatten die Loks bei Schäden an einem Stromabnehmer keinen Reservestromabnehmer.

Bei den E 10-Versuchslokomotiven war der Stromabnehmer SBS 39 weiterentwickelt worden. Er besaß nun Rohre aus Leichtmetall und Wälzlager. Doch auch dieser Stromabnehmertyp konnte im Betrieb nur mit zwei Stromabnehmern gleichzeitig eingesetzt werden. Der Durchbruch zu Stromabnehmern für höhere Geschwindigkeiten gelang der bayerischen Firma Dozler mit ihrem DBS 54. Dabei steht in DB-Unterlagen, dass die Abkürzung DBS für „Doppelschleifstück Bahnstrom-Abnehmer" steht, in anderer Literatur wird „Dozler Bahn-Stromabnehmer" genannt. Dozler bot dem BZA München 1953 einen Versuchsstromabnehmer mit Pendelwippe an, der das Fahren mit einem Stromabnehmer ermöglichte. Der Prototyp wurde an das AW München-Freimann geliefert und von der Werkabteilung I München Hbf in ein SBS-39-Untergestell integriert. Eine erste Erprobung fand auf E 44 087[G] statt. Nach Feststellung der grundsätzlichen Brauchbarkeit wurden zwei weitere Stromabnehmer zunächst auf E 19 01, dann auf E 18 18 mit bis zu 120 km/h erprobt. Da sie sich bewährten, wurden sie für die Einheitselloks in Serie gebaut. Der DBS 54 sollte für 25 Jahre zum Standardtyp für fast alle Neubaufahrzeuge der DB werden.

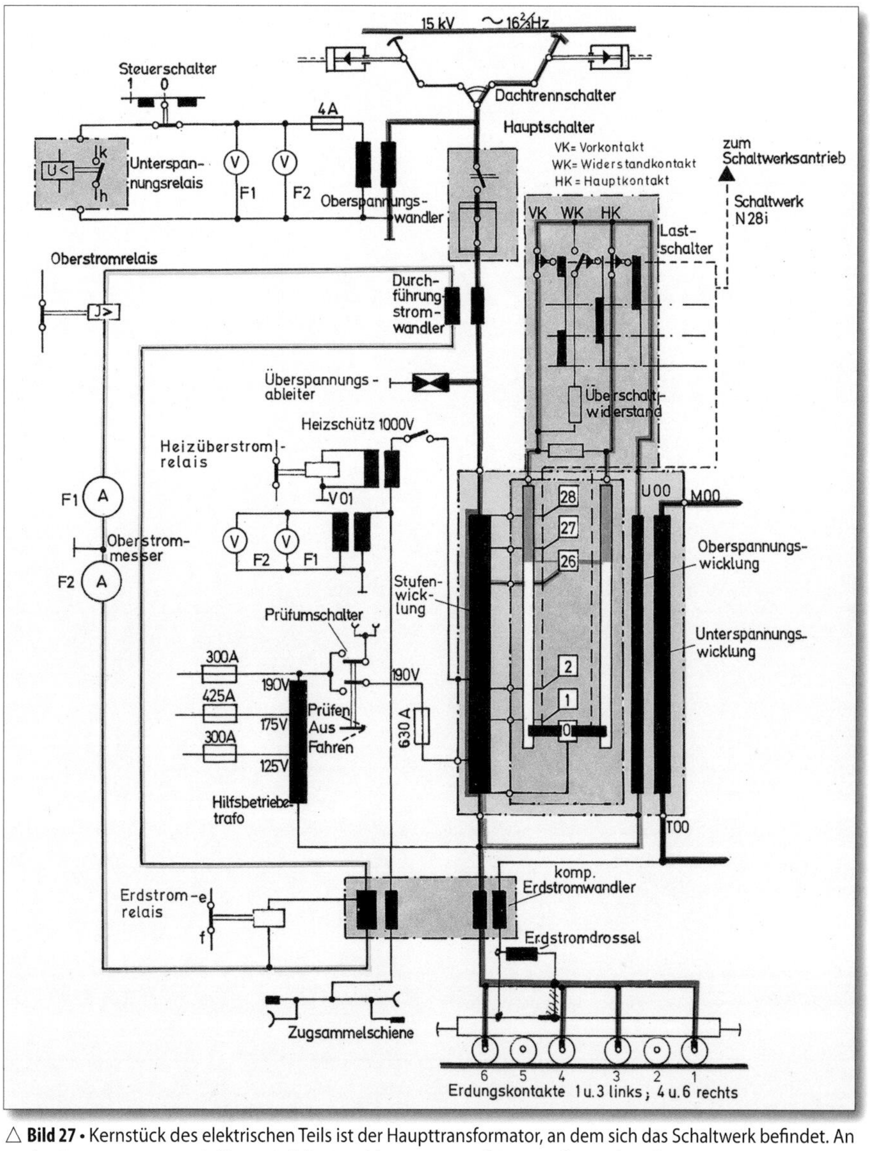

△ **Bild 27 •** Kernstück des elektrischen Teils ist der Haupttransformator, an dem sich das Schaltwerk befindet. An der Unterspannungswicklung sind die Anschlüsse M 00 und T 00, an denen die Fahrmotoren angeschlossen sind. Von der Stufenwicklung (links) wird die Spannung 190 V für die Hilfsbetriebe und 1.000 V für die Heizung abgegriffen. ABBILDUNG: DB, SAMMLUNG CHRISTIAN WOLF

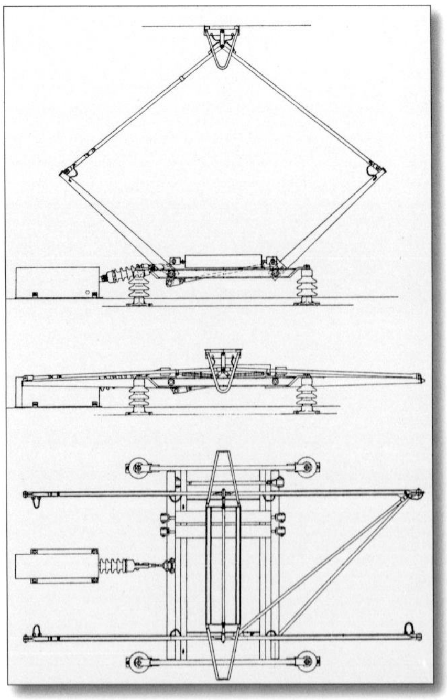

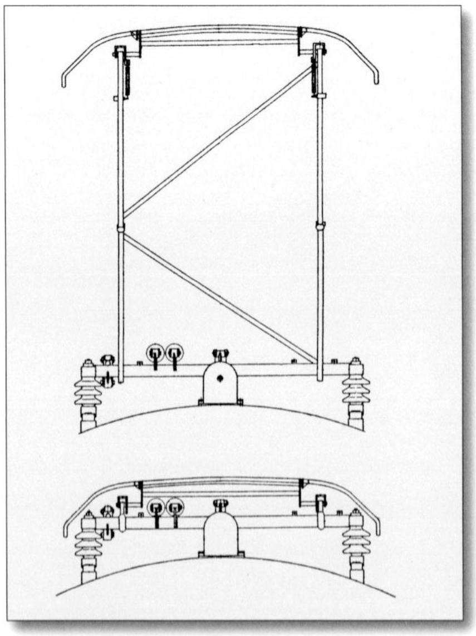

△ **Bilder 28 und 29** • Skizzen der Stromabnehmer-Bauart DBS 54 und von dessen Antrieb.
◁

Abbildungen (2): DB, Sammlung Roland Hertwig

Laut Herstellerangaben wurden davon über 8.000 Stück produziert, die Wippe brachte es wegen der Umbauten zahlreicher alter Siemens-Stromabnehmer sogar auf gut 14.000 Exemplare. Die letzten von der DB beschafften DBS 54 verließen im April 1990 die Ottobrunner Werkhalle.

Der 275 kg schwere DBS 54, der dank der Verwendung von Leichtmetall 100 kg leichter als der Vorgänger SBS 39 ausfiel, bestand aus einem Grundrahmen, der mit Hilfe von vier Isolatoren am Lokomotivdach befestigt war. Auf der linken und rechten Seite des Grundrahmens saß je eine Schere. Wälzlager – mit Kupferdrähten überbrückt – sorgten für die zur Höhenregulierung notwendige Beweglichkeit. Die Scheren waren über zwei Diagonalstreben miteinander verbunden. Auf den Scheren saß eine federnd gelagerte Wippe mit zwei Schleifstücken. Dank der Wippe konnten Unebenheiten bei der Fahrdrahtaufhängung sowie Nickbewegungen des Lokkastens aufgefangen werden, so dass immer ein guter Kontakt gewährleistet war.

Mit diesem Stromabnehmer war daher ein Betrieb mit nur einem Stromabnehmer bis zu einer Höchstgeschwindigkeit von 160 km/h möglich. Zum Heben und Senken besaß er Federn. Beim Anheben wurde die Senkfeder von einem per Druckluft bewegten Kolben zusammengedrückt, so dass nur die Hubfeder wirkte. Beim Senken entwich die Druckluft des Antriebskolbens, wodurch die Senkfeder den Stromabnehmer herunterzog, denn ihre Federkraft war größer als die der Hubfeder. Die Druckluft für das Heben des Stromabnehmers stammte aus einem Sonderluftbehälter. Für die Schleifstücke in der Pendelwippe wurde Hartkohle genutzt.

Im Normalbetrieb wurde jeweils der hintere Stromabnehmer der Lok aktiviert. Der vordere Stromabnehmer wurde nur dann eingesetzt, wenn hinter der Lok Wagen liefen, die durch Funkenflug gefährdet waren (z. B. Kesselwagen mit Benzin, Gas u. ä.) oder solche, die Güter beförderten, die möglichst wenig verschmutzt werden sollten (z. B. Autotransportwagen). Bei Doppeltraktion oder Vorspannfahrten durften nur die jeweils äußeren Stromabnehmer benutzt werden, um den Druck auf die Fahrleitung besser zu verteilen, immerhin wurde jeder Stromabnehmer mit rund 70 kN angepresst. Bei modernen Mehrsystem-Elloks können diese Regeln heute nicht mehr eingehalten werden, da sie im Normalfall nur einen Stromabnehmer pro Stromsystem besitzen.

Einige Einheits-Elloks der ersten Generation besaßen andere Stromabnehmer als den DBS 54 in der Normalausführung. Dies hing zunächst mit der Entwicklung der Schnellfahrlok der Baureihe E 03 zusammen.

So wurde die E 10 1270 als Versuchslok für verschiedene neue Stromabnehmertypen (Einholmstromabnehmer des Typs Dozler, Faiveley, SSW Österreich; zweiholmige Stromabnehmer des Typs DBS 54 mit gedämpfter Wanisch-Wippe und BBC-Wippe sowie Stromabnehmer vom Typ Stemmann) herangezogen. Bei Versuchsfahrten auf der Strecke Forchheim – Bamberg erreichte die Lok Mitte 1963 eine Höchstgeschwindigkeit von 180 km/h. Bei Schnellfahrversuchen mit den Lokomotiven E 10 299 und 300 in den Jahren 1963 und 1964 wurden verschiedene Stromabnehmertypen im Geschwindigkeitsbereich bis 200 km/h getestet. Dabei schnitten der Scherenstromabnehmer DBS 54, ausgerüstet mit einer Wanisch-Wippe WB 15, sowie der Einholmstromabnehmer SBS 65 am besten ab.

Die E 03-Vorserienloks wurden je zur Hälfte mit diesen Stromabnehmern ausgerüstet. Um Züge mit einer Höchstgeschwindigkeit von 160 km/h mit zwei Lokomotiven der Baureihe 112 befördern zu können, beschloss die DB 1968, auch die in Bau befindlichen Maschinen 112 485-504 mit dem DBS 54 und Wanisch-Wippe WB 15 auszurüsten. Der DBS 54 in Normalausführung war für Vorspannfahrten mit dieser Geschwindigkeit nicht geeignet. Der Einholmstromabnehmer hätte einen anderen Senkantrieb erfordert.

Anders als bei den Versuchsfahrten bewährte sich die Wippe WB 15 im Alltag bei Fahrten im Hochgeschwindigkeitsbereich nicht. Nach zahlreichen Betriebsstörungen wurden die mit den Wippen WB 15 ausgerüsteten Stromabnehmer von den Schnellfahrlokomotiven abgebaut und auf Lokomotiven der Baureihe 140 und 141 weiter genutzt.

Auf den Loks 112 485 und 112 486 wurden daraufhin 1969 zwei neue Wippen für den Stromabnehmer DBS 54 getestet, wobei die von der Firma ETK gefertigte Wippe mit der Bezeichnung B 12 bessere Ergebnisse lieferte als die von der Firma Siemens gelieferte Wippe.

112 485–504 sowie die ersten Serienlokomotiven der Baureihe 103 erhielten daraufhin diese Wippe B 12, die auf Stromabnehmer vom Typ DBS 54 montiert wurde, welche eine zusätzliche Oberscherendämpfung erhalten hatten. Doch auch diese Wippen bewährten sich im Dauerbetrieb nicht. Nachdem sie zahlreiche Oberleitungsschäden verursacht hatten, mussten sie – wie ihre Vorgänger – von den Lokomotiven der Baureihen 103 und

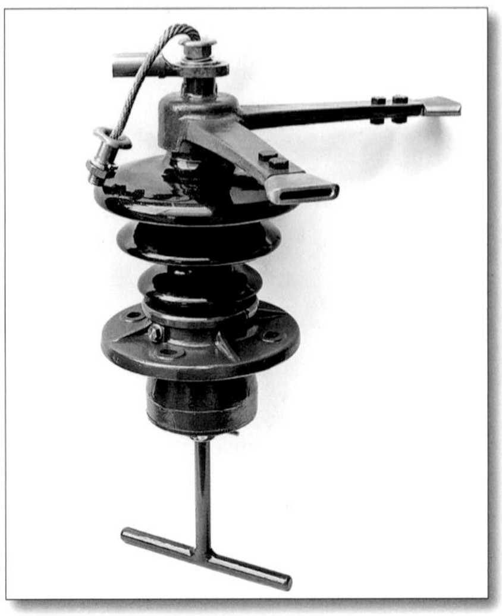

△ **Bild 30** • Ein unscheinbares und unverzichtbares Bauteil auf dem Dach, der Dachtrennschalter.

Aufnahme: AEG, Sammlung Thomas Borbe

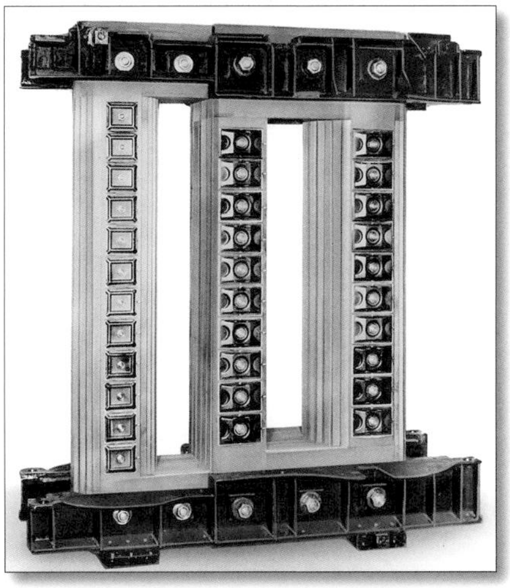

△ **Bild 31** • Ein genauerer Blick auf den Aufbau des AEG-Transformators BLTH 116. Wie im Text erwähnt, bestand er aus drei Schenkeln aus Eisen, die hier gut zu erkennen sind.

△ **Bild 34** • Das Wickeln der Stufenwicklungen war aufwendig.

△ **Bild 32** • Der fertig gewickelte Trafo. Der linke Schenkel erhielt die Stufenwicklungen, auf die nach der Fertigstellung des Trafos das Schaltwerk wirkte, sowie die Hilfsbetriebwicklungen. Auf dem rechten Schenkel saßen – ineinander verschachtelt – die Ober- und Unterspannungswicklungen des Leistungstrafos. Der mittlere Schenkel erhielt keine Wicklungen. Er diente dem magnetischen Rückfluss.

△ **Bild 33** • Das Bild zeigt den kompletten Trafo mit Gehäuse. Vorne rechts ist das mechanische Schaltwerk N 28i montiert.

Aufnahmen (4): AEG, Sammlung Thomas Borbe

112 weichen und beendeten auf Lokomotiven der Baureihen 140 und 141, aber auch auf 150 038 (vgl. Bild 26) und 150 190, ihr Dasein.

Vom Stromabnehmer zum Trafo

Auf dem Weg vom Stromabnehmer zum Transformator passierte der Strom zunächst die Dachleitung. Sie bestand aus Stahlrohren und Flacheisen auf Isolatoren und verbanden die auf dem Dach montierten Stromabnehmer miteinander. Ein Dachtrennschalter ermöglichte u. a. das Abschalten eines defekten Stromabnehmers. Der Trennschalter hatte vier Schaltstellungen und konnte vom Gang des Maschinenraumes aus betätigt werden. Die einzelnen Stellungen bewirkten folgende Verbindungen mit der Hochspannungsleitung:

- Stellung I:
  beide Stromabnehmer angeschlossen,
- Stellung II:
  Stromabnehmer I angeschlossen,
- Stellung III:
  Stromabnehmer II angeschlossen,
- Stellung IV:
  beide Stromabnehmer abgeschaltet.

Über die Dachleitung gelangte der Strom zum Hauptschalter, der auf dem Dach in der Nähe des Stromabnehmers II angeordnet war (wobei sich seine Hochspannungsteile im Freien über dem Dach befanden), während die Steuerteile in den Maschinenraum hineinragten. Mit seiner Hilfe konnte die Stromzufuhr zur Lok abgeschaltet werden. Er diente zugleich als Sicherung, wenn Teile der elektrischen Ausrüstung der Lokomotive gefährdet waren, schaltete er automatisch ab. Dies geschah auch, wenn durch einen Kurzschluss auf der Lok die Oberleitung vor zu hohem Stromfluss und damit verbundener übermäßiger Erhitzung geschützt werden musste. Der Hauptschalter war für 15 kV Spannung, 400 A Stromstärke ausgelegt und hatte eine Abschaltleistung von 200 MVA.

Alle Einheitselloks – und damit auch alle E 50 – besaßen als Hauptschalter einen BBC-Druckluftschnellschalter des Typs DBTF 20 i 200, der elektrisch fernbedient wurde. Ähnliche Schalter hatten sich zuvor im Versuchsbetrieb in E 10 002 und in den Triebzügen der Baureihe ET 56 bewährt. Die Druckluft bewirkte nicht nur das Schalten, sondern kühlte auch den beim Schalten auftretenden Lichtbogen soweit herunter, dass er schon nach sehr kurzer Zeit wieder erlosch und keine größeren Verschmutzungen oder Abbrände an den Kontakten des Schalters hervorrufen konnte.

In diesem Zusammenhang sei schon erwähnt, dass ein solcher Schalter –der im stromdurchflossenen Zustand geschaltet werden musste – als „Lastschalter“ bezeichnet wird.

Vom Hauptschalter gelangte der Strom zum Transformator, dem Kernstück der Ellok. Auf dieser Verbindung war auch der im Dach eingelassene Oberspannungswandler mit einem Übersetzungsverhältnis von 15.000 V/150 V angeschlossen. An dessen Unterspannungsseite waren wiederum die in den Führerräumen angeordneten Fahrleitungsvoltmeter angeschlossen. Auf diese Weise konnte der Lokomotivführer nicht nur die Fahrdrahtspannung ablesen, sondern auch beim ausgeschalteten Hauptschalter erkennen, ob die Fahrleitung unter Spannung war.

Der Transformator

Der Trafo ist das schwerste Einzelbauteil einer Ellok. Bei der E 50 betrug seine Masse inklusive der Steuerung knapp 17,6 t, was ⅐ des Gesamtgewichtes der Lok entsprach. Davon entfielen allein 2,4 t auf die Ölfüllung. Der Trafo wurde benötigt, um aus der Fahrdrahtspannung von 15.000 V die benötigte Motorspannung von 50 bis 600 V zu erhalten.

Ein Trafo besteht üblicherweise aus einer Primärspule und einer Sekundärspule, die auf einem gemeinsamen Eisenkern sitzen. Die Spannung der Sekundärspule verhält sich (beim unbelasteten Trafo) zur Spannung der Primärspule wie die Windungszahl der Sekundärspule zur Windungszahl der Primärspule. Um aus einer Primärspannung von 15.000 V eine Sekundärspannung von 500 V zu erreichen, muss also die Primärspule ungefähr die dreißigfache Windungszahl besitzen, was bei den Loks der Baureihe E 50 in etwa der Fall war. Primärstromstärke und Sekundärstromstärke verhalten sich umgekehrt proportional zu den entsprechenden Windungszahlen. Dies bedeutet, dass die Sekundärstromstärke ungefähr 30 mal so groß wie die Primärstromstärke ist. Fließt zum Beispiel beim Anfahren einer Ellok ein Strom mit einer Stromstärke von 3.000 A vom Trafo zu den Fahrmotoren, so muss hierfür ein Strom mit einer Stromstärke von mehr als 100 A dem Fahrdraht entnommen werden.

Da den Fahrmotoren je nach Fahrgeschwindigkeit und benötigter Zugkraft unterschiedliche Spannungen zugeführt werden müssen, ist es erforderlich, die vom Strom durchflossene Windungszahl der Primärspule oder der Sekundärspule verändern zu können, um so ein anderes Windungszahlverhältnis zu erhalten. Diese Aufgabe übernimmt die Transformatorsteuerung.

Die Steuerung kann dadurch bewerkstelligt werden, dass an der Sekundärspule an verschiedenen Stellen Kontakte angebracht werden, die den Abgriff verschiedener Spannungen erlauben. Da hierbei die Steuerung an der Seite des Trafos vorgenommen wird, an der die niedrigere Spannung vorliegt, nennt man sie Niederspannungssteuerung. Ihr Vorteil liegt darin, dass wegen der verhältnismäßig kleinen Spannung die spannungsführenden Teile nicht besonders stark gegenüber den spannungslosen isoliert werden müssen. Ihr Nachteil ist, dass die stromführenden Teile sehr große Ströme leiten müssen und entsprechend stark erwärmt werden. Sie müssen daher möglichst groß dimensioniert sein und werden dadurch schwer.

Da bei den Nachkriegselloks größere Leistungen als bei den Vorgängern erreicht werden sollten, musste auch die Sekundärstromstärke hoch ausfallen, was einen deutlich schwereren Trafo mit Niederspannungssteuerung zur Folge hatte. Solch ein Trafo war in den Versuchslokomotiven E 10 001 (AEG) und E 10 003 (SSW) eingebaut. Alle anderen Versuchslokomotiven der Baureihe E 10⁰ besaßen Trafos mit einer Hochspannungssteuerung von BBC.

Ein Transformator mit Hochspannungssteuerung besteht aus zwei Teiltransformatoren: Der Stufentransformator liegt an der Fahrdrahtspannung. Von verschiedenen Anzapfungen können verschieden große Spannungen abgegriffen werden, die dann dem Leistungstrafo zugeführt werden. Bei diesem liegt ein Windungszahlverhältnis von 30 : 1 vor. Wird zum Beispiel von einer mittleren Abzapfung des Stufentransformators eine Spannung von 7.500 V entnommen und an die Primärspule des Leistungstrafos gelegt, erhalten die Fahrmotoren etwas weniger als ⅟₃₀ dieser Spannung – also knapp 250 V.

Der Vorteil der Hochspannungssteuerung liegt darin, dass beim Schalten auf dieser Seite des Trafos verhältnismäßig geringe Ströme fließen, die Bauteile der Steuerung also nicht so groß sein müssen. Der Nachteil liegt darin, dass ein zusätzlicher Trafo benötigt wird.

Versuche mit beiden Trafoarten, u. a. mit den verschieden ausgerüsteten E 10-Versuchslokomotiven, zeigten, dass ein Transformator mit Niederspannungssteuerung dann wirtschaftlicher als einer mit Hochspannungssteuerung arbeitet, wenn die Lokleistung unter 3.000 kW liegt und/oder die Lok überwiegend mit einer Geschwindigkeit betrieben wird, die mindestens 40 % unter der Höchstgeschwindigkeit liegt.

Werden diese Parameter ins Auge gefasst, fällt auf, dass nur für die Baureihe E 41 eine Niederspannungssteuerung in Frage kommen konnte. Ihre Anfahrstromstärke konnte noch von dieser Steuerung bewältigt werden. Auch war bei dem geplanten Einsatz im Nahverkehr mit kurzen Haltestellenabständen eine geringe Durchschnittsgeschwindigkeit zu erwarten. Daher wurden die Loks der Baureihe E 41 mit einem Trafo mit Niederspannungssteuerung ausgestattet. In den Lokomotiven der Baureihe E 50 hingegen kam ein Transformator mit Hochspannungssteuerung zum Einbau.

Da der Transformator damals nicht nur das schwerste, sondern auch das teuerste Bauteil der Lok war, sollte er nicht überdimensioniert werden. Daher wurde für die Berechnung seiner Leistung nicht die Summe der Dauerströme aller Fahrmotoren herangezogen, sondern die effektive Belastung auf dem Streckenabschnitt Stuttgart – Amstetten bei einem Zuggewicht von 1.600 t und einer Geschwindigkeit von 65 km/h. Für die Bewältigung der Geislinger Steige mit 22,5 ‰ Neigung wurde dabei eine Schubunterstützung eingeplant, weshalb nur die anteiligen 800 t der Zuglok für die Rechnung berücksichtigt wurden. Bei diesen Untersuchungen wurde ein durchschnittlicher Dauerstrom der Fahrmotoren von 9.400 A errechnet. Da die höchste Fahrmotorspannung 520 V betragen sollte, wurde also eine Trafoleistung von 4.900 kVA benötigt. Hierzu kamen noch 80 kVA für die Hilfsbetriebe und elektrische Bremse und 400 kVA für die Zugheizung.

Die Wicklungen des Stufentrafos waren auf einem Schenkel, die des Leistungstrafos auf einem anderen Schenkel untergebracht. Der dritte Schenkel diente dem magnetischen Rückfluss. Als Stufenspannungen standen 62,2 V, 90 V, 117,5 V, 145 V, 173 V, 200 V, 210 V, 219 V, 228 V, 237 V, 246 V, 255 V, 266 V, 277 V, 288 V, 299 V, 310 V, 321 V, 339 V, 357 V, 375 V, 393 V, 416 V, 438 V, 460 V, 490 V und 520 V zur Verfügung. Zusätzlich konnten Spannungen von 190 V für die Hilfsbetriebe der Lok sowie 790 V und 990 V für die Zugheizung abgegriffen werden.

In diesem Zusammenhang sei erwähnt, dass bei der Einführung der elektrischen Zugheizung eine Spannung von 300 V oder 600 V benutzt wurde. Diese erwies sich bald als zu gering. Daher führten die DRG und andere europäische Bahnen noch vor dem Zweiten Weltkrieg Heizspannungen von 800 V und 1.000 V ein. Die Vorkriegs-Eilzug- und Schnellzugwagen erhielten entsprechende Zugheizanlagen. Da bei ihnen die elektrische Heizung nur in großen Stufen regelbar war, musste die Regelung von der Lok aus vorgenommen werden, indem je nach benötigter Heizenergie eine der zwei Spannungen angelegt wurde. Für die 800-V-Heizspannung besaßen die Loks einen Heizregler, der die Heizung periodisch an- und abschaltete, wobei die Phasen variiert werden konnten.

Nach dem Krieg erhielten die neu gebauten Reisezugwagen der DB – wie auch anderer europäischen Bahnen – regelbare elektrische Heizanlagen, die mit einer Spannung von 1.000 V zu betreiben waren. Die in den fünfziger Jahren gebauten Einheitselloks erhielten somit Trafoanzapfungen bei rund 800 V und 1.000 V, um alle Wagen beheizen zu können. Nach dem Ausscheiden des älteren Wagenmaterials

△ **Bild 35** • Fertigung eines mechanischen Schaltwerkes N 28 i.

△ **Bild 36** • Vor dem Anbau des Schaltwerkes N 28 i an den Transformator wurde es im Prüffeld getestet.

△ **Bild 37** • Anschließend wurde das Schaltwerk N 28 i an den Trafo angebaut.

wurde bei den Elloks ab 1969 auf die 800-V-Anzapfung verzichtet.

Jeder Trafo wird bei der Fahrt von hohen Strömen durchflossen, die ihn stark aufheizen. Dabei kann die Temperaturerhöhung 75 °C betragen, weshalb der Trafo intensiv gekühlt werden muss.

Daher waren bei allen Einheitselloks die Trafos in einem geschlossenen Ölkessel untergebracht, wobei das dünnflüssige Öl nicht nur zur Kühlung, sondern auch zur Isolierung diente. Mit Hilfe einer Pumpe wurde das warme Öl zu einem Ölkühler gepumpt und kalt zurückgeführt. Um Überdrücke beim Erwärmen des Öls zu vermeiden, waren Ausdehnungsgefäße vorhanden. Ölstandsanzeige und Öltemperaturanzeige dienten der Kontrolle. Der Ölkühler wurde seinerseits durch den Trafokühler gekühlt. Hierbei handelte es sich um einen durch einen Elektromotor angetriebenen Axiallüfter, der Luft über die Jalousien im Dachaufbau ansaugte, an den Kühlrohren des Ölkühlers vorbeileitete und schließlich unterhalb des Maschinenraumbodens ins Freie blies.

Das Schaltwerk

Unabhängig von der Art des verwendeten Trafos muss an jedem Trafo ein Schaltwerk sitzen, das von den Fahrpulten der Lok aus fernbedient werden kann. Es führt die Umschaltung von einer Fahrstufe zur nächsten durch. Während des Umschaltvorganges darf es zu keiner nennenswerten Unterbrechung des Fahrstromkreises kommen, denn dieses führt zu Zugkraftsprüngen, die Schleudern und unruhigen Fahrzeuglauf zur Folge haben können. Auch darf es beim Umschalten von einer Stufe zur nächsten nicht zum Windungskurzschluss am Transformator kommen. Diese Herausforderungen waren ursächlich dafür, dass gerade die Schaltwerke bei den Einheitselloks die größten Probleme bereiteten.

Beim Schaltwerk konkurrierten die Produkte der Firmen SSW und BBC. Das BBC-Schaltwerk war in E 10 002 und ausländischen Loks (z. B. SBB Ae 4/4), das SSW-Schaltwerk in E 94 270 erprobt worden. Dank seiner geringeren Raumbeanspruchung und des leichteren Aufbaus erhielt das BBC-Schaltwerk den Vorzug.

Dieses Schaltwerk mit der Bezeichnung N 28 i war am Trafo angebracht. Die 28 + 1(0 V)-Stufenabzapfungen des Stufentrafos führten zu Kontakten im Schaltwerk, die auf einer Schlittenbahn isoliert voneinander untergebracht waren. Über diese Schlittenbahn glitten die Kontaktrollen des Stufenwählers (Vorkontakt/Hauptkontakt). Die Bewegung der Kontaktrollen von einem Kontakt zum nächsten, und damit die Umschaltung der Schaltstufen,

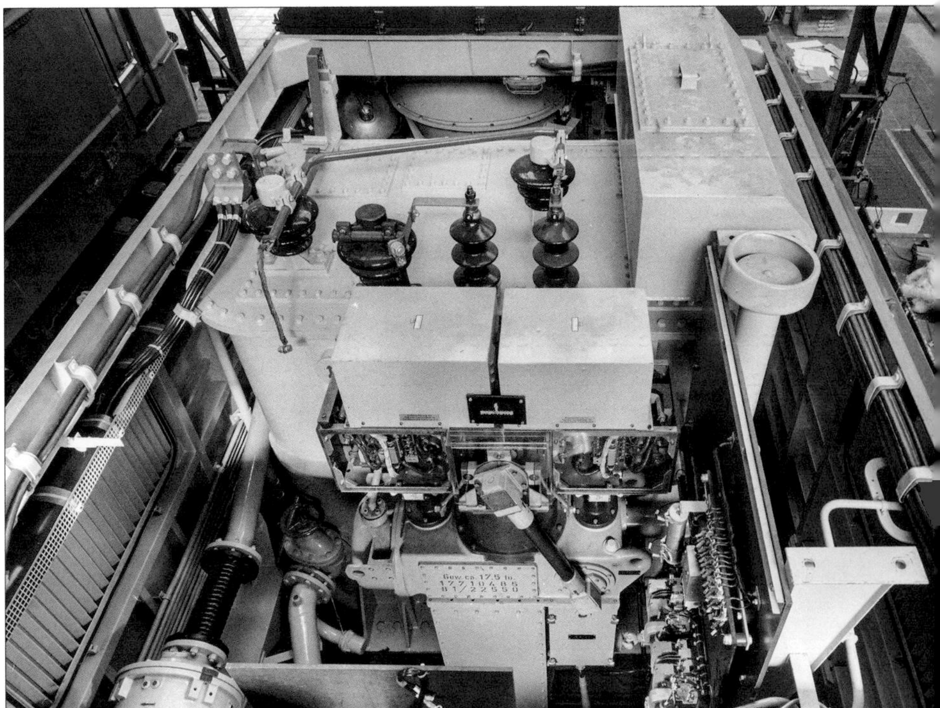

△ **Bild 38** • Hier ist der Transformator mit dem Schaltwerk W 29 T in die Lok eingebaut (Blick von oben durch die Aussparung im Dach, die normalerweise durch die Dachhaube abgedeckt war). Da blieb für das Personal nur noch ein schmaler Gang (rechts) zum Passieren des Trafos frei. Aufnahmen (4): AEG, Sammlung Thomas Borbe

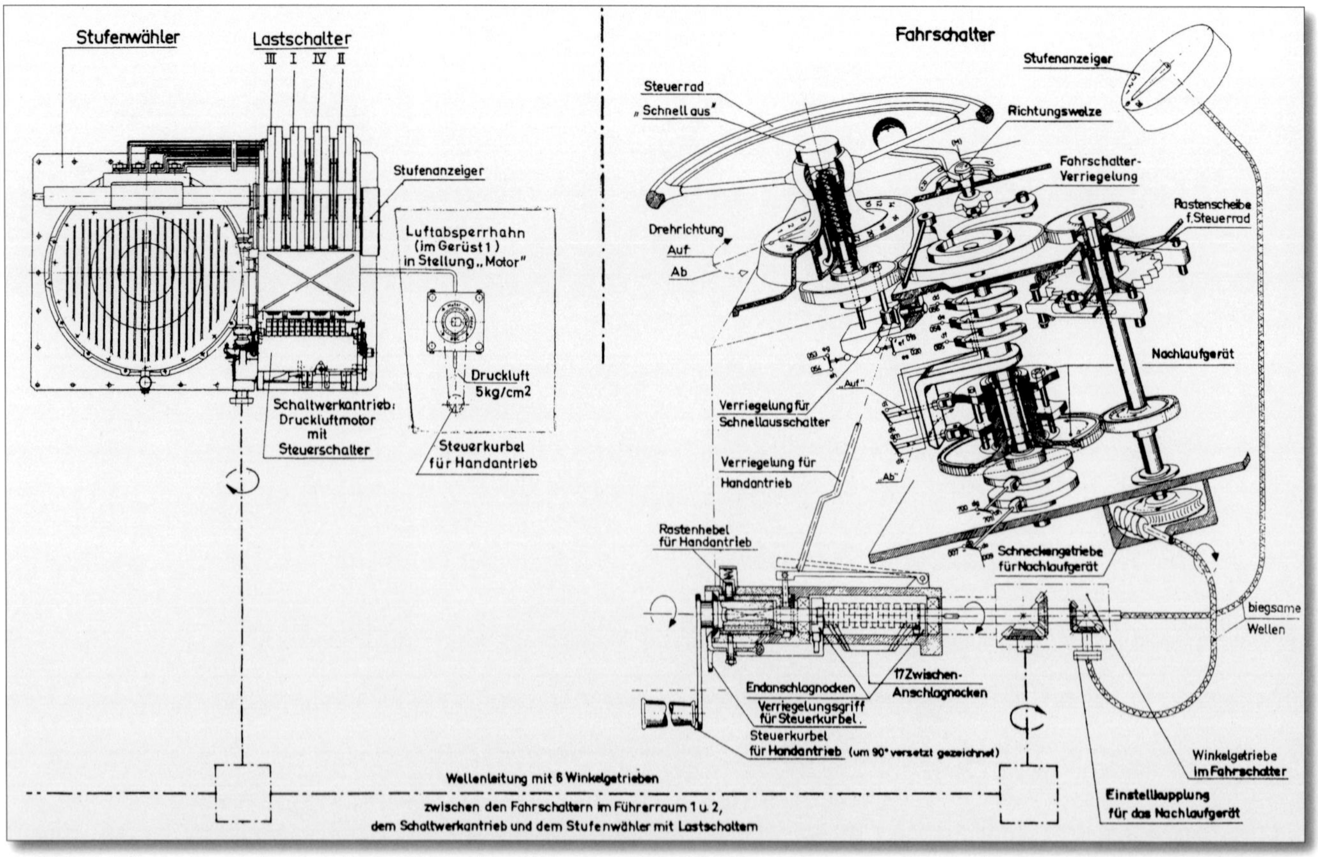

△ **Bild 39 •** Auf dieser schematischen Darstellung wird der rechte Teil der unteren Skizze (Bild 40) vergrößert dargestellt. Die rechts der gestrichelten Linie gezeigten Bauteile sind im Führerstand zu finden, die links der Linie dargestellten Teile im Maschinenraum. ABBILDUNG: DB, SAMMLUNG ROLAND HERTWIG

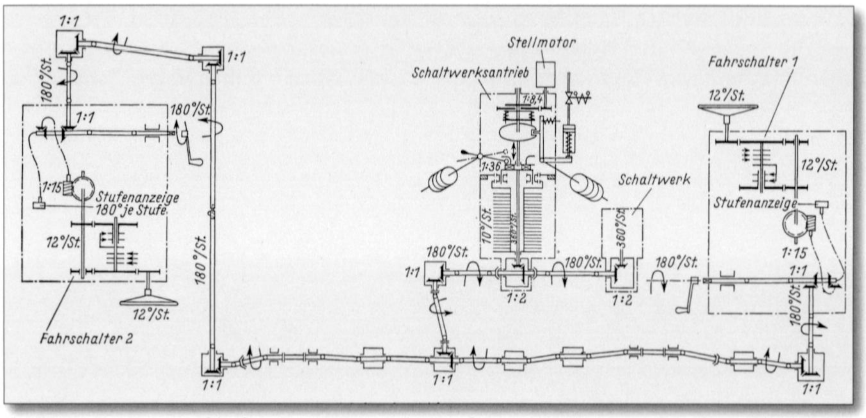

△ **Bild 40 •** Skizze der Nachlaufsteuerung. Wie zu sehen ist, führen lange Wellen von den Führerständen zum Schaltwerk. ABBILDUNG: AEG, SAMMLUNG NORMAN KAMPMANN

geschah grundsätzlich stromlos. Lastschalter, die außerhalb des Stufenwählers untergebracht waren, schalteten den Strom während des Umschaltvorganges ab. Um die beim Schalten großer Ströme auftretenden Lichtbögen schnell löschen und dadurch übermäßige Verschmutzungen und Abbrände an den Kontakten der Lastschalter verringern zu können, besaßen diese eine magnetische Blasung und Funkenkammern.

Die Bewegung des Stufenwählers wurde von einem elektrischen Stellmotor vorgenommen. Dieser musste dafür sorgen, dass die Kontaktrollen während des Schaltvorganges innerhalb von 0,5 s von einem Kontakt exakt auf den nächsten gebracht wurden. Dies machte eine große Beschleunigung und abrupte Abbremsung des Stufenwählers erforderlich. Hierbei traten in den ersten Jahren der Einheitselloks noch Schwierigkeiten auf.

Der Ablauf des Schaltvorgangs:

- Ein Vorkontakt des Lastschalters öffnete.
- Der Stufenschalter-Vorkontakt konnte stromlos von der Ausgangsstufe zur nächsten laufen. Da der Lastschalter-Hauptkontakt geschlossen blieb, erhielt der Fahrmotor weiterhin die Spannung der Ausgangsstufe.
- Der Lastschalter-Vorkontakt schloss wieder. Über einen Überschaltwiderstand lag der Fahrmotor nun an der Spannung der neuen Schaltstufe, über den Hauptkontakt jedoch noch an der alten Spannung. Insgesamt erhielt er also eine zwischen den beiden Anzapfungen liegende Spannung. Diese kam allerdings nur kurzzeitig zum Tragen, da der Schaltvorgang noch innerhalb von 0,5 s zu Ende geführt wurde.
- Der Lastschalter-Hauptkontakt wurde geöffnet. Der Stromfluss zum Motor wurde über den Vorkontakt aufrechterhalten.
- Der Stufenschalter-Hauptkontakt lief stromlos zur nächsten Schaltstufe nach.
- Der Lastschalter-Hauptkontakt schloss wieder. Die Spannung der nächsten Schaltstufe lag voll am Motor an.

Somit trat während des Schaltvorganges keine Stromunterbrechung zum Motor auf. Auch wurde der Zugkraftsprung beim Überschalten durch die kurzzeitig anliegende Mischspannung vermindert. Das Schaltwerk hatte genau genommen also 56 Schaltstufen, von denen 28 allerdings nur kurzzeitig durchlaufen wurden.

Bei der E 50 war dieser Vorgang allerdings etwas kompexer, da sie wegen ihrer höheren Leistung – anders als die E 10, E 40 und E 41 – drei statt zwei Lastschalter benötigte.

Im Gegensatz zu den Vorkriegslokomotiven bei denen die Fernsteuerung der Schaltung von Stufe zu Stufe mechanisch mit Hilfe eines Handrades vom Führerstand aus vorgenommen werden konnte, wurden bei der E 50 zunächst elektrischmechanische Nachlaufsteuergeräte genutzt, die den Schaltwerksmotor steuerten. Der Lokführer wählte mit seinem Fahrschalter die gewünschte Schaltstufe aus. Dadurch wurde der Stellmotor des Schaltwerks eingeschaltet. Er schaltete solange von Stufe zu Stufe weiter, bis die gewählte Stufe erreicht war. Mit Hilfe mechanischer oder elektrischer Schaltüberwachung wurde der Stellmotor beim Erreichen der vorgewählten Schaltstufe abgeschaltet.

Vorteile der Nachlaufsteuerungen waren:

- Der Lokführer wurde körperlich entlastet, da das mechanische Schalten mit dem Handrad Kraft kostete.
- Der Lokführer konnte sich besser auf die Beobachtung des Fahrweges konzentrieren, da er mehrere Stufen gleichzeitig vorgeben konnte.
- Das Schalten erfolgte schneller. Pro Stufe wurde eine Zeit von 0,5 s benötigt.
- Das Schalten erfolgte gleichmäßig. Das Schaltwerk blieb dadurch nicht lange zwischen zwei Stufen stehen.

Trat bei der Nachlaufsteuerung eine Störung auf, konnte der Lokführer die Steuerung mit einer Handkurbel manuell betätigen. 150 156–194 erhielten ab Werk rein elektrische Nachlaufsteuerungen.

Im Laufe der Auslieferung der E 50-Bauserien musste das Schaltwerk größere konstruktive Veränderungen über sich ergehen lassen. Das BBC-Schaltwerk N 28 i der Ursprungsausführung war wegen seiner starken mechanischen und elektrischen Belastung einem hohen Verschleiß unterworfen. Die große mechanische Belastung bestand darin, dass es innerhalb von 0,5 s exakt von einer Schaltstufe zur nächsten schalten musste. Dazu mussten die Kontaktrollen stark beschleunigt und nahezu schlagartig abgebremst werden, um exakt auf den Kontakten der Trafoanzapfungen liegen zu bleiben, was durch mechanische Arretierung erfolgte. Die hohe elektrische Belastung war bei den Lastschaltern gegeben, die schalten mussten, während sie von hohen Strömen durchflossen wurden. Im ersten Betriebsjahr der Baureihe E 50 waren durchschnittlich 0,5 Schaltwerkschäden pro Lok und Monat zu verzeichnen. Damit war das Schaltwerk das störanfälligste Bauteil der Lok. In sieben Fällen waren die Schäden so schwer, dass die Loks das AW aufsuchen mussten.

1958 entwickelte die Firma SSW ein neues Schaltwerk (Bezeichnung: W 29) für die Hochspannungssteuerung, das sie auf eigene Kosten in E 10 005 erproben ließ. Es war eine Weiterentwicklung der in den Loks E 94 270 und E 94 271 genutzten Bauart. Dieses Schaltwerk besaß im Gegensatz zum BBC-Pendant keine nockenbetätigten Lastschalter mehr, sondern Sprunglastschalter. Wenn ein Umschaltvorgang erfolgen sollte, wurden zunächst die Federn der Lastschalter gespannt. Wenn die Spannkraft groß genug war, lösten sie aus und drückten den Lastschalter in die neue Endstellung. Es konnte deshalb also nicht mehr wie bei den BBC-Schaltwerken vorkommen, dass ein Schaltvorgang wegen einer Störung unterbrochen wurde und ein Lastschalter zwischen den Endstellungen stecken blieb. Dies war vor allem dann aufgetreten, wenn eine Notsteuerung per Hand erfolgte. Das durch die Federn sprunghaft stattfindende Umschalten hatte auch den Vorteil, dass die Funkenbildung gering ausfiel. Entsprechend gab es weniger Verschleiß und der Umschaltvorgang war leiser.

Weitere Vorteile gegenüber dem BBC-Schaltwerk waren eine Spindel im Antrieb anstatt einer Kette (womit das Nachspannen der Kette im Bw entfallen konnte) sowie eine bessere Lagerung der Kontakte. Letztere lagen beim BBC-Schaltwerk im Isolierstoff gebettet. Wenn die Kontaktrollen auf dem Weg von einem zum nächsten Kontakt über den Isolierstoff liefen, kam es zu Kriechströmen. Dies konnte bei den Kontakten des SSW-Schaltwerkes nicht geschehen, da diese von Öl umgeben frei im Raum hingen. Schließlich waren die Kontakte anstatt auf einer Schlittenbahn nun raumsparend im Kreis angeordnet.

All diese Vorteile zeigten sich sehr bald im Probebetrieb mit E 10 005, sodass ab 1961 eine Ausweitung der Versuche auf Serienloks erfolgte, darunter auch E 50 003, 008, 015, 026 und 037.

Während die Erprobungsphase mit dem Schaltwerk W 29 lief, entwickelte BBC ein neues Schaltwerk (Typ NO 32), das ähnlich positive Merkmale wie das SSW-Schaltwerk bot. So hatte auch dieses die Kontakte platzsparend im Kreis angeordnet; die Kontaktbahnen waren so ausgebildet, dass keine Kriechströme mehr auftreten konnten. Auch wurde zum Antrieb ein Kegelradgetriebe anstelle der Ketten benutzt. Das BBC-Hochspannungsschaltwerk NO 32 wurde in die Loks E 50 033, 039 und 042 eingebaut.

Doch beim Wettrennen um die Nachfolge des alten BBC-Schaltwerkes N 28 i behielt die Firma SSW die Nase vorn. Gleichzeitig mit dem Erscheinen des neuen BBC-Schaltwerkes NO 32 stellte sie eine verbesserte Ausführung ihres Schaltwerkes W 29 vor. Bei dieser Ausführung, W 29 T genannt, hatte sie die Sprunglastschalter durch Thyristoren ersetzt. Die Thyristoren sorgen dafür, dass der Motorstrom im Augenblick des Nulldurchganges der Wechselspannung von der einen zur anderen Anzapfung des Transformators überging. Mit Hilfe dieser Halbleiterelemente konnte also das Umschalten funkenlos und damit verschleißfrei erfolgen. Für den Schaltvorgang waren nur noch Mikrosekunden nötig. Die Zugkraftsprünge beim Anfahren sanken dadurch von 9/10 % auf nur noch rund 4 %, wodurch ein gleichmäßigeres Anfahren mit geringerer Schleuderneigung möglich wurde.

Wie es nicht anders zu erwarten war, setzten sich während der Bauphase der E 50/150 die Halbleiterbauelemente durch, so dass die letzten Loks serienmäßig mit dem SSW-Schaltwerk W 29 T ausgerüstet wurden. Es war in den Lokomotiven E 50/150 120 sowie 128–194 zu finden. Somit besaßen 118 E 50 das Schaltwerk N 28 i, fünf das W 29 SL, 68 das Schaltwerk W 29 T sowie drei Exemplare das Schaltwerk NO 32.

Die Fahrmotoren

Von der Niederspannungsspule des Trafos wurde der Strom über die Motorsammelschiene zu den Fahrmotoren geleitet. Vor jedem Motor waren ein Motorüberstromrelais und ein Motortrennschütz angeordnet. Das Relais hatte die Aufgabe, den Motor vor zu hohen Strömen sowie vor Schäden bei Kurzschlüssen zu schützen. In beiden Fällen schaltete es mit Hilfe des nachfolgenden Trennschützes den Motorstrom ab. Das Trennschütz konnte aber auch elektropneumatisch vom Führerstand aus geschaltet werden. So war beispielsweise das Abschalten eines defekten Fahrmotors möglich. Auch mussten alle Fahrmotoren beim Leerlauf der Lok elektrisch voneinander getrennt werden, damit ein Restmagnetismus nicht zur Selbsterregung führte.

Der Fahrmotor bestand in erster Linie aus dem Ständer, dem Läufer und dem Kommutator. Als Ständer diente ein zylindrisches Stahlgussgehäuse, in dem Blechpakete nebeneinander lagen. Diese waren von Erregerwicklungen umgeben, die das Magnetfeld erzeugten, in dem sich der Läufer drehte. Die Erregerwicklungen waren dabei so geschaltet, dass immer Nord- und Südpole aufeinander folgten.

Wollte man die Drehrichtung des Motors ändern, so musste die Stromrichtung in den Erregerwicklungen gewechselt werden, wodurch sich automatisch die Polung der umwickelten Blechpakete änderte. Dies geschah auf dem Führerstand mit Hilfe des Richtungswenders. Der Läufer (auch Anker genannt) bestand aus einer Welle, auf der das Läufereisen saß, das mit

△ **Bild 41** • Ein Blick in die Fahrmotoren-Montage bei AEG, hier auf den Einbau der Erregerwicklungen in die Statoren.

△ **Bild 42** • Hier erfolgte der Einbau eines Läufers in das Gehäuse mit Stator.

△ **Bild 43** • Fahrmotor des AEG-Typs EKB 760. An allen sechs Radsätzen der Lok war solch ein Fahrmotor als Antrieb angebaut.

△ **Bild 44** • Der Fahrmotor setzte sich aus einem Gehäuse samt Stator mit zwölf Blechpaketen zusammen, von denen hier einige zu sehen sind.

△ **Bild 45** • So sah der Läufer (Anker) des Motors aus.

den Läuferwicklungen umwickelt war. Die Läuferwicklungen waren über Kupferverbindungsstücke mit den Lamellen des Kommutators verbunden. Den Lamellen wurde über Kohlebürsten der Motorstrom zugeführt. Da sich die Motoren im Betrieb stark erwärmten, wurden sie durch Luft gekühlt.

Um den besten Motortyp für die Einheitselloks zu finden, baute die DB in die E 10-Versuchsloks verschiedene Motortypen ein. So erhielten die drei Loks E 10 001, 004 und 005 14-polige Reihenschluss-Kommutatormotoren des Typs EKB 895 von AEG, die E 10 002 einen entsprechenden vom BBC-Typ ELM 983 s, der sich bereits in Ae 4/4-Lokomotiven der Bern-Lötschberg-Simplon-Bahn bewährt hatte. Der Motor WB 358/21 der E 10 003 von SSW war hingegen nur 12-polig. Er hatte, wie die Vergleichstabelle zeigt, eine höhere Drehgeschwindigkeit als die anderen.

Motortyp	**EKB 895**	**ELM 983s**	**WB 358/21**
	14-polig	14-polig	12-polig
eingebaut in	E 10 001 004, 005	E 10 002	E 10 003
Höchstgeschw. [km/h]	130	130	130
Höchstdrehzahl [U/min]	1.310	1.245	1.860
Nennleistung [kW]	855	800	885
Höchste Betriebsspannung [V]	540	475	516
Motormasse [t]	4,2	4,0	3,6
Ankerdurchm. [mm]	895	983	785

▽ **Bild 46** • Der fertige Motor wurde im Prüffeld getestet.

AUFNAHMEN (6): AEG, SAMMLUNG THOMAS BORBE

Es ist ersichtlich, dass es sich bei dem Motor WB 358/21 zwar um kleinste und leichteste, zugleich aber auch um die leistungsfähigste Bauart handelte.

Die erhöhten Leistungsanforderungen, die bei den E 10-Serienloks durch die Heraufsetzung der Höchstgeschwindigkeit von 130 auf 150 km/h auftraten, konnte keiner der in den Vorserienloks eingesetzten Motoren erbringen. Doch war es möglich, den in E 10 003 eingebauten SSW-Motor der Bauart WB 358/21 durch die Heraufsetzung der Polzahl auf 14 und die Anhebung der höchsten Motorspannung von 516 auf 540 V auf die gewünschte Leistung zu bringen. So entstand die neue Motorbauart WB 372/22. Mit der Entscheidung für diesen Motor hatte die DB eine gute Auswahl getroffen. Nach der Beseiti-

△ **Bild 47** • Ansicht des Bremswiderstandes, noch ohne Verkleidung.

gung von Kommutatorproblemen bewährte er sich und wurde in leicht veränderter Form (bessere Isolierung) auch in den beiden jüngeren Einheits-Ellokbaureihen 111 und 151 der zweiten Generation weiterverwendet. Der Motor besaß eine Nennleistung von 925 kW, die bei einer Motorspannung von 487,2 V und einem Motorstrom von 2.080 A erreicht wurde. Da sich bei der Unterbringung von sechs Motoren des Typs WB 372/22 in den beiden dreiachsigen Drehgestellen einer E 50 Platzprobleme ergeben hätten, wurden für diese Baureihe kleinere und nur zwölfpolige Motoren des AEG-Typs EKB 760 verwendet. Sie stellten eine Weiterentwicklung des in der Baureihe E 94 verwendeten Motorentyps EKB 725a dar. Die Nennleistung von 750 kW pro Motor (bei 1.630 U/min) lag um ca. 19 % unter der Leistung der E 10-Motoren. Jeder der sechs Einphasen-Reihenschluss-Kommutatormotoren besaß eine Eigen- und Fremdbelüftung. Dazu verfügte jeder Fahrmotor über einen motorbetriebenen Radiallüfter. Zusätzlich gab es auf der Kommutatorseite jedes Motors ein Lüfterrad für die Eigenbelüftung. Letzteres verbesserte die Luftführung und sorgte zusammen mit Leitblechen dafür, dass kein Staub in den Motor gesaugt werden konnte.

Die elektr. Widerstandsbremse

Bei einer elektrischen Widerstandsbremse kann jeder Elektromotor zugleich als Generator wirken. Wird dem Läufer Strom zugeführt und im Ständer ein Magnetfeld erzeugt, so dreht sich der Läufer und kann zum Antreiben der Lok benutzt werden. Wird umgekehrt der Läufer durch die fahrende Lok bewegt und im Ständer ein Magnetfeld erzeugt, so wird im Läufer eine Spannung induziert, die in einem Stromkreis einen Strom hervorrufen kann. Gleichzeitig wird die Lok abgebremst. Da der Bremsstrom phasenverschoben zum Fahrstrom ist, konnte er damals noch nicht direkt in die Oberleitung zurückgespeist werden. Dies ist heute bei modernen Drehstromloks möglich. Daher ließ man bei den Einheitselloks den Bremsstrom über einen Bremswiderstand laufen, in dem der Strom in Wärmeenergie umgewandelt wurde. Die Bremsleistung der Lok war bei diesem Verfahren allerdings durch die Größe des Bremswiderstandes und durch die Leistung des Lüfters limitiert.

Da die Baureihe E 50 in erster Linie für den schweren Güterverkehr auf steigungsreichen Strecken konzipiert wurde, war bei ihr der Einbau einer elektrischen Widerstandsbremse zusätzlich zu den Klotzbremsen selbstverständlich. Diese sollte bei Fahrten im Gefälle die Geschwindigkeit ohne Benutzung der Klotzbremsen konstant halten, aber natürlich auch beim Abbremsen des Zuges unterstützen können. Wie bei den Baureihen E 10 und E 40[11] wurde eine fremderregte, fahrleitungsabhängige Gleichstrom-Widerstandsbremse benutzt. Wegen der geringeren Geschwindigkeiten der Güterzüge wurden allerdings nicht alle sechs Fahrmotoren als Bremsgeneratoren benötigt. So erhielt die Baureihe E 50 eine Schaltung, bei der fünf Fahrmotoren als Bremsgeneratoren wirkten und der sechste den Strom zur Erzeugung der Magnetfelder an den anderen fünf Motoren produzierte, wobei sein eigenes Magnetfeld durch Strom vom Trafo aufgebaut wurde. Der beim Bremsen erzeugte Strom wurde zwei Bremswiderständen zugeführt, die in einem gemeinsamen Turm im Maschinenraum untergebracht waren. Ein Axiallüfter drückte die aus dem Maschinenraum angesaugte Luft durch den Widerstandsturm und die Schlitze im Dachaufbau ins Freie. Die Leistung des Lüfters begrenzte die Leistung der Widerstandsbremse, da die Temperatur der Widerstandswicklungen 520 °C nicht überschreiten durfte. Die elektrische Bremsleistung lag bei 1.200 kW, konnte kurzzeitig aber auch bis auf 1.530 kW gesteigert werden. Dies reichte aus, um bei einem Güterzug mit 1.200 t Last bei einem Gefälle von 10 ‰ eine Geschwindigkeit von 60 km/h konstant zu halten.

Die eingebaute elektrische Widerstandsbremse bereitete allerdings Probleme. Es

△ **Bild 48** • Nachdem der Bremswiderstand verkleidet ist, kann er nun der Testphase unterzogen werden.

Aufnahmen (2): AEG, Sammlung Thomas Borbe

◁ **Bild 49** Der in der Baureihe E 50 genutzte AEG-Lüftermotor der Bauart EKS 200.

AUFNAHMEN (2): AEG, SAMMLUNG THOMAS BORBE

△ **Bild 50** • Fahrmotorlüfter mit angebautem AEG-Lüftermotor EKS 200 als Antrieb.

zeigte sich, dass die Loks, wenn die Lokführer eine konstante Bremskraft einstellten, keineswegs gleichmäßig abbremsten. Die Erklärung hierfür war, dass der Fahrmotor – mit dem der Strom für die Magnetfelder der anderen als Bremsgeneratoren arbeitenden Fahrmotoren geliefert wurde – keine gleichbleibende Stromstärke anbieten konnte. Doch bereits durch solche geringfügigen Stromstärkeschwankungen des Erregermotors konnte sich die Bremswirkung aller fünf Bremsgeneratoren verändern. Das Problem wurde gelöst, indem zunächst versuchsweise die Lok E 50 042 eine sogenannte „Summenstromregelung“ erhielt. Diese Regeleinrichtung verglich den im Bremswiderstand fließenden Bremsstrom mit dem Erregerstrom und bildete aus beiden die Summe. Diese Summe wurde über einen Transistor mit dem Sollwert verglichen. Traten Abweichungen vom Sollwert auf, kam es zur Veränderung der Erregerstromstärke. Diese Schaltung bewährte sich, so dass ab der Lok E 50 049 alle E 50 von Beginn an mit dieser Schaltung ausgeliefert wurden. Alle älteren Maschinen wurden nachträglich entsprechend umgerüstet.

Bei Geschwindigkeiten unter 30 km/h zeigt eine elektrische Bremse kaum noch Wirkung. Daher wurde sie der E 50 bei niedrigeren Geschwindigkeiten automatisch abgeschaltet. Ein Abbremsen war dann nur noch mit der Klotzbremse möglich. Damit Lokführer die elektrische Widerstandsbremse nicht nur zum Konstanthalten der Geschwindigkeit bei Gefällefahrten, sondern auch zum Abbremsen regelmäßig nutzten, war die Bedienung einfach zu gestalten. So konnte die Bremse vom Lokführer mit dem Bremssteller eingeleitet und geregelt werden, ohne dass die zuvor eingestellte Fahrstufe zurückgenommen werden musste. Der Bremssteller war an das Führerbremsventil angebaut und mit diesem über ein Zahnradvorgelege gekuppelt. Diese Kupplung konnte durch das Niederdrücken einer im Schaltgriff eingebauten Klinke gelöst werden. Die elektrische Bremse konnte also alleine oder auch gemeinsam mit der Druckluftbremse in Tätigkeit gesetzt werden.

Sobald die elektrische Bremskraft hoch genug war, wurden durch ein Bremsstromrelais elektropneumatische Bremsabstellventile betätigt, die die Druckluftbremse der Lokomotive sperrten. Die Druckluftbremse des Zuges blieb auch weiterhin aktiv.

- Gefällebremsung: Bei dieser wurde die elektrische Widerstandsbremse allein betätigt. Reichte ihre Bremskraft nicht aus, um die Geschwindigkeit des Zuges konstant zu halten, konnte mit der Druckluftbremse, die nur auf den Zug wirkte, zusätzlich gebremst werden.
- Verzögerungs- oder Haltebremsung: Hier wurden das Führerbremsventil betätigt und der elektrische Bremssteller mitgenommen. Die Lokomotive wurde dabei elektrisch und der Zug pneumatisch gebremst. Da die elektrische Bremse bei Geschwindigkeiten unter 30 km/h keine nennenswerte Wirkung mehr zeigte, wurde unter dieser Geschwindigkeit nur mit Druckluft gebremst.
- Schnellbremsung: Wurde die Schnellbremsung von der Lokomotive oder vom Zug aus (Notbremse) eingeleitet, so wurde die elektrische Bremse durch einen Druckwächter beim Absinken des Druckes in der Hauptleitung unter 3,5 kg/cm^2 abgeschaltet.

Hilfsbetriebe

Lüftermotor

Um die elektrische Ausrüstung der Einheitselloks soweit wie möglich zu vereinheitlichen, erhielten alle Baureihen denselben Lüftermotortyp EKS 200 von AEG eingebaut. Da die Lüfterbauarten bei den einzelnen Lokomotivbaureihen infolge der abweichenden Anordnung der elektrischen Ausrüstung im Maschinenraum verschieden waren, musste der Motor sowohl in der Horizontal- als auch in der Vertikalausführung verwendbar sein. Er verfügte an der Motorwelle über eine Nennleistung von 7,5 kW bei 200 V und 1.750 U/min.

Fahrmotorlüfter

Für die Wahl der sechs Fahrmotorlüfter der Baureihe E 50 standen die beiden Bauarten Radiallüfter und Axiallüfter zur Verfügung. Bei den Vorkriegselloks war wegen der beengten Verhältnisse im Maschinenraum Radiallüfter mit vorwärts gekrümmten Schaufeln zur Anwendung gekommen, die besonders klein waren. Sie erzielten aber einen schlechten Wirkungsgrad. Bei der E 50 kam es zum Einbau von sechs Radiallüftern mit rückwärts gekrümmten Schaufeln, da diese einen besseren Wirkungsgrad erzielten und ruhiger liefen. Sie wurden von sechs Lüftermotoren des Typs EKS 200 angetrieben.

Transformatorlüfter

Für die Belüftung des getrennt vom Transformator aufgestellten Ölkühlers erschien es sinnvoll, einen auch bei den BR E 10/E 40 verwendeten Einheitsaxiallüfter einzubauen. Er wurde vom Lüftermotor EKS 200 angetrieben, der zugleich den Generator für die Batterieladung antrieb.

Bremswiderstandslüfter

Auch für die Kühlung des Bremswiderstandes wurde ein Einheitsaxiallüfter mit dem Lüftermotor EKS 200 genutzt.

Aus dem Maschinenraum wurde Luft von den sechs Fahrmotorlüftern und dem Bremswiderstandslüfter angesaugt. Durch die Lüftungsgitter des Lokkastens strömte entsprechend viel Luft nach. Damit die Luftgeschwindigkeit durch die Lüftungsgitter nicht zu groß wurde, erfolgte die Luftansaugung für den Transformatorlüfter durch eine gesonderte Dachhaube, womit auch das Eindringen von Staub und Feuchtigkeit in den Maschinenraum reduziert werden konnte.

△ **Bild 51** • Hier stehen drei Antriebe für den Einbau in ein E 50-Drehgestell bereit. Es ist gut zu erkennen, wie groß die Fahrmotoren im Vergleich zu den Rädern sind.

Aufnahme: AEG, Sammlung Thomas Borbe

Der mechanische Teil

Der Antrieb

Grundsätzlich wäre es möglich, Elektromotoren direkt auf die Lokachsen zu setzen. Das hätte aber zur Folge, dass sich die Motoren nicht schneller als die Achsen drehen könnten. Wirtschaftlicher ist es , die Motoren schneller laufen zu lassen, da sie dann höhere Leistungen erbringen können. Dazu ist es nötig, die Motoren neben die Achsen zu setzen und ein Getriebe mit unterschiedlich großen Zahnrädern dazwischen zu schalten.

Bei der Baureihe E 50 wurde hierfür ein Übersetzungsverhältnis von 1:3,727 gewählt.

Bei den heutigen modernen Lokomotiven sind weder der Motor, noch das Zahnrad starr mit der Antriebsachse verbunden, was einen höheren Verschleiß verhindert. Bei älteren Lokomotiven wurden durch den Oberbau erzeugte Stöße über die Achsen an die Motoren weitergegeben. Deshalb sind Motor und Getriebe teils federnd auf der Achse gelagert, teils federnd mit dem Lokkasten verbunden.

Die Kraftübertragung vom Motor auf die Antriebsachse muss möglichst elastisch sein. Dies ist besonders beim Anfahren wichtig. Wird dem stehenden Motor Strom zugeführt, so ist anfangs das Drehmoment des Motors noch nicht groß genug, um die Lok und den Zug in Gang zu setzen. Dennoch muss sich der Motor bereits drehen können, da ein Stehenbleiben des Läufers Einbrennungen an den Lamellen hervorrufen würde.

Die Federung des Antriebs wird aber auch aus einem anderen Grund benötigt. Da Wechselstrommotoren – durch den sinusförmigen Spannungsverlauf – ein pulsierendes Moment mit doppelter Frequenz (33 ⅓ Hz) erzeugen, fällt ihr Lauf unruhiger aus, was durch die Federung teilweise aufgefangen werden muss. Dennoch ist das Anfahren für Wechselstromlokomotiven ein Problem. Deshalb verwundert es nicht, dass wesentlich leistungsschwächere Dieselloks mit hydraulischem Getriebe dank ihrer gleichmäßig veränderbaren Zugkraft den Elloks bei Anfahrten überlegen sind. Dies verwunderte Mitte der fünfziger Jahre Lokführer des Betriebswerkes Offenburg, denen es gelang, mit den Villinger V 200 schwere Güterzüge anzufahren, die sie mit ihren E 40 nicht in Gang setzen konnten.

Eine weitere Aufgabe der Federung ist die Abschwächung der Zugkraftsprünge beim Übergang von einer Fahrstufe zur nächsten. Diese Federung kann auf verschiedene Weise erfolgen. Hierzu wurden in den E 10-Versuchslokomotiven mehrere Varianten getestet:

Die E 10 001 besaß einen als „Tanzenden Ring“ bekannten Antrieb der Firma Alsthom (heute Alstom). Bei diesem war der Fahrmotor fest im Drehgestellrahmen gelagert. Die Motorritzel (kleine Zahnräder) übertrugen die Motorkraft auf Großräder (große Zahnräder), die federnd auf einer Hohlwelle um die Achse saßen. Auf den Enden der Hohlwelle befanden sich je zwei Mitnehmerzapfen, die durch Aussparungen der Räder ragten. Die Drehmomentübertragung von je zwei Mitnehmerzapfen auf je zwei Radzapfen erfolgte nicht direkt, sondern unter Zwischenschaltung eines freischwebenden „tanzenden Ringes“.

In E 10 002 wurde ein Scheibenantrieb von BBC erprobt, bei dem der Motor ebenfalls fest im Drehgestell gelagert war. Sein Läufer saß auf einer Hohlwelle und trieb mit dieser eine federnd gelagerte

Stahlscheibe an. Diese gab das Drehmoment an einen Mitnehmer weiter, der auf einer durch die Läuferhohlwelle führenden Achse saß. Am Ende dieser Achse befand sich ein zweiter Mitnehmer, der das Drehmoment an eine weitere Stahlscheibe weitergab. Diese bewegte ein Ritzel, was seinerseits das mit dem Antriebsrad verbundene Großrad antrieb.

Die E 10 003 besaß den Gummiringfederantrieb der Firma SSW. Bei diesem trieben die auf der Motorwelle sitzenden kleinen Zahnräder zwei gemeinsam auf einer Hohlwelle über der Antriebsachse angeordnete große Zahnräder an. An den großen Zahnrädern befanden sich je sechs Mitnehmer, die in die sechs Hohlräume zwischen den Speichen der Räder griffen. Zwischen den Mitnehmern und den Speichen saßen Gummisegmente, die die Federung übernahmen. Die Gummisegmente dienten also der Kraftübertragung und der Abstützung des Motors.

Der Lamellen-Antrieb von E 10 004 und E 10 005 wurde von der Firma Secheron gefertigt. Er entsprach weitgehend dem BBC-Scheibenantrieb, wobei anstatt der Stahlscheiben hier Lamellen zum Einbau gelangten.

Dass – mit Ausnahme der Lokomotiven E 50 001–025 – alle übrigen Einheitselloks den SSW-Gummiringfederantrieb erhielten, darf als eine der damals mutigsten Entscheidung der zuständigen DB-Stellen angesehen werden. Denn im Gegensatz zu den anderen in den Versuchslokomotiven eingebauten Antrieben, die sich zuvor schon in der Schweiz und in Frankreich mehrere Jahre lang im Betrieb bewährt hatten, war der SSW-Antrieb zuvor erst in einem Drehgestell der E 44 038 sowie in beiden Drehgestellen der E 10 003 verhältnismäßig kurze Zeit (bei E 10 003 nur ein Jahr) im Einsatz gewesen, als die Entscheidung über seine weitere Verwendung getroffen wurde. Die Entscheidung zu Gunsten des Gummiringfederantriebs fiel, da das damit in der E 44 038 eingebaute Drehgestell ein deutlich besseres Verhalten gezeigt hatte, als das Pendant mit Tatzlagerantrieb, und auch E 10 003 konnte bei Anfahrversuchen (z. B. im April 1953 auf der Geislinger Steige und am 26. November 1953 auf der Westrampe der Arlberg-Strecke) im Vergleich zu den übrigen E 10-Versuchsloks bei diesen Komponenten ihre Überlegenheit beweisen. Auch war der Gummiringfederantrieb im Ausbesserungswerk leichter ein- und auszubauen sowie instand zu setzen, da er außerhalb der Lok zur voll funktionsfähigen Antriebseinheit montiert und erprobt werden konnte. Allerdings konnte seine Langzeitbewährung damals nur anhand von Schwingungstests bei der Firma SSW abgeschätzt werden. Zurückblickend ist festzustellen, dass diese mutige Entscheidung richtungsweisend war, denn der Antrieb arbeitete im Geschwindigkeitsbereich bis 160 km/h zuverlässig, und sein Gummiverschleiß fiel sogar geringer aus als zunächst vermutet. In mehr als 2.300 Lokomotiven der DB-Baureihen 110, 111, 112, 139, 140, 141, 150 und 151 sind Gummringfederantriebe im Laufe der Jahre eingebaut worden.

Eine Besonderheit stellte – wie erwähnt – der Antrieb von E 50 001–025 dar. Denn diese Loks besaßen einen Tatzlagerantrieb, bei dem jeder Fahrmotor über seine beidseitigen Motorritzel auf den Achsen fest sitzende Zahnräder antrieb. Die Fahrmotoren lagerten dabei federnd im Drehgestell, stützen sich aber auch mit Hilfe eines Gleit-Tatzlagers auf der Achse ab.

Zunächst bestanden Bedenken, der wenig erprobte SSW-Gummringfederantrieb würde bei den hohen Belastungen im schweren Güterverkehr schnell Verschleißerscheinungen zeigen. Daher stand zur Diskussion die Baureihe E 50 grundsätzlich mit Tatzlagerantrieb auszustatten, der sich unter gleichen Betriebsbedingungen in der E 94 bewährt hatte. Schließlich kam es zu einem Kompromiss: Jeweils die Hälfte der ersten 50 Loks der Baureihe E 50 wurde mit dem bewährten Tatzlagerantrieb (E 50 001–025) bzw. mit dem neuen Gummiringfederantrieb (E 50 026–050) ausgestattet. Schon nach kurzer Betriebszeit zeigte sich die Überlegenheit des neuen Antriebs. Die bessere Federung des Gummiringfederantriebs verminderte die Schleuderneigung der Achsen bei Anfahrten und milderte Zugkraftsprünge beim Schalten ab. Dies führte bereits im ersten Betriebsjahr beim Bw Würzburg dazu, dass die Loks mit Tatzlagerantrieb geringere Laufleistungen als die Schwestermaschinen mit dem weichen Antrieb erzielten. Die Lokleitung ließ mit Rücksicht auf die Lokführer lieber E 50 mit Tatzlagerantrieb als Betriebsreserve stehen. Hinzu kam, dass wegen der härteren Federung mehr Brüche an Teilen der Motoren auftraten, so dass die niedrigeren Anschaffungskosten der Tatzlagerantriebe bald durch höhere Instandhaltungskosten aufgezehrt waren. Alle weiteren E 50-Bauserien erhielten daher den Gummiringfederantrieb eingebaut. Nachträglich wurden auch die mit Tatzlagerantrieb ausgelieferten 150 001, 006, 014, 019, 021, 023. 024 und 025 im Jahr 1993 mit Gummiringfederantrieben von bereits ausgemusterten Maschinen höherer Betriebsnummer ausgestattet.

Die Lagerung der Radsätze

Um Unebenheiten des Oberbaus gut abfedern zu können, wurde den Radsätzen vertikal und horizontal Spiel gelassen. Dazu umgaben fettgeschmierte zylindrische Rollenlager die Achsenden, deren

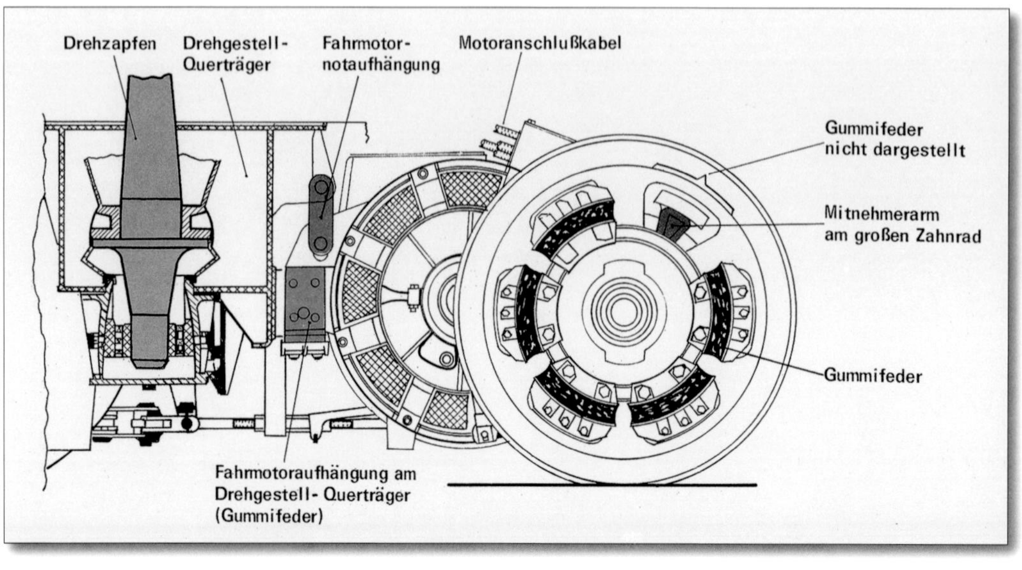

◁ **Bild 52**
Diese Skizze zeigt, wie der Fahrmotor (Mitte) jeweils elastisch von der Fahrmotoraufhängung am Drehgestellträger (links) und von den Gummifedern an den Rädern (rechts) gehalten wird.

Abbildung: DB, Sammlung Christian Wolf

Tatzlagerantrieb versus Gummiringfederantrieb

Die Wahl des Antriebs gestaltete sich bei der E 50 schwierig. Wie bei vielen Entscheidungen zu elektrischen Lokomotiven ließ sich die Hauptverwaltung der Bundesbahn (HVB) vom Fachausschuss für elektrische Triebfahrzeuge beraten. Dieser Fachausschuss trat unregelmäßig, aber meistens mehrmals pro Jahr zusammen und war mit Fachleuten der Bundesbahn-Zentralämter München und Minden (anfangs Eisenbahn-Zentralämter München und Göttingen) sowie einiger Direktionen und Maschinenämter besetzt.

Anhand der Antriebsfrage soll in diesem Exkurs exemplarisch gezeigt werden, wie die Entscheidungen zur E 50 damals zustande gekommen sind.

Die 1. Beratung des Fachausschusses fand am 7. und 8. März 1950 in München statt. Auf dieser Sitzung hieß es:

„Der Bau besonderer Versuchslokomotiven für die 6-achsige Type für 100 km/h Höchstgeschwindigkeit ist heute nicht notwendig, da diese in Fortentwicklung der vorhandenen Gattung E 94 gebaut werden kann, mit der genügend viele und gute Erfahrungen vorliegen."

Da die E 94 Tatzlagerantrieb besaß, der sich bewährt hatte, sollte dieser übernommen werden. Über den SSW-Gummiringfederantrieb, der in eine Bo'Bo'-Versuchslok eingebaut werden sollte, hieß es:

„Die Konstruktion ist noch nicht werkstattreif. Ihre Eignung für Fahrzeuggeschwindigkeiten von 125 km/h und mehr erscheint noch fraglich. Der Antrieb stellt eine Variante des für die schwedischen Schnelltriebwagen entwickelten Gummischeibenantriebs dar. Der Hauptvorteil dieses Antriebs besteht in der Einfachheit des Aufbaues und der Unterhaltung, da viele Schmierstellen durch die Verwendung des Gummis wegfallen."

Auf der 7. Beratung des Fachausschusses am 10. und 11. Dezember 1952 in München herrschte bereits keine Einigkeit mehr darüber, dass die E 50 einen Tatzlagerantrieb erhalten sollte.

Ministerialrat Peters, EZA München:
„Hinsichtlich des Antriebes bitte ich folgendes zu berücksichtigen: An den modernen Traktionsmotor werden außerordentliche Ansprüche gestellt. Unter Auswertung vieler und jahrzehntelanger Erfahrungen ist es gelungen, einen hochleistungsfähigen, aber auch hochbeanspruchten Motor zu bauen. Es ist daher vielleicht folgerichtig, daß man für den Einbau dieser Motoren in das Fahrzeug die günstigsten Verhältnisse schafft, daß man statt einer Tatzlageranordnung den gefederten Einbau in die Drehgestelle vorsieht und die Motoren vor unnötigen Beanspruchungen durch den Oberbau schützt. Unter Umständen könnte man bei den vorgesehenen Probelokomotiven einmal den Einfluß des Tatzlagerantriebes auf das Verhalten und die Laufleistungen des Motors klären, wenn man beide Antriebe vorsieht. Jedenfalls bin ich der Meinung, daß auch die Entwicklung mit einem gefederten Antrieb durchgeführt werden sollte."

Reichsbahnrat Dr.-Ing. Gladigau, EZA München:
„Es ist wirtschaftlicher, 30 neue Güterzuglokomotiven der Reihe E 94 nachzubestellen, als das Risiko des Baues von 30 neuen Lokomotiven der Baureihe E 50 einzugehen."

Abteilungspräsident im Ruhestand Michel, EZA München:
„Die Hauptschwierigkeit dürfte darin bestehen, daß in der kurzen Zeit eine einwandfreie Entscheidung zu fällen ist, welches die beste Lösung darstellt." (Anmerkung: Die Bestellung der ersten E 50 sollte ursprünglich am 1. September 1953 erfolgen.)

△ **Bilder 53 und 54•** Ein Radsatz mit Tatzlagerantrieb. Auf den ersten Blick fällt auf, ▽ dass der Bereich zwischen den Speichen frei ist. Das ist beim Gummiringfederantrieb (unten) anders. Hier sieht man zwischen den Speichen Gummielemente.
AUFNAHMEN (3): AEG, SAMMLUNG THOMAS BORBE

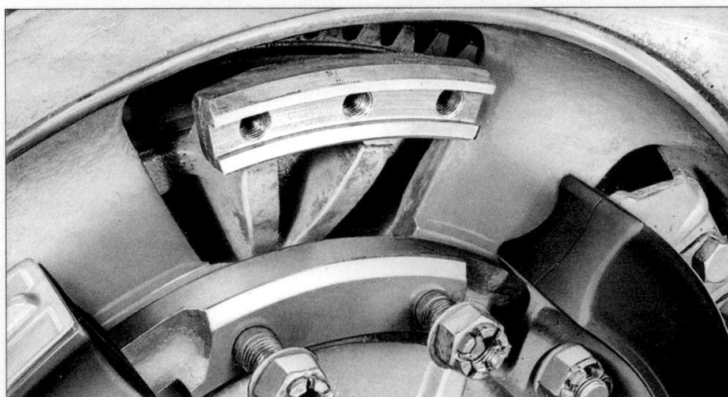

△ **Bild 55 •** Gut sind die Gummielemente zwischen den Speichen zu erkennen. Allerdings ist oben jeweils ein Gummielement abgebaut, damit man den Mitnehmer sieht. Dieser ist am großen Zahnrad (Großrad) befestigt, liegt zwischen den Speichen und trägt normalerweise ein Gummielement. Vor dem hinteren Rad ist das große Zahnrad von der Rückseite zu sehen.

Oberreichsbahnrat Dr.-Ing. Kilb, EZA München:
„Durch Versuche soll festgestellt werden, welcher Antrieb die größte Zugkraft zulässt. Der Gummiringfederantrieb SSW hat gute Werte ergeben."

Abteilungspräsident Dr.-Ing. Otter, ED Augsburg:
„Aus welchen Gründen soll der Tatzlagerantrieb verlassen werden, wenn der Betrieb keine höheren Gescheindigkeiten als 100 bzw. 90 km/h verlangt? Der Gestellmotor ist für eine Güterzuglok nicht erforderlich."

Oberreichsbahnrat Dr.-Ing. Müller, EZA Minden:
„Die Wahl wird nicht vor einem halben Jahr zu treffen sein. In dieser Zeit wird sich zeigen, welcher Antrieb der brauchbarste ist."

Ministerialrat Peters, EZA München:
„27 E 94 Lok sind in Auftrag gegeben und nur 2 E 50 sollen vorerst gebaut werden. Ich empfehle, auch eine Lok mit gefedertem Antrieb zu entwickeln."

Oberreichsbahnrat Dr.-Ing. Kniffler, ED Hamburg:
„Es sollten in eine Probelok der Baureihe E 10, deren Antrieb sich nicht bewährt hat, Drehgestelle mit Tatzlagerantrieben versuchsweise eingebaut werden."

Abteilungspräsident im Ruhestand Michel, EZA München:
„Es ist zweckmäßig, Lok mit Tatzlager-Motoren zu bauen und nebenher solche mit gefederten Antrieben zu entwickeln."

Ministerialrat Peters, EZA München:
„Das Studium beider Antriebsmöglichkeiten sollte auf jeden Fall weiter betrieben werden. So kann der gefederte Motor für die schweren Anfahrten besonders geeignet sein (z. B. in seiner dämpfenden Wirkung auf das pulsierende Moment bei Verwendung des Gummiringfederantriebes). Für eine Erprobung der E 50 bleibt keine Zeit. Aus den vorgelegten Entwürfen geht hervor, daß der Entwurf mit Tatzlagerausführung zu empfehlen ist."

Abteilungspräsident Dr.-Ing. Otter, ED Augsburg:
„Es dürfte doch genügen, daß über Gestellmotoren Beschwerden und über den Tatzlagermotor keine eingegangen sind. Außerdem verursachen Lokomotiven mit Hohlwellenantrieb größere Unterhaltungskosten."

Oberreichsbahnrat Dr.-Ing. Kilb, EZA München:
„Die baldige genaue konstruktive Untersuchung der Drehgestellanordnung, die sich sowohl auf den Tatzlager- als auch auf den Gestellantrieb erstreckt, sollte nicht versäumt werden, damit man keine Zeit verliert. Inzwischen werden die Betriebsergebnisse mit den E 10-Antrieben vorliegen."

Eine Abstimmung zeigte, dass in der Frage der Antriebsart keine einheitliche Auffassung zustande kam. Für einen Vorentwurf der Lok mit Tatzlager- und Gummiringfederantrieb traten drei Ausschussmitglieder ein, für einen Vorentwurf der Lok ausschließlich mit Tatzlagermotoren neun.

Auf der 9. Beratung des Fachausschusses am 2. und 3. Juli 1953 in München war man nur geringfügig weiter. Hier hieß es:

„Als Antrieb kommt für die E 50 nur der Tatzlagerantrieb oder der Gummiringfederantrieb der Fa. SSW in Betracht. Die Dauerschwingungsversuche, welche die Fa. SSW auf unseren Wunsch mit der Gummiringfeder zu Anfang dieses Jahres eingeleitet hat, werden voraussichtlich in 2 – 3 Monaten zu Ende geführt sein. Die Fachleute werden nicht früher in der Lage sein, ein abschließendes Urteil über die voraussichtliche Lebensdauer abzugeben. Der Gummiringfederantrieb kann deshalb heute noch nicht vorgeschlagen werden."

Immerhin hatte man aber schon bei der Konstruktion des Rahmens und der Drehgestelle der E 50 berücksichtigt, dass beide Antriebsformen eingebaut werden konnten.

Die 11. Beratung des Fachausschusses war eine Mammutveranstaltung. Sie wurde über fünf Tage (28. und 29. Oktober 1953 in München, 10. November 1953 in Nürnberg sowie 10. und 11. Dezember 1953 in München) abgehalten, denn nun mussten wichtige Entscheidungen zu den Baureihen E 10, E 40, E 41, E 50 und ET 30 getroffen werden:

Bundesbahnoberrat Dr.-Ing. Kilb, BZA München:
„Als Antriebe für die Lokomotiv-Baureihen E 41 und E 50 stehen der Gummiringfederantrieb Bauart SSW und der Tatzlagerantrieb zur Wahl. Die Preisdifferenz zwischen beiden Antrieben beträgt zu Gunsten des Tatzlagermotors für eine E 50-Lokomotive bei Serienherstellung 59.100 DM, das sind rund 4,8 % des Gesamtpreises. Dieser Mehrpreis des Gummiringfederantriebes ist im Verhältnis zu den Vorteilen, die seine Verwendung bietet, nicht hoch. Die Auswechslung eines Satzes verbrauchter Gummielemente bei einer E 50-Lokomotive kostet rund 6.000 DM. Die Dauerversuche, die seit Frühjahr 1953 in dem Dynamowerk der Fa. SSW ununterbrochen durchgeführt werden und die bis zum 16.9.1953 100 Mio. Lastwechsel erreichten, entsprechen etwa der Beanspruchung einer Laufleistung von 1,6 Mio. km. Dabei ist nicht berücksichtigt, daß die Schienenstöße nicht immer dieselben, sondern verschiedene Gummielemente belasten. Mit einer Lebensdauer der Gummielemente von über 10 Jahren kann somit gerechnet werden. Der Antrieb besitzt keine weiteren der Abnutzung unterworfenen Teile. Die an vorspringenden Ecken und Kanten der Gummisegmente festgestellten kleinen Anrisse wird man durch entsprechende Abrundung des Materials an diesen Stellen in Zukunft verhindern können. An den Gummiringfederantrieben der Lokomotive E 44 038 (in einem Drehgestell seit März 1952 in Betrieb) und der E 10 003 (seit November 1952 in Betrieb) sind bisher nur wenige Störungen aufgetreten, die durch unzureichende Befestigung der äußeren Metallringsegmente an den Mitnehmerarmen des Großzahnrades hervorgerufen wurden. Die Befestigung der inneren Metallringsegmente an der Treibradnarbe sind ausreichend. Bei der E 44 038 werden die Befestigungen an den Mitnehmerarmen geändert. Die bisher verwendete Motoraufhängung mit Druck-Schub-Feder ist durch eine einfache Schub-Feder aus Gummi ersetzt worden. Die Schwingungsbewegungen des Motors sind dadurch in dem Geschwindigkeitsbereich 110 bis 130 km/h wesentlich verringert worden. Die Ausführung wird am Motor 4 der Lokomotive E 44 038 seit mehreren Monaten mit gutem Erfolg erprobt. Unterhalb der Geschwindigkeit 110 km/h finden erfahrungsgemäß weder bei der bisherigen noch bei der neuen Aufhängungsart Aufschaukelungen mit größerer Amplitude statt. […]

Die zahlreichen Versuche, die mit der E 10 003 durchgeführt wurden, lassen erkennen, daß beim Anfahren der Gummiringfederantrieb bei schlechtem Schienenzustand anderen gefederten Antrieben erheblich überlegen ist. Bei schlechtem Schienenzustand können damit mindestens dieselben Anhängelasten angefahren werden, die mit anderen gefederten Antrieben nur bei gutem Schienenzustand anzufahren sind. Der Gummiringfederantrieb ist bezüglich der Anfahrt auch dem Tatzlagerantrieb überlegen. Die Ursache liegt wohl in der weichen Drehfederung. Diese konnte doppelt so weich gemacht werden wie bei den Antrieben mit gefedertem Großzahnrad (z. B. Alsthom-Gelenkantrieb der E 10 001) und viermal so weich wie bei den Kardanantrieben (z. B. BBC-Scheibenantrieb der E 10 002 und Secheron-Lamellenantrieb bei E 10 004 und 005). […]

Im Auftrage der HVB ist im Einvernehmen mit der ÖBB auf der Arlbergrampe eine Leistungsmeßfahrt mit zusätzlicher Anfahrt auf einer Steigung von 28,5 ‰ und einer Anhängelast von 378 t durchgeführt worden, die die bislang festgestellten günstigen Anfahrverhältnisse des Gummiringfederantriebs erneut bestätigte. […]

[Anmerkung: Obwohl man versehentlich einen Teil der Strecke mit angezogener Handbremse gefahren war, wurden gute Anfahrwerte erzielt.]

Zusammenfassend kann festgestellt werden, daß der Gummiringfederantrieb Bauart SSW für elektrische Lokomotiven bis zu einer Geschwindigkeit von 110 km/h als einwandfrei, betriebssicher und wirtschaftlich gelten kann. Nach Austausch der Motoraufhän-

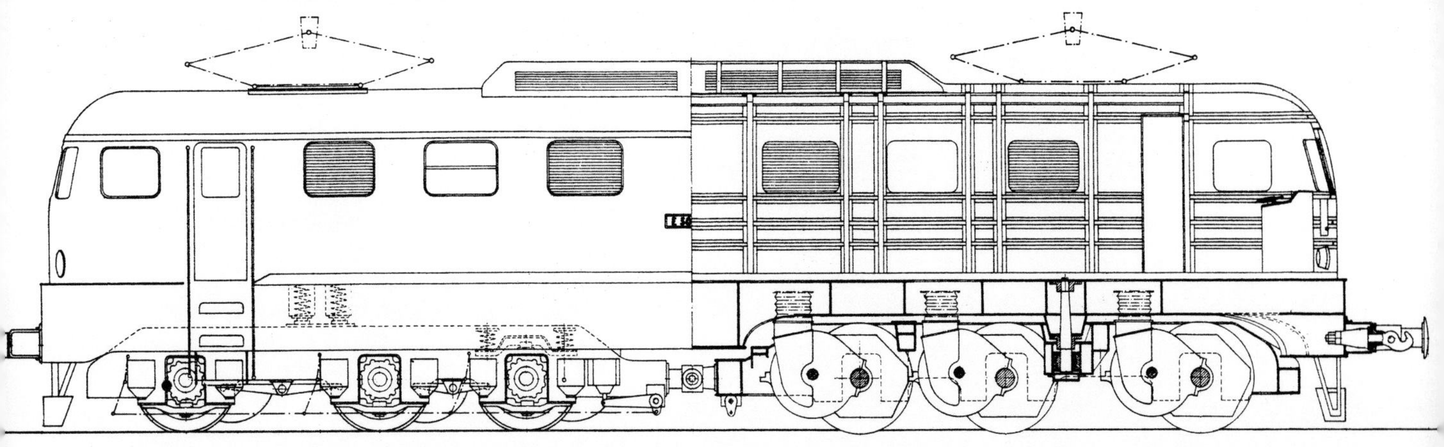

△ **Bild 56** • Entwurf der E 50, Stand vom August 1952. Das Äußere der Lokomotive glich noch dem Erscheinungsbild der Erprobungslokomotive E 10 002, was nicht verwunderlich ist, da sowohl die E 10 002 als auch die Baureihe E 50 von Krupp konstruiert wurden. ABBILDUNG: DB, SAMMLUNG ROLAND HERTWIG

gungen bei der E 10 003 wird sich innerhalb der nächsten Zeit zeigen, ob er Antrieb auch im Geschwindigkeitsbereich über 110 km/h den Anforderungen entspricht."

Ministerialrat Peters, EZA München:

„Die Antriebsfrage bei der E 50 ist auf der 7. Beratung des Fachausschusses noch offen geblieben. Zur Wahl standen der Tatzlager- und der Gestellmotorantrieb. Die weiteren Untersuchungen des mechanischen Teiles der Lokomotive sollten sich auf den wahlweisen Einbau beider Antriebsarten erstrecken. Die bisherigen günstigen Ergebnisse der Verwendung des Gummiringfederantriebes lassen den Einbau in die Baureihen E 41 und E 50 vorteilhaft erscheinen. Der Antrieb gewährleistet infolge seiner günstigen Drehfederung beste Anfahreigenschaften."

Abteilungspräsident Dr.-Ing. Otter, ED Augsburg:

„Die Anfahrzugkraft des für die E 50 vorgesehenen Motors überschreitet die Reibungszugkraft der Treibachse selbst dann noch, wenn unter dem Einfluß des Bäumungsmomentes eine Achsdruckerhöhung auftritt. Zugkraftstöße beim Anfahren können wegen der hohen Reaktanz des Transformators mit Hochspannungssteuerung nicht auftreten. Außerdem ist die Lokomotive mit Schleuderbremse ausgestattet. Der Bauartdezernent hat auf der letzten Tagung in ausführlichen Darlegungen erklärt, daß die Transformatorspannung des Motors so niedrig bemessen ist, dass wir bei der verlangten Anfahrt eines 1.600 t-Zuges bei 10 kg/t Streckenwiderstand noch dieselbe prozentuale Zugkraftreserve besäßen wie die neueste Ellok (Ae 6/6) der SBB. Da hiermit alle Bedingungen, welche der Zugförderungsdienst an die E 50 zu stellen hat, erfüllt sind, sehe ich auch in Hinblick auf die Höchstgeschwindigkeit von 100 km/h keinen Grund, eine radiale oder tangentiale Federung des Antriebes zwischen Treibrad und Motor zu fordern. Da mir nichts davon bekannt geworden ist, daß die Kosten der Unterhaltung bisher bekannter, gefederter Einzelachsantriebe geringer als die der Tatzlagerantriebe wären, vermag ich nicht zu erkennen, womit die Mehrkosten des vorgeschlagenen Gummiringfederantriebes von 60.000 DM verzinst und getilgt werden sollen.

Die Ausführungen gelten insolange auch für die geplante Baureihe E 41, als die Höchstgeschwindigkeit dieser nur 16 t Achsdruck habenden Lokomotive 110 km/h nicht überschreitet. Es erscheint mir aber in Hinblick auf das Vorhandensein der E 10 eher ratsam, die Höchstgeschwindigkeit der E 41 mit 100 km/h zu begrenzen als sie noch weiter hinaufzusetzen, wenn man aus dem letzteren Grunde sich zum Einbau eines gefederten Antriebes mit Mehrkosten von rund 40.000 DM entschließen müsste.

Gegen den Gummiringfederantrieb der Fa. SSW, so wie er bis jetzt bekanntgeworden und beschrieben worden ist, habe ich folgende Bedenken: Die Erfahrungen mit den Stahlgußarmen der Westinghouse-Kleinow-Antriebe haben gezeigt, daß Ermüdungsbrüche zu befürchten sind. Allein beim Bw Augsburg sind bei 13 E 17-Lokomotiven in weniger als 3 Jahren ca. 20 Armbrüche bzw. -anrisse, dazu noch eine unbestimmte Anzahl von Schraubenbrüchen, vorgekommen. Trotzdem war es vorteilhaft, daß diese Arme an den Zahnradkörpern mit Paßschrauben angeschraubt sind. So mußte man wenigstens nicht wegen jedes Armbruches den ganzen Zahnradkörper erneuern. Die Beanspruchung der gleichartigen Arme werden zwar beim SSW-Gummiringfederantrieb weniger ungünstig sein, dafür kann man aber hier auch keinen ausgerissenen Arm auswechseln. Zahnradkörper und Arme sind aber meines Erachtens ein fertigungstechnisch höchst bedenkliches Werkstück. Lunkerstellen und Einschlüsse sind bei einem solchen Stahlgußkörper mit den 6 Armen von wesentlich geringerem Querschnitt nicht leicht zu vermeiden."

Abteilungspräsident im Ruhestand Michel, BZA München:

„Bei der großen Anzahl von Lokomotiven mit Kleinow-Antrieb ist der Anteil der festgestellten Armbrüche äußerst gering."

Bundesbahnoberrat Dr.-Ing. Kilb, BZA München:

„Die Beanspruchung und Festigkeit der Mitnehmerarme beim Gummiringfederantrieb werden besonders überprüft, um etwaige Armbrüche oder -risse von vornherein auszuschließen."

Bundesbahnoberrat Eberl, MA Rosenheim:

„Der Gummiringfederantrieb für die Baureihe E 41 ist für die billige Lokomotive zu aufwendig. Ich empfehle, für diese Baureihe den Tatzlagerantrieb vorzusehen.

Anschließend sprachen sich alle Mitglieder außer einem für die Ausrüstung der E 50 mit Gummiringfederantrieb aus. Bei der E 41 gab es zwei Gegenstimmen. Somit wurde der Gummiringfederantrieb der Standardantrieb für alle vier Einheitsellok-Baureihen. Allerdings hatte die HVB Bedenken, alle E 50 mit diesem Antrieb zu bestellen. Vielmehr erhielten von den ersten 50 Loks 25 den Tatzlagerantrieb. Die Überlegenheit des Gummiringfederantriebs zeigte sich aber bald, so dass keine weiteren Loks mit Tatzlagerantrieb geordert wurden.

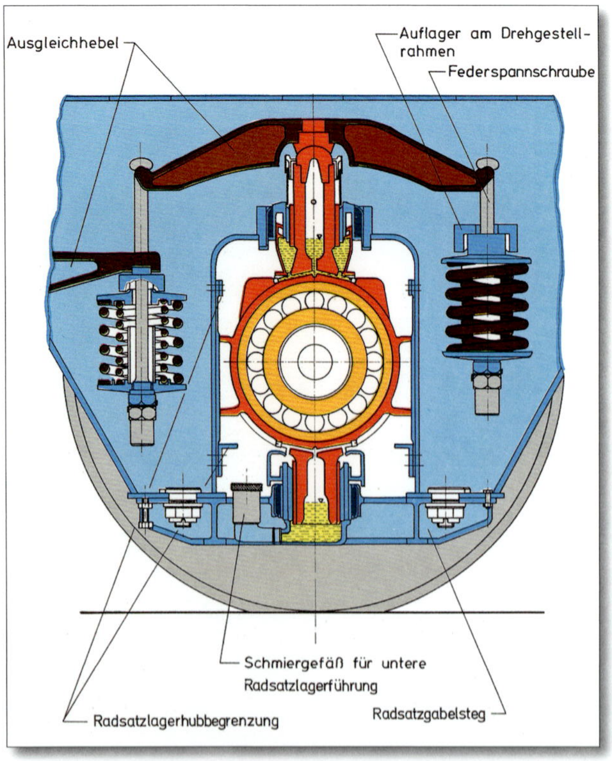

◁ **Bild 57**
Schnittzeichnung einer Radsatzlagerung, -führung und -federung am Beispiel des Radsatzes 6 der Loks 150 001–042.

ABBILDUNGEN (3): DB, SAMMLUNG CHRISTIAN WOLF

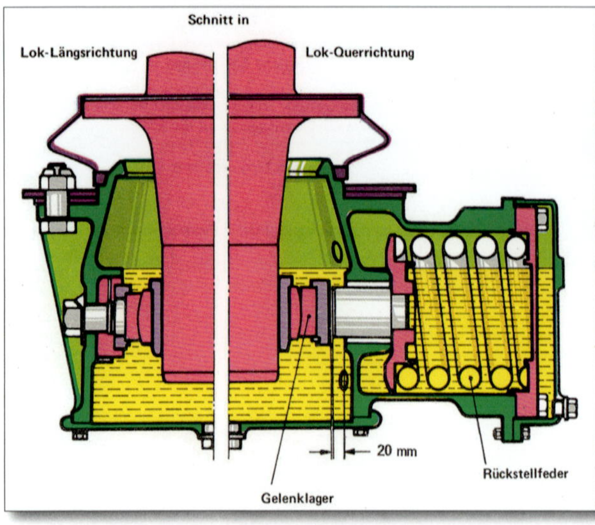

◁ **Bild 58**
Schnittzeichnung eines Drehzapfenlagers der Lokomotiven der Ursprungsausführung.

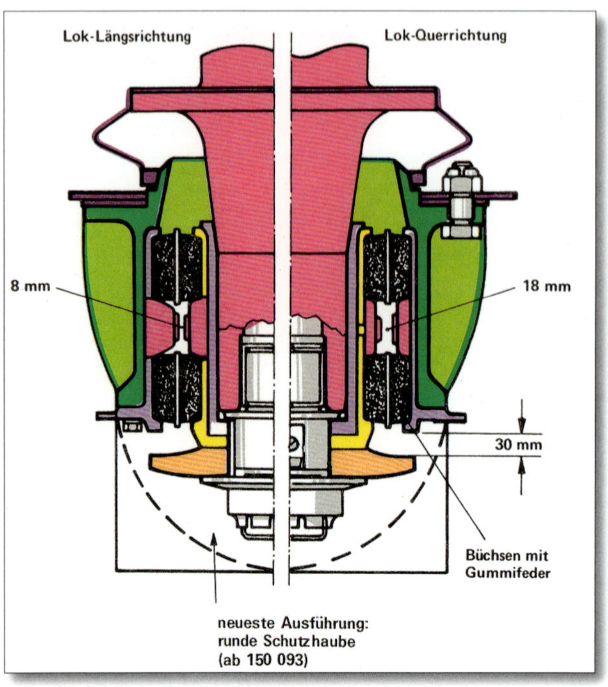

◁ **Bild 59**
Schnittzeichnung eines Drehzapfenlagers der Lokomotiven ab 150 093. Hier wurden nun Gummifedern zur Federung genutzt.

Bild 60 ▷
Blick auf das Radsatzlager, links daneben befindet sich ein Sandbehälter.

AUFNAHME: ROLAND HERTWIG

Führungszapfen mit Hilfe von Gleitbacken und Stahlfedern gegenüber dem Drehgestellrahmen abgefedert waren. Die Wälzlagerung mit Hilfe der Rollenlager war den Gleitlagern der Vorkriegselloks deutlich überlegen und führte dazu, dass kaum noch Heißläufer auftraten. Wegen der Rollenlager konnte der Motorstrom nicht zuverlässig zur Achse und von dort über die Räder zur Schiene weitergeleitet werden. Der Transformatorrückstrom wurde daher über besondere Kontakte in den Radsatzlagerdeckeln den Achsen direkt zugeführt.

Die Drehgestelle

Um die für den schweren Güterzugdienst geforderte Zugkraft auf die Schiene bringen zu können, musste die E 50 im Gegensatz zu den anderen Einheitsellok-Baureihen dreiachsige Drehgestelle erhalten. Bei deren Konstruktion orientierte sich die DB an der Baureihe E 94. Die Drehgestellrahmen bestanden aus Längs- und Querträgern, die als Hohlkörper ausgebildet waren. Diese waren aus dünnen Blechen zusammengeschweißt. Dadurch wurde eine große Festigkeit bei niedrigem Gewicht erreicht.

Die Drehgestelle der E 50 mussten wegen des zusätzlichen Radsatzes und dem dritten Fahrmotor zwangsläufig anders ausfallen als die der übrigen Einheitselloks. Sie konnten nicht symmetrisch gestaltet werden, da der mittlere Fahrmotor und der Drehzapfen nicht an derselben Stelle untergebracht werden konnten. So lagen nun alle Fahrmotoren auf der Seite des jeweiligen Radsatzes, die zur Fahrzeugmitte hin gerichtet war und der Drehzapfen befand sich zwischen dem ersten und zweiten Radsatz. Anders als bei den vierachsigen Einheitselloks enthielt der Drehgestell-Rahmen neben den zwei Längsträgern und den beiden Kopfträgern zwei Querträger. Wie bei den anderen Baureihen trug einer der Querträger das Lager für den Drehzapfen, der zweite wurde aus Stabilitätsgründen eingefügt.

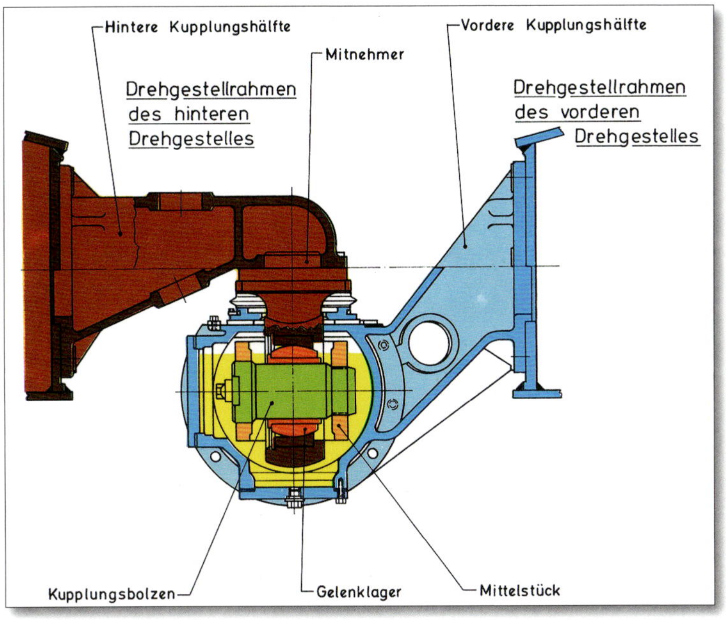

△ **Bild 61** • Schnittzeichnung der Kupplung der beiden Drehgestelle (Ausführung wie bei 150 001–164) in der seitlichen Ansicht. Der Mitnehmer des hinteren Drehgestells ragt in das Gelenklager des vorderen Drehgestells. Abbildungen (3): DB, Sammlung Christian Wolf

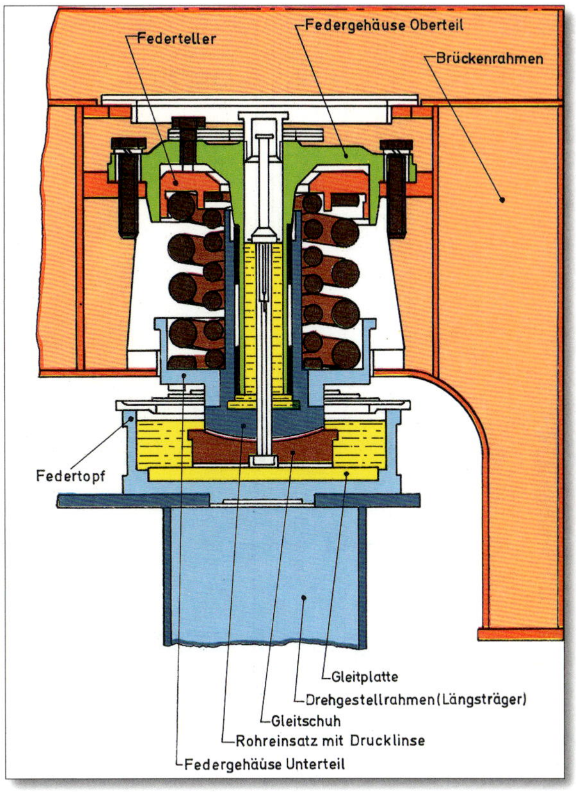

Bild 62 ▷ Abstützung des Brückenrahmens über eine Feder auf den Gleitstützen der Drehgestelle. Bei der Baureihe E 50 gab es acht dieser Federn.

Zwischen den beiden Drehgestellen war eine Gelenkkupplung angeordnet, die eine harte Verbindung in vertikaler und eine weichere in Querrichtung bewirkte. Damit sollte folgendes erreicht werden

- Die vertikale Kopplung sollte ein Aufbäumen der Drehgestelle beim Anfahren und ein Nicken während der Fahrt verhindern.
- Die (weichere) horizontale Kopplung bewirkte, dass das vorlaufende Drehgestell schon bei der Einfahrt in einen Bogen das hintere Drehgestell mitnahm und so den Spurkranzverschleiß reduzierte.

Diese Gründe hatten die DB dazu veranlasst, solche Drehgestell-Kupplungen schon in die E 10-Versuchsloks einbauen zu lassen. Der im Vergleich zum Anschaffungs- und Instandhaltungsaufwand geringe Erfolg des Einbaus führte jedoch dazu, dass die Serienloks der E 10 sowie die Baureihen E 40 und E 41 ohne diese Kupplung geliefert wurden. Wegen ihrer schweren Drehgestelle und der höheren Anfahrzugkraft sollte bei der E 50 dagegen auf diese Drehgestell-Kupplung nicht verzichten werden. Die bei der letzten Bauserie vorgenommene Änderung der Sekundärabstützung auf Flexicoilfedern (siehe unten) erforderte allerdings frei bewegliche Drehgestelle und führte zum Entfall dieses in der Instandhaltung aufwendigen Bauteils.

Gegenüber den anderen Baureihen war auch die Radsatzfederung der E 50 außergewöhnlich: Zunächst war entsprechend den anderen Einheitselloks jedes Achslagergehäuse über einen Ausgleichshebel durch zwei Schraubenfedern abgefedert. Doch waren im Drehgestell 1 die zueinander gewandten Federn des zweiten und dritten Radsatzes statt mit dem Drehgestellrahmen mit einem gemeinsamen Ausgleichshebel verbunden. Im Drehgestell 2 befanden sich solche zusätzlichen Ausgleichshebel sogar zwischen allen Radsätzen (vgl. Abbildung 65). Die beiden Drehgestelle der E 50 besaßen also eine unterschiedliche Federung. Dies war nur deshalb möglich, weil sie untereinander gekuppelt waren, so dass sich das zweite Drehgestell mit seiner labilen Federung auf dem ersten abstützen konnte. Sinn dieser aufwendigen Hebelkonstruktion war es, für eine gleichmäßige Radlast an allen zwölf Rädern zu sorgen. Auf diese Weise konnte auf einen pneumatischen Radsatzlastausgleich, wie er in den ersten Loks der Baureihe E 40 zu finden war, verzichtet werden.

Wegen der hohen Lokmasse reichten die bei den anderen Baureihen üblichen vier Abstützungen des Brückenrahmens auf den Drehgestellen nicht aus, es wurden acht Gleitstützen auf den Außenwangen der Drehgestelle untergebracht.

Trotz intensiver Tests mit den E 10-Versuchsloks gelang es nicht, für die Serienlokomotiven der Einheitsellok-Baureihen eine ausgereifte Drehgestellkonstruktion

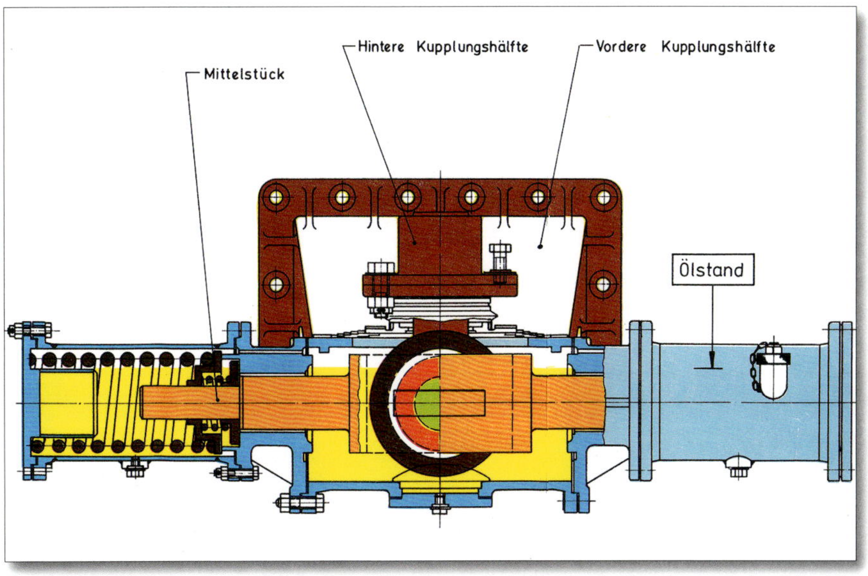

△ **Bild 63** • Der Blick von vorne auf die Drehgestellkupplung zeigt beiderseits des Kupplungsgelenkes (Mitte) Federn. Im Gegensatz zur Vertikalen konnte sich die Kupplung also in der Horizontalen bewegen.

△ **Bild 64** • Drehgestellfertigung bei der Firma Krupp in Essen. Gut sind die vier Sandkästen pro Lokseite erkennbar, von denen später die Hälfte entfiel. Aufnahme: Krupp, Sammlung Thomas Borbe

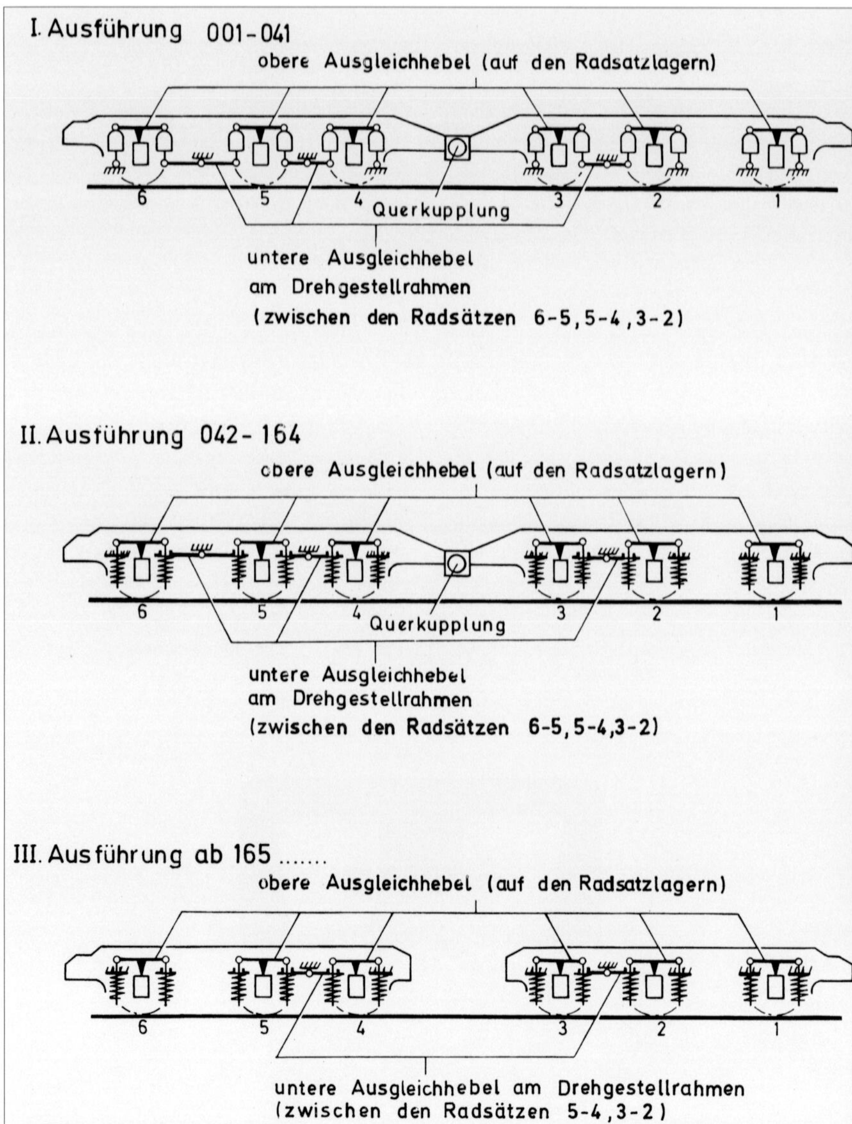

△ **Bild 65** • Dieser Vergleich der unterschiedlichen Radsatzfederungen zeigt, dass bei der Baureihe E 50 lediglich bei den jüngsten Loks 150 165–194 die Radsätze beider Drehgestelle identisch gefedert waren. Abbildung: DB, Sammlung Christian Wolf

zu erhalten. Schon bald nach der Auslieferung der Loks der Baureihe E 50 traten Risse in den Drehgestellrahmen auf. Sie waren hauptsächlich im Bereich der Aussparungen für die Radsatzlager zu finden. Offensichtlich waren die Längsträger der Drehgestelle hier nicht ausreichend dimensioniert worden. Die Lösung des Problems waren dickere Bleche im Bereich der Ausschnitte, die ab E 50 042 in die Serie einflossen. Bei den alten Drehgestellen von E 50 001–041 erfolgte eine Verstärkung der Ausschnittsränder an den Radsatzlagern mit zusätzlichen Blechen.

Neben mittelmäßigen Laufeigenschaften fielen die Drehgestelle aber weiterhin durch einen hohen Spurkranzverschleiß bei Kurvenfahrt auf. Mehrere kleinere Maßnahmen brachten etwas Besserung. Wesentliche Fortschritte sollten durch eine neue Brückenabstützung mit horizontal auslenkbaren Schraubenfedern (Flexicoil-Federung) erreicht werden. Diese wurde in einigen Elloks aller Einheitsellok-Baureihen erprobt, darunter auch in 150 038 und 150 042 – mit großem Erfolg! Bei den beiden genannten E 50 konnte die Kupplung der Drehgestelle entfallen. Aufgrund der positiven Testergebnisse mit 150 038 und 150 042 bekamen ab 150 156 alle weiteren Loks der Baureihe 150 Drehgestelle mit Flexicoilfedern in der Sekundärfederstufe. Der damit verbundene Verzicht auf die Drehgestellkupplung führte allerdings zu einer schlechteren Zugkraftentwicklung bei schweren Anfahrten, weshalb die (neueren) Kornwestheimer Maschinen beispielsweise bei den Nürnberger Lokführern nicht gerade beliebt waren.

Die 150 038 erhielt 1972 vorübergehend zusätzlich zur Flexicoil-Lokkastenabstützung eine hydraulische Zugkraftanlenkung nach einem Patent der Firma Krupp. Dabei wurden die Längskräfte zwischen Drehgestell und Lokkasten über zwei außen liegende Hydraulikzylinder übertragen. Damit konnte der Ausdrehwiderstand der Drehgestelle zwar auf ein Minimum reduziert werden, aber der Aufwand dafür stand in keinem wirtschaftlich sinnvollen Verhältnis zum Nutzen. Daher wurde diese Sonderausführung schon nach kurzer Zeit wieder zurückgebaut.

In den achtziger Jahren wurden Loks der Baureihe 150 auf querverschiebbare Mittelradsätze umgerüstet. Damit konnten die Spurführungskräfte im Bogen deutlich verbessert werden, was nicht nur den Schienen- sondern insbesondere den Radsatzverschleiß signifikant reduzierte. Auf diese Art wurden alle 150 umgebaut, sowohl die mit Drehgestell-Kopplung, als auch die mit Flexicoilfeder-Drehgestellen.

△ **Bild 66** • Ein Drehgestell in eingebautem Zustand unter **E 50 001**. AUFNAHME: DR. GÜNTHER SCHEINGRABER/EK-VERLAG

An den Drehgestellen waren schließlich noch vier Bremszylinder, das Bremsgestänge, das zwecks guter Wartungsmöglichkeiten möglichst einfach und gut zugänglich ausgeführt wurde, die Bremsklötze und die elektro-pneumatisch betätigte Sandstreueinrichtung vorhanden.

Die E 50 verfügte – wie die anderen Einheitselloks – über Klotzbremsen, die mittels Druckluft betätigt wurden. Jedes Rad wurde von zwei Seiten gebremst. Auch wenn die E 50-Drehgestelle drei Achsen und damit sechs Räder aufwiesen, waren nur vier Bremszylinder eingebaut. Jeder Zylinder wirkte auf das ihm benachbarte Rad und noch auf einen Bremsklotz des folgenden Rades der Mittelachse. Auf die äußere Bremshälfte in jedem Drehgestell wirkte auch die Handspindelbremse beim Abstellen der Lok.

Anfangs wurde die jeweils erste und dritte Achse jedes Drehgestells in beiden Fahrtrichtungen besandet. Somit gab es 16 Sandkästen. Über Kipptasten und Magnetventile wurde die Besandung elektrisch gesteuert. Ab Mitte der siebziger Jahre wurde als Sparmaßnahme bei allen 150 die Anzahl der Sandkästen von acht Stück pro Drehgestell auf nur noch vier Exemplare reduziert. Gesandet wurde jetzt nur noch vor dem vorlaufenden Radsatz eines jeden Drehgestells.

An den Rädern befand sich eine Spurkranzschmiereinrichtung. Diese besaß die Aufgabe, den Verschleiß an den Spurkränzen und Schienenköpfen bei der Kurvenfahrt zu vermindern. Dazu wurde mit Hilfe einer Pumpe in regelmäßigen Abständen (bei der mechanisch gesteuerten Bauart De Limon alle 200 m, bei der elektronisch gesteuerten Bauart Vogel dagegen alle 300 m) Schmierfett auf die Spurkränze gespritzt.

Zur Verschleißminderung für den Dienst im Schiebebetrieb auf der Geislinger Steige erhielten im Jahr 2000 die Lokomotiven 150 158, 174 und 182 eine speziellen Spurkranzschmierung der Firma Rebs eingebaut.

Der Brückenrahmen

Die langen Drehgestelle erforderten eine Brückenrahmenlänge von 18.200 mm, womit die Konstruktion der Baureihe E 50 zwei Meter länger als ihre Schwesterbauarten E 10 und E 40 ausfiel.

Wegen der hohen Last des Trafos musste der Brückenrahmen stabiler ausgeführt werden als bei den übrigen Einheitselloks. Es wurde aber dasselbe Konstruktionsprinzip beibehalten. Der Brückenrahmen bestand aus den beiden seitlichen Längsträgern, aus den Kopfstücken, die die Zug- und Stoßvorrichtungen trugen, sowie aus drei Querträgern. Zwei dieser Träger dienten der Befestigung der Drehzapfens, der dritte der Befestigung des Trafos. Alle Teile des Rahmens bestanden aus 3 bis 5 mm dicken Blechen, die jeweils kastenförmig verschweißt waren. Dadurch wurde eine so große Festigkeit erreicht, dass sogar Stöße bis zu 2.000 kN überstanden werden konnten. Andererseits fiel das Gewicht des Rahmens dank seiner Hohlräume in den Kästen verhältnismäßig leicht aus. Unter den Kopfstücken und den Längsträgern waren an einigen Stellen Verstärkungsplatten angebracht, die ein Anheben des Rahmens ermöglichen.

Der Lokkasten

Der Kastenaufbau bestand aus einem Gerippe von Stahlprofilen, die auf den Brückenrahmen geschweißt waren und durch angeschweißte Mantelbleche verkleidet wurden. Kastenaufbau und Brückenrahmen bildeten zusammen eine selbsttragende Einheit. Auf den seit 1903 bewährten, von der DRG bei fast allen Neubeschaffungen verwendeten und auch auf der E 10 001 erprobten, abnehmbaren Pufferträgern wurde zunächst verzichtet. Dies

△ **Bild 67** • Der Blick von oben auf die Drehgestelle zeigt, dass sie unsymmetrisch aufgebaut waren. Die breiten Querträger mit der großen Aussparung für den Drehzapfen zeigten jeweils nach außen. Die Fahrmotoren waren jeweils auf der Seite neben dem Radsatz befestigt, die nach innen zeigte. Beim rechten Drehgestell sieht man die Kupplung, mit der die beiden Drehgestelle unter der Lok gekuppelt wurden. Beim linken Drehgestell ist das Gegenstück hinten und somit nicht zu erkennen. Auch sieht man auf diesem Bild sehr schön die Federtöpfe, die paarweise beidseits des Querträgers für den Drehzapfen waren und den Brückenrahmen trugen. .
AUFNAHME: AEG, SAMMLUNG THOMAS BORBE

△ **Bild 68** • In den Produktionshallen der Firma Krupp in Essen erfolgt auf dieser AEG-Werkaufnahme aus den sechziger Jahren die Vereinigung des Lokkastens inklusive Brückenrahmens mit den Drehgestellen. Auf der Unterseite des Rahmens sind die Drehzapfen zu erkennen (hier an der künftigen **E 50 110**).

◁ **Bild 69** Kopfteil des Brückenrahmens. Rechts sieht man die Aussparungen für die Federn der Drehgestelle.

Aufnahmen (2): AEG, Sammlung Thomas Borbe

rächte sich bald, denn schon kleinere Aufstöße sorgten für Rahmendeformationen, Unfälle waren bei den hauptsächlich im Güterzugdienst eingesetzten Lokomotiven der Baureihe E 50 überdurchschnittlich oft zu verzeichnen.

Zunächst bekamen in den Jahren von 1962 bis 1967 versuchsweise 40 Loks (laut DB-Angaben) der Baureihe E 40 Verschleißpufferträger aufgesetzt. Diese abnehmbaren Pufferträger bewährten sich, worauf 1968 der Beschluss fiel, die noch zu bauenden Lokomotiven der Baureihen 140 und 150 ab Werk mit Verschleißpufferträgern zu bestellen. Bei der Baureihe 150 betraf dies die Loks 150 156–194. Auch die Unfall-Lok 150 006 bekam bei ihrem Neuaufbau diese Pufferträger. Die Pufferträger waren für den Einbau einer automatischen Kupplung vorbereitet. Nachträglich wurden auch viele ältere 150 ohne Verschleißpufferträger für den Einbau einer automatischen Kupplung vorbereitet.Bis 1961 hatte der an der jeweiligen Stirnseite links befindliche Puffer einen flachen, der rechtsseitige einen gewölbten runden Teller, so dass beim Kuppeln immer ein flacher und ein gewölbter Teller aufeinander trafen und dadurch Kantenpressungen vermieden wurden. Nach den UIC-Bestimmungen von 1961 sind heute alle Fahrzeuge in Europa mit beiderseitig gewölbten Puffertellern ausgerüstet. Nach mehreren Entgleisungen im Güterverkehr, die auf Überpufferung (Puffer von Lok und Wagen sind in Kurven so weit verschoben, dass sie verhaken) zurückzuführen waren, begann ab Mitte 1996 die Umrüstung der Baureihen 139, 140 und 150 auf Rechteckpuffer. Diese Pufferbauart war bereits ab 1980 an den Lokomotiven 140 096, 140 und 182 getestet worden.

Da sich die Fensteranordnung der Versuchslok E 10 001 bewährt hatte, erhielten alle Einheitselloks pro Stirnseite zwei in Gummi eingefasste Führerstandsfenster aus gehärtetem Sekurit-Glas. Zwar hatte die Verwendung von drei Stirnfenstern den Vorteil, dass die mögliche Schadensgröße zumeist geringer ausfiel und das Auswechseln der betroffenen Fenster leichter vorgenommen werden konnte, doch bot die Ausstattung der Loks mit zwei großen Stirnfenstern den Lokführern eine bessere Streckensicht.

Aufgesetzte – mittels Gummiprofilen abgedichtete – Klarsichtscheiben entsprachen der ab 1936/1940 angewandten Technik, vermieden das Beschlagen der Scheibeninnenseiten und hielten den Sichtbereich bei Schneefall ausreichend frei.

Störend wirkten die Heizdrähte, wenn sie bei Nebel durch die zurückblendenden

△ **Bild 70 •** Im Vergleich zur Aufnahme auf der gegenüberliegenden Seite ruhen die Lokkästen der Baureihe E 50 inklusive der Brückenrahmen hier noch auf Ständern und sind noch nicht auf ihre Drehgestelle montiert (links die künftige **E 50 059**). AUFNAHME: AEG, SAMMLUNG THOMAS BORBE

Spitzenlichter übermäßig sichtbar wurden. Der nächste Entwicklungsschritt sah zwei Glasschichten vor, zwischen denen Plastikfolien mit einfügtem elektrischen Heiznetz eingearbeitet waren – die sogenannten Thermoglasscheiben. Die letzte Bauserie der E 50 profitierte von dieser Entwicklung, ihre Fenster unterschieden sich auch optisch aufgrund weißer Kunststoffrahmen von den Ausführungen mit Klarsichtscheiben.

Rollvorhänge gaben bei tief stehender Sonne ausreichenden Blendschutz, und die im Laufe der Zeit kleiner und leiser ausfallenden Druckluftscheibenwischer sorgten bei Regen für gute Sichtverhältnisse.

Aufgrund des 1957 eingeführten Dreilichtspitzensignals wurden alle E 50 mit drei Leuchten pro Stirnseite ausgeliefert. Es waren zunächst Glühlampen mit 40 W vorgeschrieben, später waren auch 60 W zulässig. Die unteren Leuchten waren zunächst mit großen Fassungen und integrierten roten Lampen für den Zugschluss ausgeführt. Wurde jedoch eine Leuchte beschädigt (bspw. durch Steinschlag oder Vögel), blieb das Signal unvollständig, da meist beide Lampenfassungen unbrauchbar wurden. Daher kam es ab E 50 042 zum Einbau von Doppelleuchten (rot/ weiß) bei den unteren Spitzensignalen.

△ **Bilder 71 bis 73 •** E 50 001–041 mit Schweiger-Lüftungsgittern (waagerechte Lamellen) und zu öffnenden Maschinenraumfenstern (Ansicht oben). E 50 042–155 mit Mehrfachdüsenlüftungsgittern (senkrechte Lamellen) und zu öffnende Maschinenraumfenstern (Mitte). Im Rahmen von AW-Aufenthalten erhielten die Loks vielfach Klatte-Lüftungsgitter, die sich zum Reinigen auseinander schrauben ließen. Die Maschinenraumfenster wurden gegen neue getauscht, die sich nicht mehr öffnen ließen (unten). 150 156–194 wurden mit Vorläufern der Klatte-Lüftungsgitter ausgeliefert, die oben und unten einen schmaleren Rand besaßen. AUFNAHMEN (3): ROLAND HERTWIG

Auch wurden oben kleinere Stirnleuchten verwendet. Bei Blecharbeiten nach Unfällen oder bei Anstricherneuerungen kamen diese neuen Doppelleuchten als Ersatz für die alten Leuchten bedarfsweise ebenfalls zum Einbau. Dies geschah manchmal nur bei einer Stirnseite, so dass viele ältere E 50 später zwei unterschiedlich ausgestattete Stirnseiten aufwiesen. Die großen oberen Stirnleuchten der ersten Bauserien wurden komplett gegen die kleineren getauscht.

An den Stirnseiten der Lokkästen befanden sich anfangs Gitterroste, die der Lokführer zum Reinigen der Scheiben betreten konnte. Umlaufende Griffstangen (Galeriestangen) gewährten ihm Halt. Nachdem in den Vorserienloks der Baureihe E 03 Scheibenwaschanlagen erfolgreich getestet worden waren, wurden per HVB-Verfügung vom 29. September 1968 alle Neubauloks mit solchen Anlagen ausgerüstet. Ab 1971 wurden auch ältere Einheitselloks mit Scheibenwaschanlagen nachgerüstet. Auf die zur Rostbildung neigenden Galeriestangen und Gitterroste konnte nun verzichten werden. Ersatzweise wurden beginnend im Jahr 1978 Stufen und Haltegriffe vor der Lokführerseite jeder Stirnfront montiert. Mittels dieses sogenannten Stirnwandaufstieges war das Kuppeln von UIC-Kabeln an der entsprechenden Steckdose möglich.

Wurde der Stirnwandaufstieg verbunden mit einem Neuanstrich oder aber einer Anstrichausbesserung der Stirnfronten angebaut, entfielen Umlauftrittrost und -stange ersatzlos. Wurden keine Anstrichsarbeiten ausgeführt und waren Trittrost und Stange technisch noch in Ordnung, gingen die AW München-Freimann und Opladen sehr unterschiedlich vor:

Das für die Baureihe 150 zuständige AW München-Freimann unterschied zwischen „Stirnwandaufstieg Stufe I" und „Stirnwandaufstieg Stufe II". Bei ersterer wurde nur der untere Tritt am Pufferträger montiert und an den noch verbleibenden Gitterrost ein kleiner Haltegriff etwa an der Ecke des Lokkastens angeschweißt, siehe 150 113 im Bild 206 oder 150 171 im Bild 334. Stufe II bedeutete den Abbau von Gitterrost und Galeriestange sowie den Anbau der beiden Griffe und der oberen Trittstufe.

Jede E 50 besaß bei der Auslieferung an beiden Stirnseiten rechts und links Anschlüsse für die Zug-Energie-Versorgung, rechts eine Steckdose, links ein Kabel mit Stecker. Da die Kabel oft beschädigt wurden, baute man ab Mitte der siebziger Jahre auch auf der linken Seite Steckdosen an und führte ersatzweise ein Kabel mit zwei Steckern im Maschinenraum lose mit.

Ab Anfang der achtziger Jahre mussten Reisezüge mit einer automatischen Türschließeinrichtung versehen sein. Um die 150 weiterhin im Reisezugdienst einsetzen zu können, wurden zahlreiche Loks mit einer Anschlussmöglichkeit an die Hauptluftbehälterleitung (HBL) nachgerüstet, erkennbar an vier Luftschläuchen an den Stirnseiten (je zwei für HL und HBL).

Auf beiden Seitenwänden befanden sich je zwei Maschinenraumfenster und sechs Lüftungsgitter. Auf der linken Lokseite (von Führerraum 1 aus betrachtet) waren die Fenster hinter dem zweiten und vierten Lüftungsgitter, auf der rechten Seite dagegen hinter dem ersten und fünften Lüftungsgitter angeordnet.

Durch die Lüftungsgitter konnte die Kühlluft für die Motoren und die Bremswiderstände angesaugt werden. Die Luftmengen und damit auch die dadurch mitgerissenen Staubmengen waren enorm. Bis zu 4 kg Staub waren pro Einsatztag von den Lüftungsgittern abzuweisen. Besonders schwierig gestaltete sich das Auffangen von Regenwasser.

Die ersten Einheitselloks besaßen Lüftungsgitter des Typs Schweiger mit waagerecht angeordneten Lamellen (E 50 001–041). Die Gitter waren nur im oberen Teil der Seitenwände untergebracht. Hier waren Untersuchungsergebnisse aus dem Jahr 1933 berücksichtigt worden, aus denen hervorgeht, dass niedrig angebrachte Lüftungsgitter zwar bei eindringendem Regenwasser von Vorteil sind, da dieses hauptsächlich in den Seitengang abläuft, Staub – insbesondere Bremsstaub – aber in großem Maße eindringen kann. Bei nur hochliegend angeordneten Gittern kann zwar weniger Staub eindringen, dafür können Regen und Schnee über die Seitengänge hinweg auf die elektrische Ausrüstung verteilt werden. Durch die starke Überlappung der Gitterlamellen konnte dieser Mangel allerdings vermindert werden. Auch befand sich hinter diesen Lamellen ein Lochblech. Zwischen den Lamellen und dem Blech kam es während der Fahrt zu einem Luftstau, der das Eindringen des Wassers erschwerte. Im Winter konnte hinter dem Lochblech ein bespannter Rahmen angebracht werden, mit dem eindringender Schnee aufgefangen wurde.

Nach kurzer Betriebszeit der ersten DB-Einheitselloks traten besonders bei den im Wendezugdienst laufenden E 41 und den im Schubdienst zwischen Laufach und Heigenbrücken eingesetzten E 50 Beschwerden über eine starke Verschmutzung des Maschinenraumes auf. Daraufhin wurden zwei neue Gittertypen entwickelt und erprobt. So erhielt E 41 011 am 25. April 1958 Staudrucklüftungsgitter, bestehend aus waagrecht verlaufenden Rundstäben. E 41 012 bekam am 1. April 1958 Mehrfachdüsen-Lüftungsgitter mit senkrechten Lamellen (auch Doppeldüsen-Lüftungsgitter genannt) der Firma Krapf & Lex eingebaut. Die Lamellen hatten eine V-förmige Gestalt und waren in zwei hintereinander stehenden Reihen angeordnet. Die vordere Lamellenreihe war gegenüber der hinteren seitlich versetzt und um 180° gedreht. Die Lamellen waren von Ablenkblechen umrahmt, die das aufgefangene Wasser, den Schnee und grobkörnigen Staub wieder nach außen leiteten. Hinter den Lamellen befand sich zum Auffangen des feinkörnigen Staubes ein Luftfilter. Anfangs wurden ölbenetzte Metallfilter benutzt, die in bestimmten Zeitabschnitten gereinigt und mit einem neuen Ölfilm versehen werden mussten. Wegen des großen Arbeitsaufwands erfolgte schon bald die Umstellung auf Filter aus Glasfasermaterial, die nach einmaliger Nutzung weggeworfen wurden.

Während der einjährigen Erprobungszeit zeigten die Mehrfachdüsen-Lüftungsgitter von Krapf & Lex wesentlich bessere Ergebnisse als die Schweiger- und die Staudruck-Lüftungsgitter. Besonders vorteilhaft war, dass über die gesamte Lüftungsgitterbreite eine Lufteintrittsgeschwindigkeit von 4-5 m/s erreicht wurde. Bei den Schweiger-Gittern mit den waagerechten Lamellen fiel diese ungleichmäßig aus und erreichte sogar Spitzenwerte von bis zu 16 m/s, wobei viel Staub mitgerissen wurde. Daher wurden ab Werk E 50 042–155 mit Mehrfachdüsen-Lüftungsgittern ausgerüstet, zum Teil wurden auch ältere Maschinen nachgerüstet. Allerdings zeigte es sich, dass die Lamellen schlecht zu reinigen waren. Daher wurden die Mehrfachdüsen-Lüftungsgitter konstruktiv verbessert, indem sie nun auseinander geschraubt werden konnten. Dadurch bestand eine Trennungungsmöglichkeit der ineinander verzahnten Lamellen und es war eine mechanische Reinigung möglich. Äußerlich fielen die ab 1970 genutzten Lüftungsgitter durch ihre eckige Bauform auf. Mit ihnen wurden 150 156–194 ausgeliefert. In leicht veränderter Form (mit breiteren Rändern oben und unten und als Klatte-Lüftungsgitter bezeichnet) kamen diese Lüftungsgitter in den nachfolgenden Ellok-Baureihen 111 und 151 zum Einsatz. Ab 1973 wurden auch bei älteren Einheitselloks anlässlich von AW-Aufenthalten die alten Lüftungsgitter gegen Klatte-Lüftungsgitter getauscht.

Auch bei den Maschinenraumfenstern gab es Unterschiede: In der Ursprungsausführung wiesen sie abgerundete Ecken auf und ließen sich öffnen. Ab Mitte der siebziger Jahre wurden anlässlich von AW-Aufenthalten ungeteilte, nicht zu öffnende Fenster eingebaut. Während die AW München-Freimann und Dessau Fenster mit abgerundeten Ecken einbauten, nutzte das AW Opladen eckige Fenster, die optisch zu den Klatte-Lüftungsgittern passten.

Vier Führerstandstüren im Lokkasten ermöglichten den Zugang zu Führerständen und Maschinenraum. Nach schlechten Erfahrungen bei den Vorkriegselloks ließ die DB ab 1963 die Türen der Einheitselloks besonders gut abdichten, um die Lokführer vor Zugwind zu schützen. Waren Einstiegstüren alter Bauart mit Fallfenstern irreparabel, wurden sie gegen die neuere Bauart ausgetauscht, bei der das Sicherheitsglas ohne Rahmen mit einem Drehknopf in jeder Stellung feststellbar war. Solche Führerstandstüren besaßen die nach 1963 gebauten 150 ab Werk.

Neben den Führerstandstüren befanden sich ursprünglich verchromte Einstiegshandstangen aus Stahl. Aufgrund der Verletzungsgefahr durch abstehende Chromsplitter wurden die Rohre schon nach kurzer Zeit glatt geschliffen und kieselgrau (RAL 7032) lackiert. Anfang der sechziger Jahre kamen als Ersatz polierte Aluminiumrohre mit angeschraubten Haltern aus Aluminiumguss zur Anwendung, die auf Dorne aufgesteckt waren. Während die Neubauloks fortan mit diesen Einstiegshandstangen in Betrieb gingen, wurden viele ältere Loks bei AW-Aufenthalten nachträglich umgerüstet.

Das Dach wies in der Mitte eine große Haube auf, damit für den Transformator genügend Platz zur Verfügung stand. Zwei weitere, kleine Dachhauben, die mit Lüftungsgittern versehen waren, dienten zum Ansaugen der Luft für die Trafoölkühlung

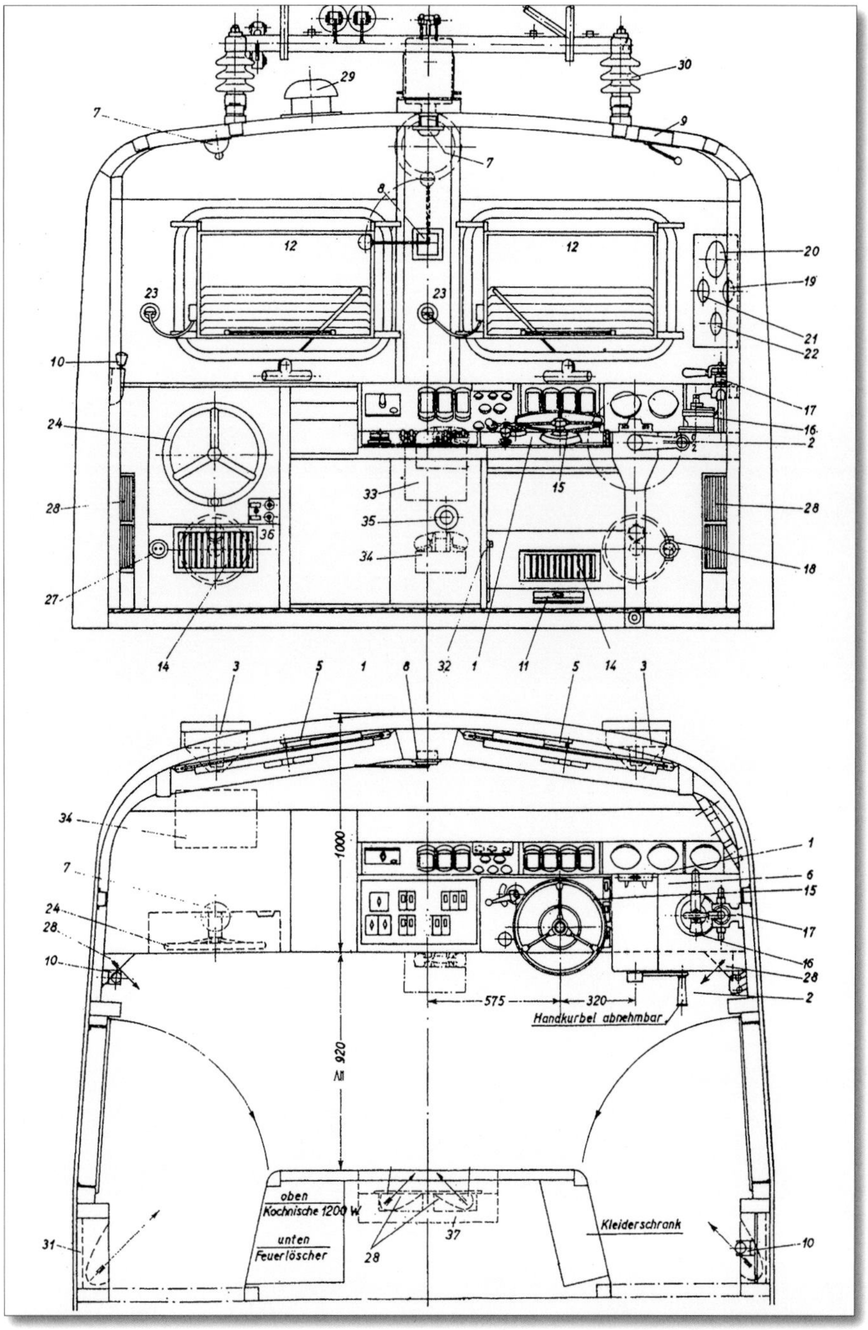

Bilder 74 und 75 ▷
Führerraum der E 50: (1) Führertisch, (2) Handkurbel für Handbetrieb, (3) Signalleuchte, (4) Obere Signalleuchte, (5) Druckluftscheibenwischer, (6) Fahrplanbuchhalter, (7) Führerraumleuchte, (8) Störschalter/Sifa, (9) Notschalter, (10) Sifa-Druckknopf, (11) Sifa-Fusstritt, (12) Klarsichtscheibe, (13) Aschenbecher, (14) Strahlungsheizkörper, (15) Fahrschalter-Handrad, (16) Führerbremsventil, (17) Zusatzbremsventil, (18) Notbremsventil, (19) Luftdruckmesser/Bremszylinder, (20) Luftdruckmesser/Luftleitung, (21) Luftdruckmesser/Hauptleitung, (22) Luftdruckmesser, (23) Steckdose für Klarsichtscheibe, (24) Handrad für Handbremse, (25) Antenne für Zugfunk, (26) Grundplatte für Antenne, (27) Steckdose für Heizkörper 300 W, (28) Heizkörper, (29) Warnglocke, (30) Scherenstromabnehmer, (31) Ersatzteilschrank, (32) Antennenstecker, (33) Funkgerät Teleport IV, (34) Bahnfunkgerät, (35) Verdunkler, (36) Steckdose für Fernruf, (37) Summer u. Lichtschater, (38) Steckdose für Handlampe, (39) Kipptaster für „Schnell aus", (40) Hahn für Luftpfeife.

Abbildungen (2): DB, Sammlung Roland Hertwig

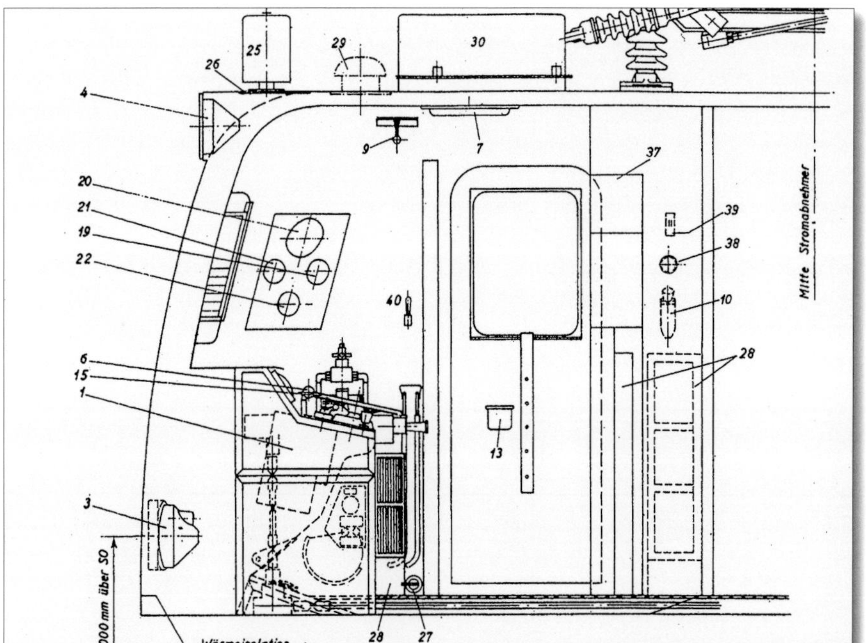

△ **Bild 76** • Blick in den Führerraum. Markant ist das Handrad zur Stufenwahl. Aufnahme: Dr. Brian Rampp

und zur Abfuhr der Wärme der Bremswiderstände. Durch abnehmbare Dachteile war es möglich große elektrische Bauteile (z. B. Trafo) per Kran aus der Lok zu heben.

Auf dem Dach ermöglichten Laufroste bei Wartungsarbeiten das sichere Begehen. Am Rand des Daches verlief eine Regenrinne. Da sich das Regenwasser allerdings in der Praxis bei Stillstand der Lok in diesem Bereich sammelte, trat hier in starkem Maße Rostbildung auf. Damit das Wasser besser ablaufen konnte, wurden ab 1967 alle Loks ohne Regenrinnen gebaut – gleichzeitig wurde die grüne Farbe des Lokkastens über die Dachkante hochgezogen (150 128–194). Lediglich über den Einstiegstüren wurde ein kurzer Wasserabweiser aus Profilgummi beibehalten. Dies führte allerdings zu Verschmutzungen der Stirnfenster, da bei Regen der vom Stromabnehmer abgeriebene Staub vom Fahrdraht mit dem Wasser über die Fenster lief. Um das zu verhindern,wurden ab Anfang der siebziger Jahre auch über den Stirnfenstern Profilgummileisten angebracht. Anlässlich von AW-Aufenthalten wurden die älteren Loks entsprechend umgerüstet und die Regenrinnen entfernt. Davon ausgenommen blieb nur die spätere Museumslok E 50 091.

Auf dem Dach waren über den Führerständen zwei Signalpfeifen angebracht. Damit für diese stets ausreichend Luft vorhanden war, erfolgte ihr Anschluss an einen Luftbehälter mit 100 l Inhalt.

Anfangs konnte das Dach vom Maschinenraum aus mit einer Leiter durch ein ovales Loch bestiegen werden. Aus Sicherheitsgründen wurden diese Luken später verschlossen.

Die Führerräume

Um die optimale Gestaltung des Führerraumes der Einheitselloks zu finden, wurde BBC mit dem Bau eines Studienmodells im Maßstab 1:1 und gleichzeitig mit einer entsprechenden Umrüstung der Vorkriegsloks E 44 087 G und E 44 147 G sowie E 94 141 und E 94 142 beauftragt. Zusätzlich wurden auch die Versuchsloks E 10 001–005 zur Suche und Erprobung der bestmöglichen Führerraumgestaltung herangezogen.

Das Ergebnis war ein Führerraum, der große Unterschiede zu den bisher genutzten aufwies. Da die neuen Elloks im Sitzen gefahren werden sollten, wurden alle Bedienungs- und Überwachungselemente so angeordnet, dass sie vom Lokführer leicht eingesehen und bedient werden konnten. Die Führerräume waren bei allen Einheitsellok-Baureihen der DB (E 10, E 40, E 41 und E 50) weitgehend einheitlich ausgeführt und unterschieden sich nur durch die Anzahl der Leuchtmelder und Anzeigeinstrumente sowie durch die Bedienungsorgane der Bremse. So wurde den Lokführern eine Umgewöhnung beim Umsteigen von einer Lok auf eine zweite anderer Baureihe erspart. Es hatte aber auch den Vorteil, dass ganze Baugruppen in großen Stückzahlen rationell vorgefertigt, komplett ausgerüstet und verdrahtet der Montage zugeführt werden konnten. Zusätzlich vereinfachte sich auch die Instandhaltung, da zur raschen Auffindung von Störungen einheitliche Kabelverlegungspläne und -listen zur Verfügung standen.

Das markanteste Bauteil auf dem Fahrtisch war das Handrad zur Fahrstufenwahl. Rechts davon waren die Hebel für Druckluftbremse, Lokbremse und Signalpfeife, links der Sifa-Knopf und der Fahrtrichtungsschalter angeordnet. Daneben befanden sich diverse Kippschalter.

Darüber hinaus befanden sich auf dem Fahrtisch diese Anzeigegeräte: Fahrdraht- und Heizspannungsmesser, Oberstrom-, Bremsstrom- und Motorstrommesser, Tacho, Uhr und Stufenanzeiger. Da die Fahrtische aller Einheitsellok-Baureihen gleich gestaltet waren und die Baureihen E 10, E 40 und E 41 nur über vier Fahrmotoren verfügten, hatten die Führertische aller Einheitselloks nur vier Motorstrommesser. Bei den Loks E 50 001–048 musste sich damit beholfen werden, dass in jedem Führerraum nur die Motorströme der vier vorauslaufenden Motoren angezeigt werden konnten, im Führerraum 1 also die der Motoren 1 bis 4, im Führerraum 2 die der Motoren 3 bis 6. Ab E 50 049 wurden Doppelinstrumente eingebaut, die den

△ **Bilder 77 und 78** • Die Geräteanordnung im Maschinenraum der Baureihe E 50 in der Seitenansicht (oben) und in der Draufsicht (unten).
▽ Abbildungen (2): AEG, Sammlung Thomas Borbe

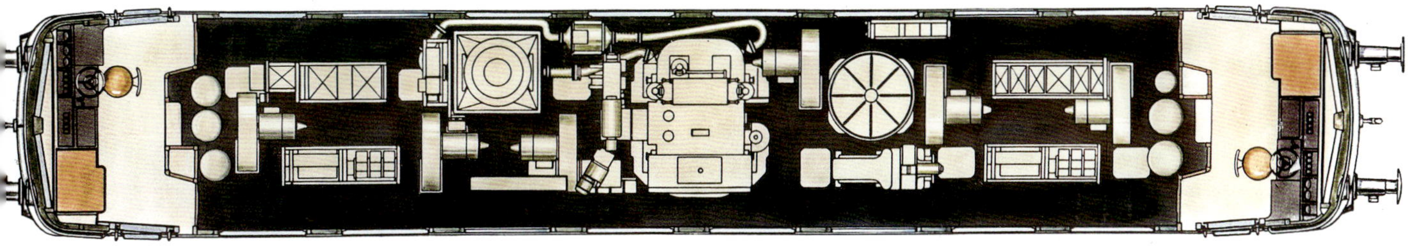

Fahrstrom von zwei Motoren anzeigten. Somit konnten nun die Motorströme aller Fahrmotoren überwacht werden. Die Manometer für die Bremsen befanden sich nicht auf dem Fahrtisch, sondern an der rechten Wand neben den Bremshebeln. Auf der linken Seite befand sich das Handbremsrad.

An der Führerraumrückwand waren die Schalter für die Raumbeleuchtung und die Heizung angebracht. Jeweils neben den Eingangstüren befanden sich in der Rückwand Nischen, in die der Lokführer bei einem drohenden Unfall flüchten konnte.

Bei den erstgebauten Loks der Baureihe E 50 wurden Heizlüfter in die Führerräume eingebaut. Die späteren Bauserien erhielten eine Heizung mit Istra-Strahlungsheizkörpern, wie sie in der E 41 von Anfang an eingebaut worden war und die sich dort bewährt hatte. Die letzte Bauserie wurde mit Warmluftheizungen ausgerüstet, denen die Frischluft durch Einlässe an den Stirnseiten zugeführt wurde. Die ersten Einheitselloks wurden mit Kochplatten zum Aufwärmen von Speisen und Getränken ausgerüstet, die späteren Bauserien erhielten ein Thermofach, das ein wahlweises Abkühlen bis 6 °C oder Aufwärmen bis 70 °C erlaubte. Die älteren Loks wurden entsprechend umgerüstet.

Während die erstgebauten Loks noch je einen recht primitiven Stuhl (Drabert-Stuhl) für Lokführer und Beimann besaßen, wurden ab 1970 wesentlich komfortablere Exemplare der Firma Bremshey verwendet, die dem Lokführer viele Einstellmöglichkeiten boten. Ältere Lokomotiven wurden nachträglich mit diesem Stuhl ausgerüstet.
Abschließend soll nicht unerwähnt bleiben, dass die Führerräume allseitig von einer guten Geräusch- und Wärmeisolierung umgeben waren. Dazu besaßen sie einen Holzfußboden, der mit dem Kunststoff „Mipolam" ausgelegt wurde. Aus Kunststoff waren auch die Wandverkleidungen. Zwischenräume wurden mit einer dicken Isolationsschicht aus schwer entflammbaren Material gefüllt.

Der Maschinenraum

Der Maschinenraum der E 50 musste wegen des großen Trafos gegenüber den anderen Einheitsellok-Baureihen abweichend gestaltet werden. In ihm konnte nur ein seitlicher Durchgang an dem Trafo vorbeigeführt werden. Das Einsparen des zweiten Durchganges ermöglichte den Einbau von großen (und gegenüber den Axiallüftern billigeren) Radiallüftern für die Motorkühlung (analog zur Baureihe E 41). Für die Trafoöl-Kühlung und die Kühlung der Bremswiderstände wurden kleinere Axiallüfter (wie bei der E 10/E 40) eingebaut. Die Luftzufuhr und -abfuhr wurden entsprechend der letztgenannten Baureihen vorgenommen. Das heißt, dass die Kühlluft für die Fahrmotoren und Bremswiderstände durch die Lüftungsgitter an den Seitenwänden angesaugt wurde. Die durch die Motoren erwärmte Luft trat unter der Lok, die durch die Bremswiderstände erwärmte Luft durch Schlitze in einer kleinen Dachhaube ins Freie. Die Kühlluft für das Trafoöl wurde durch Schlitze in der zweiten kleinen Dachhaube angesaugt und nach Durchströmen des Ölkühlers unter der Lok ins Freie gedrückt.

Das größte Bauelement im Maschinenraum war der Transformator, der sich aus Gründen einer gleichmäßigen Gewichtsverteilung in der Lokmitte befand. Mit dem Trafo waren das Schaltwerk und der Transformator-Kühler verbunden.
Weitere wichtige Bauelemente im Maschinenraum waren

- die Fahrmotorenlüfter, die sich über jedem Fahrmotor im Maschinenraum befanden,
- der Kompressor zur Erzeugung der Druckluft, die für die Bremsen sowie einige andere Bauelemente der Lok benötigt wurde. Zunächst war ein Luftpresser des Typs VV 224 der Firma Knorr eingebaut. Als die Firma die Produktion dieses Gerätes einstellte, musste die DB ab 1960 notgedrungen auf das Nachfolgemodell VV 450 umsteigen, das zwar leistungsfähiger, aber auch lauter war.

△ **Bild 79** • Das Zugfunk- (neben dem Pult) und das EBuLa-Gerät (auf dem Pult) wurden erst nachträglich eingebaut. AUFNAHME: JÜRGEN HÖRSTEL

Unterhalb des Maschinenraumes war ein Batteriekasten angebracht, der vier Batterietröge mit je 13 Zellen enthielt. Die Panzerplatten aus Blei lieferten eine Betriebsspannung von etwa 110 V. Fünf Stunden lang konnte ein Entladestrom von 8 A entnommen werden.

Schwierigkeiten bereitete in den ersten Betriebsjahren der Loks die Batterieladung. Der im Maschinenraum untergebrachte Laderegler vom SSW-Typ GEZ arbeitete nicht störungsfrei. Da auf den Führerständen der Lokomotiven anfangs kein Batteriespannungsanzeiger vorhanden war, merkte es der Lokführer nicht, wenn die Batterie entladen oder überladen war. Ohne Batteriespannung ließ sich jedoch keine abgestellte Lok in Betrieb nehmen, da sich die Stromabnehmer nicht heben ließen, und keine fahrende Lok schalten, da der Strom für die Nachlaufsteuerung von der Batterie geliefert wird. Mit dem AEG-Ladegerät ELH 511 – verknüpft mit einem Batteriespannungsanzeiger auf den Führerständen – fand man eine gute Lösung des Problems. Diese Ausrüstung erhielten alle Lokomotiven ab E 50 049. Viele ältere Lokomotiven wurden nachträglich umgerüstet.

Alle weiteren kleinen Bauteile waren in Gerätegerüsten untergebracht. Die Maschinenraumfenster ließen sich – wie schon erwähnt – ursprünglich durch Verschieben einer Hälfte öffnen. Als Klatte-Lüftungsgitter in die Loks der Baureihe E 50 eingebaut wurden, ging man dazu über, Maschinenraumfenster einzubauen, die sich nicht öffnen ließen.

Die Druckluftanlage

Die Druckluft wurde durch einen zweistufigen Hauptluftpresser erzeugt und in zwei 300-l-Hauptluftbehälter gedrückt. Diese sorgten dafür, dass in der Hauptluftbehälterleitung (HBL) ein Druck von 8,5 bis 10 bar herrschte. Wurde der Mindestdruck von 8,5 bar unterschritten, kam es automatisch zur Aktivierung des Hauptluftpressers, der so lange betrieben wurde, bis der Maximaldruck von 10 bar erreicht war.

An der HBL waren u. a. folgende Verbraucher angeschlossen:

- Druckluftschnellschalter, Sandstreueinrichtung, Signalpfeifen, Scheibenwischer, Führerbrems- und Zusatzbremsventile, Schleuderschutzvorrichtung.

War die E 50 im Reisezugdienst eingesetzt, konnten mit der Druckluft aus der HBL auch die Wagentüren geschlossen werden. An der HBL waren auch Leitungen angeschlossen, in denen der Luftdruck über Druckminderventile auf 6,3 bar reduziert wurde.

Diese Druckluft wurde u. a. zu folgenden Verbrauchern geleitet:

- Stromabnehmer, Motortrennschütze, Richtungs- und Fahrbremswender, Anlassschalter für Luftpresser, Lüfter, Ölkühler, Bremswiderstandslüfter und Spurkranzschmierung.

Aus zwei Hilfsluftbehältern mit einem Volumen von jeweils 200 l bezog die Hauptluftleitung (HLL) ihre Druckluft. Die HLL ist die durchgehende Verbindungsleitung der Bremsen aller Fahrzeuge eines Zuges. In der HLL herrschte ein Druck von 5 bar. Bei diesem Druck sind die Bremsen gelöst und die Hilfsluftbehälter werden gefüllt. Leitet der Triebfahrzeugführer eine Bremsung über das Führerbremsventil ein, wird der Druck in der Hauptluftleitung abgesenkt. Die normale Betriebsbremsung wird mit einer Druckabsenkung von 0,4 bis 1,5 bar (Vollbremsung) eingeleitet, bei Schnell-, Zwangs- oder Notbremsung wird der Druck in der HLL auf Umgebungs-Luftdruck gesenkt. Zum Lösen der Bremsen wird der Druck wieder auf den Regelbetriebsdruck angehoben.

Zum Absperren der Druckluftleitungen befinden sich an den Stirnseiten der Lok Absperrhähne. Zur Unterscheidung zwischen Hauptluft- und Hauptluftbehälterleitung während des Kuppelns sind die beiden Anschlüsse der HBL außen und die beiden Anschlüsse der HLL innen angebracht. Zusätzlich sind auf dem Kupplungskopf der HBL kreuzförmige Rippen aufgegossen. Außerdem sind die Kupplungsköpfe von HLL und HBL spiegelbildlich ausgeführt, damit ein irrtümliches falsches Verbinden ausgeschlossen ist.

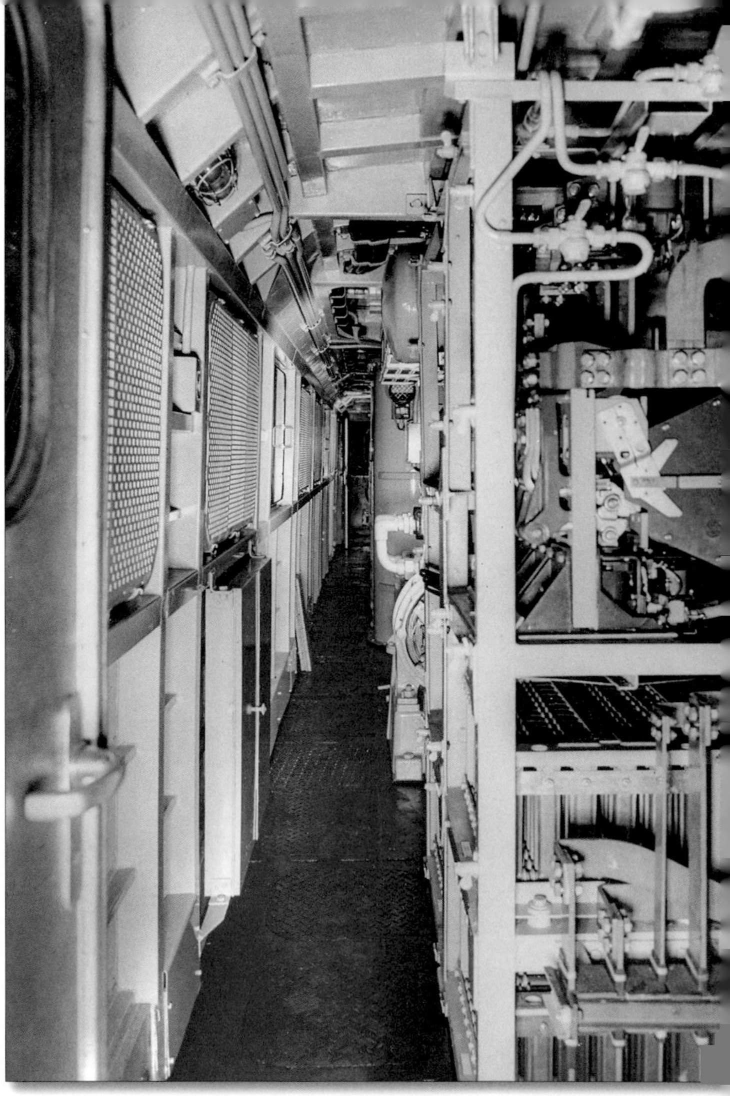

△ **Bilder 80 und 81**

▷ Wie beengt die Verhältnisse im Maschinenraum der Baureihe E 50 waren, zeigen die zwei Aufnahmen oben: Das linke Bild entstand dabei nach Abnahme der Dachhaube von oben in den Maschinenraum, das rechte Bild zeigt dagegen den in der Baureihe E 50 nur auf einer Seite im Maschinenraum vorhandenen Durchgang für das Personal.

Aufnahmen (2): AEG, Sammlung Thomas Borbe

Die Druckluft-Bremsanlage

Die E 50 war mit einer einlösigen Einkammer-Druckluftbremse der Bauart Knorr mit der Bremsstellung G – P ausgerüstet. Die Betätigung der beiden Steuerventile erfolgte durch Führerbremsventile der Bauart D 5. Die acht Bremszylinder erhielten ihre Druckluft aus den beiden 200 l fassenden Hilfsluftbehältern.

Die Lok hatte neben der durchgehenden selbsttätigen Druckluftbremse eine unmittelbar auf die Lok wirkende Druckluft-Zusatzbremse. Über das Zusatzbremsventil gelangte Druckluft aus der Hauptluftbehälterleitung über ein Doppelrückschlagventil direkt in die Bremszylinder der Lok.

Während die Baureihe E 94 nur über einseitig angebrachte Bremsklötze verfügten, wurde bei der E 50 auf zweiseitige Abbremsung Wert gelegt. Dabei sollten die nach betriebsbedingter Abnutzung der Bremsklötze notwendigen Nachstelleinrichtungen so gelegt werden, dass sie möglichst gut zugänglich waren. Hierzu wurde jedes Drehgestell mit vier Bremszylindern ausgerüstet. Je zwei von ihnen saßen an den äußeren Querträgern ihres Drehgestells. Die auf jedes Rad beidseitig wirkenden Bremsklötze waren mit einem nachstellbaren Gestänge untereinander verbunden. Das Nachstellen erfolgte mittels Nachstellmuffen, die in das Gestänge eingebaut waren. Die in den beiden Führer-

Bild 82 ▷

Maschinenraumbeleuchtung der Baureihe E 50. Gut ist hier auch der Bremsumstellhahn (mittig, unterhalb der Hand) zu erkennen.

Aufnahme: AEG, Sammlung N. Kampmann

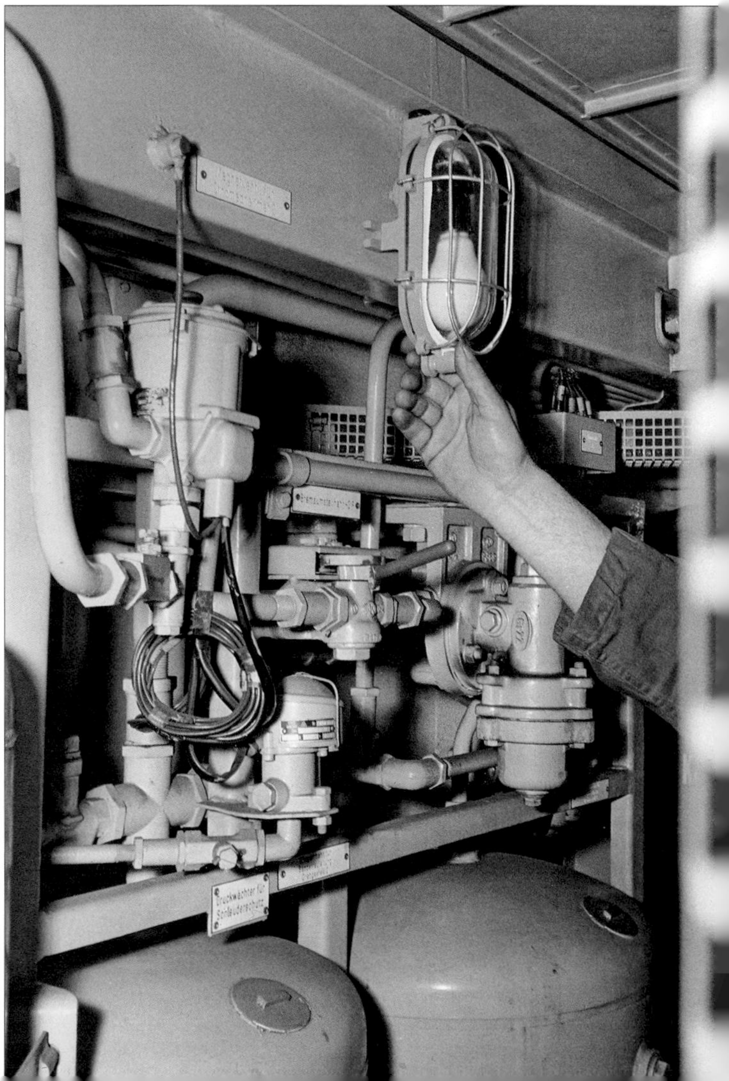

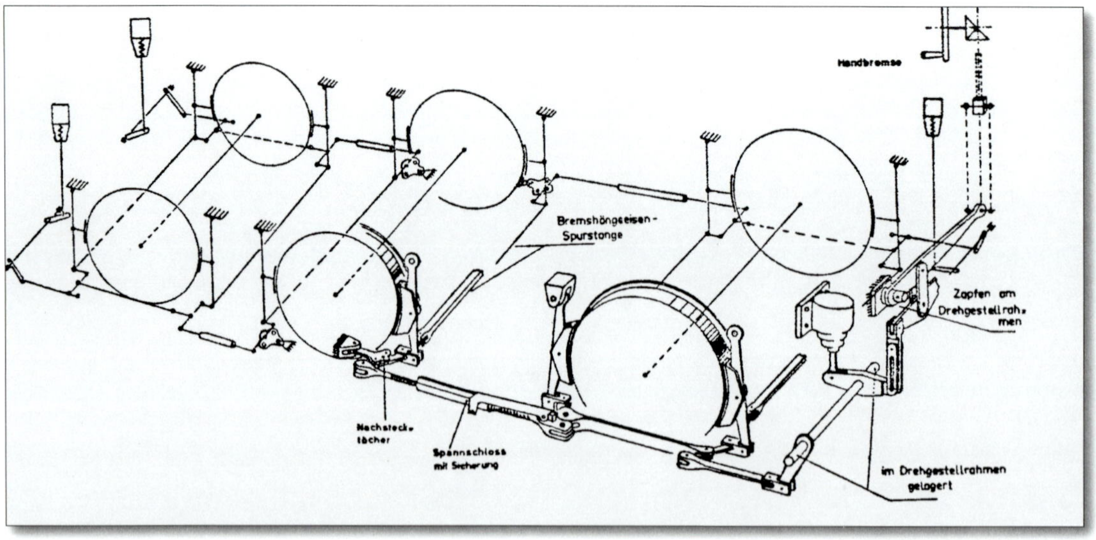

◁ **Bild 83**
Schema der Bremsanlage eines Drehgestells der Baureihe E 50.

Abbildungen (2): DB, Sammlung Roland Hertwig

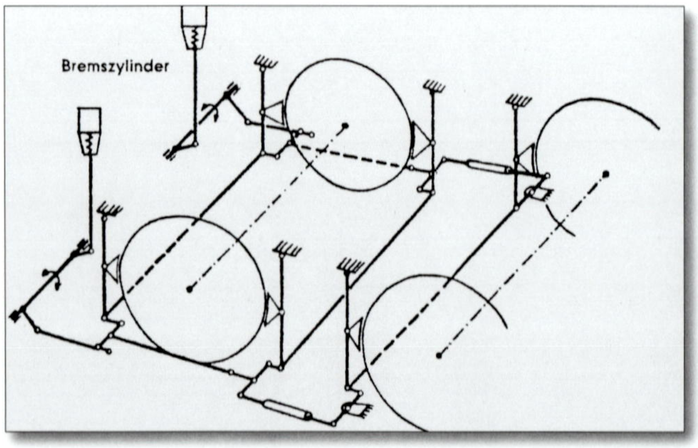

◁ **Bild 84**
Auf diesem Ausschnitt ist zu erkennen, dass jeder Bremszylinder nur auf drei Bremsklötze wirkte.

▽ **Bild 85**
Prinzipskizze der Druckluftanlage der Baureihe E 50.

Abbildung: DB, Sammlung Christian Wolf

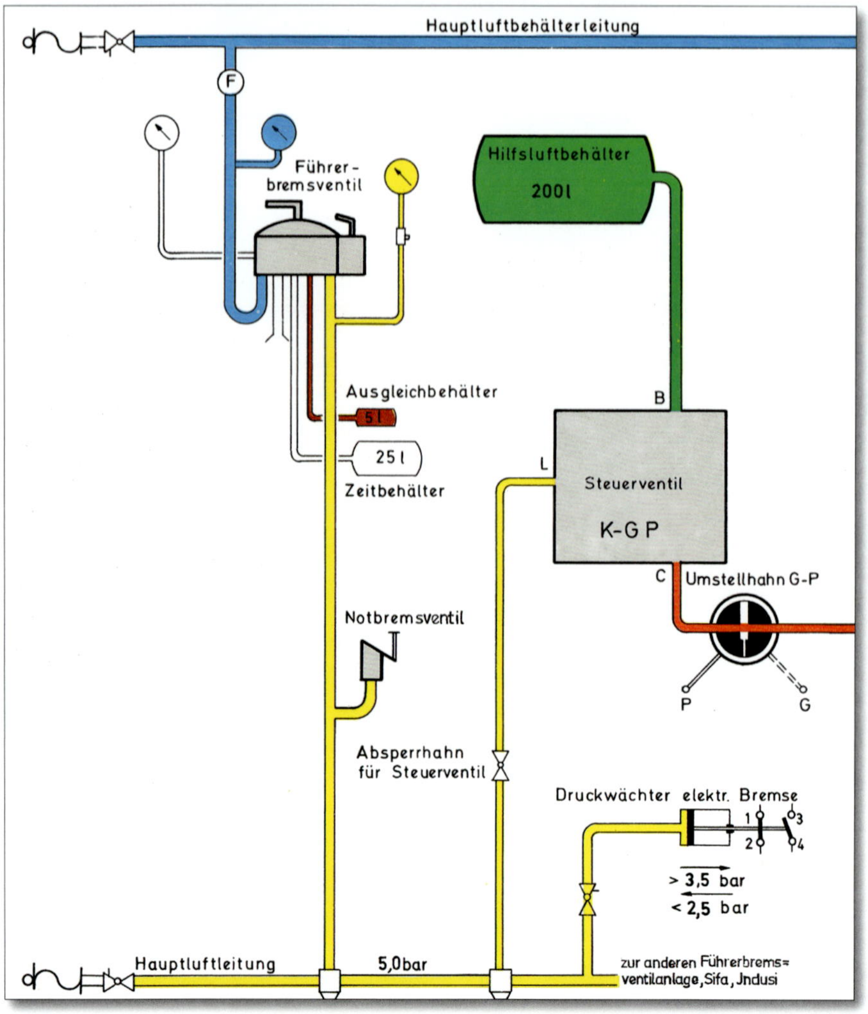

häusern untergebrachten Handbremsen wirkten auf das jeweils zum Führerhaus benachbart liegende Drehgestell.

Schneeräumer

Von der 150 156 an besaßen alle Lokomotiven der Baureihe 150 bei der Auslieferung Schneeräumer.

Die Sicherheitseinrichtungen

Bei den Einheits-Elloks der ersten Generation findet man Sicherheitsfahrschaltungen (Sifa) verschiedener Bautypen. Allen gemeinsam sind zwei Funktionen:

- wenn der Lokführer dienstunfähig wird, werden die Motoren abgeschaltet und eine Schnellbremsung eingeleitet,
- wenn in der Hauptluftleitung nicht genügend Druck vorliegt (z. B. bei einer Notbremsung, Zugtrennung oder Zwangsbremsung durch die Indusi) schalten die Fahrmotoren ab.

In die erstgebauten E 50 wurde eine wegabhängige Sifa integriert. Dabei wurde über ein Getriebe sichergestellt, dass das Fahrzeug nach Ansprechen der Sifa nur noch einen Weg von 150 m ungebremst zurücklegte. Die Sifa sprach immer dann an, wenn der Lokführer keinen der im Führerraum vorhandenen Sifa-Knöpfe oder die Sifa-Fußtaste betätigte.

Diese Sifa hatte den Nachteil, dass ein ohnmächtig gewordener oder eingeschlafener Lokführer auf einem der Knöpfe liegen konnte und somit ein Ansprechen der Sifa verhinderte. Daher wurden bald alle wegabhängigen Sifa mit einer (mechanischen) zeitlichen Überwachung nachgerüstet. Man spricht daher von einer Weg-Zeit-Sifa. Hierbei musste der Lokführer spätestens alle 30 s (vor 1971 alle 50 s) vorübergehend die Sifa-Taste loslassen. Mit solch einer mechanischen Zeitüberwachung wurden die Lokomotiven E 50 001–071 nachgerüstet.

Als die Halbleiterbauelemente zuverlässig genug waren, hielten sie auch im Eisenbahnsektor Einzug. So wurden zunächst Sifa-Geräte mit mechanischer Weg- und elektronischer Zeitüberwachung geschaffen. Diese wurden in die Lokomotiven E 50 072–117 ab Werk eingebaut.

Die mechanischen Sifa-Typen mit ihren zugehörigen Bauteilen waren schwer, aufwändig und starkem Verschleiß unterworfen. Daher wurden komplett elektronisch arbeitende Sifa-Geräte entwickelt, die so leicht und klein waren, dass sie nicht mehr in einem außen liegenden Kasten untergebracht werden mussten, sondern im Maschinenraum Platz fanden. Dies war vor allem beim Einsatz der Lokomotiven im Wendezugeinsatz vorteilhaft, wenn häufiges Umschalten der Sifa vonnöten war.

Schließlich erfolgte auch die Wegüberwachung elektronisch. Solch ein Sifa-Typ wurde in E 50 118–127 eingebaut.

Ab Ende Dezember 1966 erhielten alle Neubaulokomotiven eine elektronische Zeit-Zeit-Sifa. Bei dieser wird 2,5 s nach Ansprechen der Sifa ein Warnsignal (Summton) abgegeben. Wenn der Lokführer innerhalb der nächsten 2,5 s keine Reaktion zeigt, wird schnell die Bremsung eingeleitet. Mit Zeit-Zeit-Sifa wurden die Loks E 50/150 128–194 ausgeliefert. Später wurden viele ältere Lokomotiven auf diesen Sifa-Typ umgerüstet.

Als zusätzliche Sicherheitseinrichtung besaßen die erstgebauten Einheits-Elloks Indusi der Bauform I 54. Wie bei jeder Indusi-Bauform verfügten die Lokomotiven hierfür außen über Fahrzeugmagnete (bei der E 50 zwischen den Drehgestellen angeordnet), die mit den im Maschinenraum untergebrachten Schwingkreisen für 500 Hz, 1.000 Hz und 2.000 Hz verbunden waren.

Überfuhr die Lok einen an einem Hauptsignal befindlichen Gleismagneten, dessen Schwingkreis mit der Frequenz 2.000 Hz wegen der Signalstellung Hp 0 geschlossen war, so wurde dem entsprechenden Schwingkreis der Lok soviel Energie entzogen, dass über ein Relais die Schnellbremsung eingeleitet und der Fahrmotorstrom abgeschaltet wurde. Wurde ein Gleismagnet mit einem geschlossenen Schwingkreis einer Frequenz von 1.000 Hz überfahren, was an Vr 0 oder Vr 2 zeigenden Vorsignalen oder an Langsamfahrscheiben Lf 1 der Fall war, wurde dem entsprechenden Stromkreis der Lok soviel Energie entzogen, dass über ein Relais zunächst ein Zeitschalter in Betrieb gesetzt wurde. Drückte der Lokführer nicht innerhalb von 4 s die Wachsamkeitstaste, so sprach die Zwangsbremsung an.

△ **Bild 86** • Die ab Werk u. a. mit Schneeräumern und Verschleißpufferträger ausgestattete **150 172** der jüngsten Bauserie. Aufnahme: Walter Hanold, Archiv Jörg Sauter

△ **Bild 87** • Rechts sind die Puffer an einem Verschleißpufferträger montiert, links nicht. Rechts ist noch ein Gitterrost für den Aufstieg des Lokführers vorhanden, links nur noch eine Trittstufe. Aufnahme: Roland Hertwig

Bei den späteren Bauserien fand die Indusi-Bauform I 60 Verwendung. Bei dieser elektronischen, und daher verschleißärmeren Anlage konnte die Geschwindigkeit je nach Zugart und Bremshundertstel verschieden eingestellt werden, wobei die Einstellungen O, M und U möglich waren.

Bei der für Reisezüge konzipierten Stellung M durfte die Geschwindigkeit 26 s nach einem Vr 0 zeigenden Vorsignal nicht mehr als 50 km/h und 150 m vor einem Hp 0 zeigendem Hauptsignal nicht mehr als 75 km/h betragen.

Bei der für Güterzüge konzipierten Stellung U erfolgte die Geschwindigkeitskontrolle hinter dem 1.000-Hz-Magnet des Vr 0 zeigenden Vorsignals nach 34 s. Dort durfte die Geschwindigkeit maximal 60 km/h betragen. Am 500-Hz-Magnet 150 m vor dem Hp 0 zeigenden Hauptsignal waren maximal 40 km/h erlaubt.

△ **Bild 88** • Der Indusi-Magnet war zwischen den Drehgestellen angeordnet. Aufnahme: AEG, Sammlung Thomas Borbe

Vergleich der Ausrüstungen der vier Einheitsellok-Baureihen	E 10/E 40	E 41	E 50
Stromabnehmer	DBS 54	wie E 10	wie E 10
Hauptschalter	BBC-Druckluft-schnellschalter	wie E 10	wie E 10
Haupttransformator	SSW-Dreischenkel-Transformator für Hochspannungs-steuerung, Dauer-leistung 4.050 kVA	BBC-Manteltrafo für Niederspannungs-steuerung, Dauer-leistung 2.130 kVA	AEG Dreischenkel-trafo für Hoch-spannungssteue-rung, Dauerleistung 4.700 kVA
Schaltwerk	Hochspannungs-schaltwerk	Niederspannungs-schaltwerk	Hochspannungs-schaltwerk
Steuerung	Nachlaufsteuerung	wie E 10	wie E 10
Fahrmotor	WB 372/22; 810 kW	ABEM 665/1; 525 kW	EKB 760; 730 kW
Übersetzungsverhältnis	1 : 2,896 (E 10), 1: 2,111 (E 40)	1: 3,608	1 : 3,727
Treibradsatzantrieb	Gummiringfederantr.	wie E 10	bis E 50 025 Tatzlagerantrieb, ab E 50 026 wie E 10
Transformatorlüfter	Axiallüfter 1.600 U/min	Axiallüfter 1.700 U/min	wie E 10
Fahrmotorlüfter	Axiallüfter, 1.760 U/min	Radiallüfter, 1.700 U/min	Radiallüfter, 1.690 U/min
Bremswiderstandslüfter	Axiallüfter 1.665 U/min	---	wie E 10
Elektr. Bremse	El. Widerstandsbremse (bei E 10 und E 40[11])	nein	wie E 10
Elektr. Achslastausgleich	nur bei einigen E 40	nein	nein

Für einen zeitlich begrenzten Tankzugverkehr (vom Sommer 1996 bis zum Juni 2002) zwischen der Raffinerie Karlsruhe-Knielingen und Bettwiesen (im Schweizer Kanton Thurgau) wurden 1996 die Loks 150 166, 169 und 186 des Bw Kornwestheim mit dem Schweizer Zugsicherungssystem Integra-Signum ausgerüstet. Die Fahrzeug-Magnete für die Integra-Signum waren vorne am Drehgestell 1 montiert. Bei der heutigen Museumslok 150 186 blieben die Magnete nach Beendigung der Schweiz-Einsätze angebaut, so dass sie noch heute betrachtet werden können.

Nach schweren Unfällen wurde 1996 das neue Zugsicherungssystem PZB 90 eingeführt. Ab dem 13. Dezember 2003 mussten alle auf DB-Gleisen verkehrenden Triebfahrzeuge dieses System besitzen, das die Indusi I 60/ I 60 R ablöste. Die Einführung der PZB 90 (punktförmige Zugbeeinflussung) diente der Harmonisierung von den bei der DB und der Deutschen Reichsbahn eingesetzten Systeme, die sich während der deutschen Teilung unterschiedlich entwickelt hatten, sowie der Verbesserung der Geschwindigkeitsüberwachungsfunktionen zur Erhöhung der Betriebssicherheit bei Zügen. Die PZB 90 soll ein Anfahren eines Zuges gegen ein „Halt“ zeigendes Signal oder ein unzulässiges Beschleunigen zwischen dem Vorsignal und dem „Halt“ zeigenden Signal trotz Wahrnehmung der Vorsignalwarnstellung (z. B. bei Signalverwechselung) verhindern.

Die angestrebten Systemverbesserungen werden im Wesentlichen durch eine bedarfsorientierte Verdichtung der Streckeneinrichtung durch 500-Hz-Gleismagnete sowie durch eine zielgerichtete Verbesserung der im Fahrzeuggerät integrierten und durch die Beeinflussung der Streckeneinrichtungen ausgelösten Geschwindigkeitsüberwachungsfunktionen erreicht. Dazu wurden u. a. folgende Verbesserungen der Geschwindigkeitsüberwachungsfunktionen umgesetzt:

- Verlängerung der Geschwindigkeitsüberwachung nach der 1.000-Hz-Beeinflussung auf 1.250 m und nach der 500-Hz-Beeinflussung auf 250 m.
- Restriktive Geschwindigkeitsüberwachung, d. h. Absenken der Geschwindigkeitsüberwachung bei Halt des Zuges bzw. bei niedriger Geschwindigkeit sowie bei einer 500-Hz-Beeinflussung während einer laufenden 1.000-Hz-Überwachung.
- Startprogramm für beginnende/wendende Züge, die bisher ohne Geschwindigkeitsüberwachung angefahren sind.

Auf diese Weise soll verhindert werden, dass Züge, die gegen ein Halt zeigendes Signal anfahren bzw. weiterfahren, bis zum Signal eine so hohe Geschwindigkeit erreichen, dass sie durch die dann erfolgende Zwangsbremsung (2.000-Hz-Beeinflussung) nicht mehr rechtzeitig vor dem nächsten Gefahrenpunkt zum Stehen gebracht werden können. Dies ist insbesondere dann wichtig, wenn nach der Einfahrt des Zuges in den Bahnhof die zugehörige Fahrstraße und damit der hinter dem Signal liegende Durchrutschweg aufgelöst werden, so dass sich andere Fahrzeuge in diesem Gefahrenbereich bewegen können.

Da bei der Einführung der Zugbeeinflussung PZB 90 bei der DB schon mehrere Loks der Baureihe 150 ausgemustert waren und bei weiteren die Ausmusterung bevorstand, erhielt nur ein Teil der Loks diese PZB 90-Anlagen eingebaut.

Der Arbeitserleichterung und Sicherheit dient der elektronische Buchfahrplan (EBuLa). Er wurde ab 1997 auf den Lokomotiven 155 128 und 217 015 erprobt und anschließend in großem Maßstab in die DB-Lokomotiven eingebaut, so auch in etliche Exemplare der Baureihe 150.

Der Sicherheit dient auch der Zugfunk (Zugbahnfunk). 1960 wurden erstmals 80 Triebfahrzeuge, die auf der Strecke Würzburg – Nürnberg eingesetzt wurden, mit Zugbahnfunk ausgerüstet. Da der Funkverkehr (Wechselsprechverkehr) von allen Triebfahrzeugen mitgehört werden konnte, kam es zum Teil zu Missverständnissen. Auch waren alle gerade nicht betroffenen Triebfahrzeugführer während der Arbeit dadurch teilweise abgelenkt. Daraufhin wurde AEG-Telefunken 1968 damit beauftragt, ein Zugbahnfunksystem auf Selektivruf-Basis zu entwickeln. Dieses wurde in 150 Lokomotiven eingebaut. Zunächst wurden 1971 die Strecken Köln – Aachen und Lübeck – Puttgarden als Versuchsstrecken damit ausgerüstet. Da sich der Zugbahnfunk (Frequenzbereich 460 MHz) bewährte, wurde er ab Ende der siebziger Jahre flächendeckend eingeführt. Entsprechend erhielten alle DB-Triebfahrzeuge eine Zugfunkausrüstung. Sie bestand in erster Linie aus dem Sender- und Empfangsgerät, dem Stromversorgungsgerät, dem Haupt- und Nebenbediengerät, dem Lautsprecher und der stabförmigen Antenne.

Auf Steilstrecken mit Schubbetrieb besteht neben dem üblichen Zug(bahn)funk ein zusätzlicher Funkkanal für den Schubdienst, um eine einwandfreie Sprechverbindung zwischen der Zuglok und der Schublok sicherzustellen. Schon vor der Einführung des Zugbahnfunks gab es auf der Rampe Laufach – Heigenbrücken einen Zug-Schiebefunk. Damit konnten die Lokführer der Schiebelokomotiven und die Fahrdienstleiter der Bahnhöfe in Laufach und in Heigenbrücken untereinander sprechen.

Mit diesen Sprechfunkanlagen waren alle E 50 der BD Nürnberg ausgerüstet. Diese Lokomotiven hatten hierfür topfförmige Antennen.

Die Lackierung

Nach dem Zweiten Weltkrieg legte die neu gegründete DB fest, dass alle Elloks mit einer V_{max} unter 120 km/h in Flaschengrün (RAL 6007) zu lackieren waren. Loks mit einer V_{max} von 120 km/h und darüber wurden entsprechend den Fernschnellzugwagen 1. Klasse in Stahlblau (RAL 5011) gestrichen.

Demgemäß wurden die Einheitselloks der Baureihe E 50 in Flaschengrün lackiert.

Die ersten Lokomotiven erhielten folgende Farbaufteilung

1. Dach, Tritte und Umlaufroste:
   Aluminium (RAL 9006);
2. Stromführende Teile Dachausrüstung:
   Feuerrot (RAL 3000);
3. Lokomotivaufbau:
   Flaschengrün (RAL 6007);
4. Zierleiste zw. Aufbau u. Rahmen:
   Kieselgrau (RAL 7032); (E 50 001–007 besaßen bei ihrer Ablieferung keine Zierstreifen).
5. Brückenrahmen, Drehgestelle:
   Tiefschwarz (RAL 9005).

Die Lackierung bereitete bei den E 50 Schwierigkeiten. Da die Bleche des Lokmantels mit einer Dicke von 1,7 mm deutlich dünner als die der Vorkriegs-Elloks (2,5 mm) waren, traten bei der Verarbeitung stärkere Wellen auf. Diese wurden vor der Lackierung mit Spachtel verdeckt. Dabei war die Spachteldicke stellenweise größer als die Blechdicke. Dieses Missverhältnis hatte negative Folgen: Schon wenige Tage nach der Inbetriebnahme der neuen Fahrzeuge traten zunächst Risse im Lack auf, später platzten Lack und Spachtel ab. Dies trat besonders dann auf, wenn der Lokmantel beim Anheben des Lokkastens unter Spannung stand. Eine E50 musste deshalb noch im ersten Betriebsjahr komplett neu lackiert werden. Die DB reduzierte das Spachteln konsequenterweise in der Folgezeit. So kam es, dass viele E 50 ein faltenreiches Äußeres besaßen, was besonders im Bereich zwischen den Türen und den Wölbungen an den Lokecken zu Tage trat.

Der Lack der ersten E 50 war nicht sehr beständig, weder gegen die zunächst noch übliche Handreinigung (bei der u. a. Terpentin benutzt wurde), noch gegen die ab 1958 aufkommende Reinigung in Waschstraßen mit Waschlaugen.

△ **Bild 89** • Die zunächst angewandte flaschengrüne Lackierung des Lokkastens fiel deutlich dunkler aus, als der ab Ende der fünfziger Jahre verwendete chromoxidgrüne Farbton. Hier im direkten Vergleich zwischen den beiden Museumslokomotiven E 40 128 und **E 50 091** im DB-Museum Koblenz-Lützel. Aufnahme: Roland Hertwig

Besser wurde die Situation erst, als die Lackindustrie Ende der fünfziger Jahre Farben auf Epoxidharz-Grundlage entwickelte. Allerdings kam es mit den neuen Lacken auch zur Änderung des Farbtons für den Lokomotivaufbau von Flaschengrün in Chromoxidgrün (RAL 6020). Ab 1959 kamen sukzessive Epoxidharz-Lacke zum Einsatz. Ab 1967 wurde der Anstrich der Ellokdächer in Umbragrau (RAL 7022) und der Anstrich der auf dem Dach liegenden Hochspannungsanlage in Karminrot (RAL 3002) geändert. Auf den nun umbragrauen anstatt aluminiumfarbenen Dächern fiel die Verschmutzung nicht mehr so stark auf wie zuvor.

Mit der ab 1967 begonnen Auslieferung der Loks E 50/150 128–194 ohne Regenrinnen sah die Farbaufteilung gleichzeitig das Hochziehen der grünen Farbe bis über die Dachkante vor. Das galt auch für die älteren Lokomotiven, deren Regenrinnen in der Folge demontiert wurde. Das Dach blieb umbragrau.

Als ab 1974 die neue Farbgebung für Reisezugwagen eingeführt wurde, sollten alle Lokomotioven (mit einigen Ausnahmen, darunter IC- und S-Bahn-Lokomotiven) einheitlich eine Farbgebung in Ozeanblau/Beige (genau genommen: Elfenbein) erhalten. Dabei wurden die unteren Bereiche des Lokkastens und der Rahmen in Ozeanblau (RAL 5020) und die oberen Bereiche einschließlich der Dachrundung in Elfenbein (RAL 1014) umlackiert. Das Fahrwerk erhielt einen schwarzbraunen Anstrich (RAL 8022). 150 077 war im Mai 1975 die erste Lok ihrer Baureihe, die so lackiert wurde. Ein Nachteil dieser Farbgebung war, dass der Schmutz auf den in Beige gehaltenen Bereichen der Lok besonders gut sehen war, die Lokomotiven also häufig ungepflegt aussahen.

Noch weit vor dem vollständigen Abschluss der Umlackierung trat 1987 ein neues Farbkonzept in Kraft, das ein Orientrot (RAL 3031) für die Lokomotiven vorsah, von dem sich nur Teile der Stirnwände („Lätzchen“, Lichtgrau, RAL 7035) und die Lüftungsgitter (Umbragrau, RAL 7022) abhoben. Umbragrau (RAL 7022) waren auch die Drehgestelle, Orientrot auch das Dach und die Dachaufbauten. 150 128 war im Februar 1988 die erste 150 in dieser Lackierung.

Aus Umweltschutzgründen wurden Lacke auf Wasserbasis genutzt, die sich allerdings nicht so alterungsbeständig wie ihre Vorgänger zeigten. So wurden die Lacke durch die verwendeten starken Waschmittel zum Teil erheblich in Mitleidenschaft gezogen bzw. abgewaschen. Nach jeder Außenreinigung verschlechtert sich somit der Lackzustand ein wenig. Die so verblasste Farbe wurde von den Eisenbahnfreunden deshalb scherzhaft als „Schweinchenrosa“ bezeichnet.

Ab 1997 erhielten die Lokomotiven der Baureihe 150 noch das neue verkehrsrote Farbkonzept der Deutschen Bahn AG:

1. Lokomotivaufbau oberer Bereich:
   Verkehrsrot (RAL 3020),
2. Aufbau unterer Bereich und Lüftungsgitter sowie Dachaufbauten:
   Basaltgrau (RAL 7012),
3. Drehgestelle: Tiefschwarz (RAL 9005),
4. Kontrastbalken: Lichtgrau (RAL 7035).

△ **Bild 90** • Die vier Einheitsellok-Baureihen am 20. Februar 1959 vereint: E 40 153, E 41 069, **E 50 036** und E 10 105 (v. l. n. r.). Schon der Vergleich der Stirnwände zeigt, warum man von Einheitselloks spricht. Die ersten Exemplare der Baureihen E 40 und E 50 waren in Flachengrün ausgeliefert worden, die ersten Lokomotiven der Baureihe E 41 in Stahlblau (wie alle E 10).
AUFNAHME: DB, SAMMLUNG DR. BRIAN RAMPP

△ **Bild 91** • Alle Lokomotiven der Baureihe E 50/150 verließen in grüner Fabrgebung die Fabrikhallen, in den ersten Baujahren wurde dabei auf Flaschengrün, später dagegen auf Chromoxidgrün zurückgegriffen. Immerhin 37 Exemplare trugen die grüne Farbgebung bis zu ihrer Ausmusterung. Im März 1967 zeigt sich die chromoxidgrüne **E 50 102** des Bw Bebra in ihrer Heimatdienststelle. Die Lokomotive war am 18. Dezember 1963 abgenommen worden und trug die grüne Farbgebung bis Ende 1985.
AUFNAHME: ROLF HAHMANN

Bild 92 ▷
Ab 1975 hielt bei der Baureihe 150 die Farbgebung Ozeanblau/Beige (Elfenbein) Einzug. Das DB-Emblem von **150 098** des Bw Bebra, hier am 1. Mai 1980 im Bw Nürnberg Rbf, entsprach nicht der Regelausführung, die bei den Loks im Hintergrund zu erkennen ist, sondern war invers ausgeführt. Ein solches Emblem trugen nachweislich auch 150 116, 117, 118 und 137.

Aufnahme: Ulrich Budde

Bild 93 ▷
Ab 1988 wurden 51 Loks der Baureihe 150 in Orientrot umlackiert. Am 23. April 1993 durchfährt **150 145** mit einem Güterzug nach Singen den Bahnhof Gärtringen an der Gäubahn, diese Lok trug die orientrote Farbgebung zu diesem Zeitpunkt erst seit einem halben Jahr.

Aufnahme: Werner Brutzer

Bild 94 ▷
Ab 1997 – und somit erst kurz vor ihrer Ausmusterung – erhielten noch 45 Loks der Baureihe 150 eine verkehrsrote Farbgebung. An den Seitenwänden hatten alle den DB Cargo-Schriftzug (**150 021** im November 1998 in Kassel Rbf).

Aufnahme: Helmut Heiderich

Die E 50 – eine Einheitsellok und doch nicht einheitlich

△ **Bild 95 • E 50 001** während ihrer Abnahmefahrt im April 1957 in Aßling. Die Kennzeichen des Auslieferungszustands: Untere Leuchten als Einfachleuchten mit integrierten roten Lampen für den Zugschluss, obere Leuchte groß, linker Pufferteller gewölbt, rechter eben, auf der Stirnseite umlaufende Griffstangen und Gitterroste, am Dach Regenrinnen, Schweiger-Lüftergitter, Maschinenraumfenster geteilt, Beschriftung durch Schilder im grünen Lokkastenbereich. „Deutsche Bundesbahn" war ausgeschrieben und nicht als Emblem angegeben, keine helle Zierlinie zwischen dem grünen und schwarzen Bereich. AUFNAHME: DB, SAMMLUNG DR. BRIAN RAMPP

△ **Bild 96 •** Als letzte Einheitsellok trug **150 009** ab Mitte der siebziger Jahre noch ihre Fabrikschilder und die BD/Bw-Anschriften im oberen Lokkastenteil (Gremberg, am 3. September 1978). AUFNAHME: BERND MAGIERA

Schon die technische Beschreibung der Baureihe E 50 im vorangegangenen Kapitel hat aufgezeigt, dass es im Laufe der 17-jährigen Auslieferungsphase dieser Baureihe von Bauserie zu Bauserie zu kleineren Anpassungen und Veränderungen kam. Diese betrafen zu einem großen Teil die technischen Einrichtungen im Innern der Lok, was den meisten Eisenbahnfreunde entsprechend verborgen blieb. Doch auch das äußere Erscheinungsbild der Lokomotiven bot zahlreiche Unterschiede. Manches Detail war dabei bereits ab Werk bemerkenswert, andere kamen im Laufe der Dienstjahre an einzelnen Lokomotiven hinzu.

Die wichtigsten äußerlichen Unterschiede sollen hier in kompakter Form aufgezeigt werden:

Beschriftungen

Die erstgebauten E 50 trugen Lokschilder zwischen den Lampen an den Stirnseiten. Auf den Seitenwänden war ein Schild mit der Angabe der Eigentumsverwaltung angebracht, zunächst als Schriftzug „Deutsche Bundesbahn", später in Form eines DB-Emblems. Dieses Schild befand sich unterhalb der Lüftungsgitter mittig im grünen Lokkasten-Bereich. Ferner waren auf den Seitenwänden folgende Schilder: Loknummer, Heimat-Direktion, Heimat-Bw, Hersteller des elektrischen Teils, Hersteller des mechanischen Teils inklusive Baujahr und Fabriknummer, Bremsgewichtsangaben. Alle Schilder – auch die Fabrikschilder – befanden sich bei den ersten Lokomotiven noch im grünen Bereich des Lokkastens, wurden aber – mit Ausnahme des DB-Emblems – bald nach unten in den schwarzen Rahmenbereich verlagert, wo auch die Revisionsdaten notiert waren.

Mit der Einführung des EDV-Nummernsystems im Jahr 1968 wurden Computernummern angeschrieben, womit die Lokschilder entfielen. Auch bei den übrigen Anschriften wurde fortan auf das Anbringen von Schildern verzichtet. Im Rahmen von Neulackierungen entfielen auch die Herstellerangaben.

△ **Bild 97** • 1962 zeigt sich **E 50 005** noch fast im Ursprungszustand. Ihr Lack weist erste Ausbesserungen auf, die Lok trägt aber noch immer keinen hellen Zierstreifen zwischen dem grünen und schwarzen Bereich. Dafür ist die Regenrinne nun hell gestrichen.

Aufnahme: Walter Hanold, Archiv Jörg Sauter

Bild 98 ▷
150 032 erhielt 1972 im Zuge einer Unfallausbesserung auf einer Stirnseite (Führerstand 1) Doppelleuchten eingebaut, gleichzeitig verlor sie ihren umlaufenden Zierstreifen. Später trug sie an den Lokfronten noch ein DB-Emblem. 1986 wurde sie in Ozeanblau-Beige umlackiert (Lauda, 4. August 1978).

Aufnahme: Werner Brutzer

Bild 99 ▷
Gegenüber ihrem Auslieferungszustand (vgl. Bild 95) hat sich das Äußere von **150 001** am 2. August 1986 (in Augsburg) erheblich gewandelt: Regenrinnen, umlaufende Griffstangen und Gitterroste sind entfallen sowie die Schweiger-Lüftungsgitter gegen Klatte-Lüftungsgitter getauscht. Anstatt geteilter sind nun ungeteilte Maschinenraumfenster eingebaut. Die großen Einfachleuchten waren noch vorhanden, die Stirnleuchte jedoch durch ein kleineres Exemplar ersetzt worden. Die helle Zierlinie und die DB-Embleme waren neu hinzugekommen. Die Beschriftung – nun ohne Schilder – befand sich, mit Ausnahme der DB-Embleme im Rahmenbereich. Zusätzlich hat sie die Farbgebung Ozeanblau/Beige erhalten. Sie trug das DB-Emblem in normaler blauer Ausführung.

Aufnahme: Klaus J. Ratzinger

◁ **Bild 100**
Ab E 50 042 wurden die Loks auf den Stirnseiten mit Doppelleuchten ausgestattet. **E 50 053** besitzt nun Mehrfachdüsen-Lüftungsgitter und im grünen Lokkastenbereich zeigt ein DB-Emblem den Eigentümer an. Alle übrigen Schilder sind in den schwarzen Bereich verlagert worden (Bw Würzburg, 27. März 1967).

Aufnahme: Albert Schöppner, Archiv Jörg Sauter

◁ **Bild 101**
Ab **E 50 128** wurden die Loks ohne Regenrinne ausgeliefert. Über den Türen war stattdessen eine kurze Abweisleiste angebracht worden, später über den Stirnfenstern noch eine Gummileiste. Die grüne Farbe war nun bis auf das Dach heraufgezogen. Am 12. April 1980 zeigt sich die Lok – seit 1968 mit Computernummer beschriftet – noch weitgehend in ihrem Ursprungszustand, als sie den erst 2006 aufgehobenen Posten 98a am ehemaligen Haltepunkt Kreuztal-Buschhütten passiert.

Aufnahme: Bernd Magiera

◁ **Bild 102**
Schneeräumer und Drehgestelle mit Flexicoil-Federung waren Kennzeichen der letzten Bauserie. Anfang 1973 zeigt sich die fabrikneue **150 192** von Krauss-Maffei in München-Allach auf Probefahrt. Die Abnahme der Lok erfolgte am 14. Februar 1973.

Aufnahme: Krauss-Maffei, Sammlung Zeno Pillmann

△ **Bild 103** • Einheitsellok-Parade am 23. Juli 1984 im Bw Mannheim 1. Neben zahlreichen Lokomotiven der Baureihe 140 haben sich auch drei 150 eingefunden: Im Vordergrund steht die zum Aufnahmezeitpunkt elf Jahre alte **150 190** des Bw Stuttgart 1, während auf den Gleisen rechts von ihr noch 150 111 (Bw Hagen 1) und 150 147 (ebenfalls Bw Stuttgart 1) zu erkennen sind. AUFNAHME: DR. FRANK HALTER

Bei der Farbgebung in Ozeanblau-Beige (genau genommen: Elfenbein) kam es grundsätzlich zur Auftragung eines ozeanblauen DB-Emblems auf den elfenbeinfarbenen Teil der Stirnseiten. Daraufhin erhielten auch einige zu dieser Zeit noch in grüner Farbgebung verkehrende Lokomotiven auf den Stirnseiten ebenfalls DB-Embleme in Elfenbein.

Als die orientrote Farbgebung aufkam wurde das (nun orientrote) DB-Emblem auf den Stirnseiten im Latzbereich der Lokomotiven platziert. Auch wenige noch grüne und ozeanblau-beige 150 bekamen dieses farblich nicht passende orientrote DB-Emblem angebracht.

Mit der Gründung der Deutschen Bahn AG im Jahr 1994 erhielten alle Lokomotiven – unabhängig von ihrer Farbgebung – das neue rote DB-AG-Emblem auf allen vier Seiten. Die Direktionsangabe entfiel zu Gunsten des Schriftzugs „GB Traktion". Auch wurde der Begriff „Bw" ersatzlos gestrichen und nur noch der Beheimatungsort angegeben.

Die ab 1997 in der verkehrsroten Farbgebung anzutreffenden 150 trugen auf den Stirn- und Seitenwänden DB-AG-Logos und seitlich zusätzlich den Schriftzug „Cargo".

Abschließend soll nicht unerwähnt bleiben, dass die Nummerierung der Führerstände im Laufe der Zeit unterschiedlich angegeben wurde. Die ersten Bauserien hatten Schilder mit den Ziffern 1 und 2, die im Bereich vor den Türfenstern auf dem Lokkasten montiert waren. In den sechziger Jahren gab es dafür keine Schilder mehr, die Ziffern wurden im gleichen Bereich angeschrieben. Bei den Lokomotiven in der Farbgebung Ozeanblau/Beige wanderte die Führerstandsbezeichnung in den Bereich vor dem unteren Ende der Einstiegstüren. Wurden Lackerneuerungen oder Ausbesserungen bei grünen Loks vorgenommen, wurde die Führerstandsbezeichnung ähnlich tief angeschrieben. Noch tiefer rutschte sie bei der orientroten Farbgebung. Nun war sie im Bereich vor der Einstiegsstufe zu finden. In diesem Bereich blieb sie auch bei der verkehrsroten Farbgebung.

Dachhauben/Stromabnehmer

Ab E 50 128 erhielten alle neu gelieferten E 50 eine Dachhaube mit Sicken.

Ab Werk waren alle E 50 mit zwei Scherenstromabnehmern des Typs DBS 54 ausgerüstet. Ende der sechziger Jahre waren vorübergehend Versuchsstromabnehmer (DBS 54 mit EKG-Wippe B 12) auf 150 038 montiert. Diese waren zuvor auf Lokomotiven der Baureihe 112 getestet worden.

Drehgestelle/Schneeräumer

In den sechziger Jahren erprobte die DB in den Einheitselloks Drehgestelle mit Flexicoil-Federung, darunter in 150 038 und 150 042. Bei den genannten E 50 entfiel dadurch die Kopplung der Drehgestelle. 150 038 erhielt 1972 vorübergehend zusätzlich eine hydraulische Zugkraftanlenkung. Aufgrund der positiven Testergebnisse erhielten ab 150 156 alle weiteren 150 Drehgestelle mit Flexicoilfedern.

Von der 150 156 an besaßen alle Loks bei der Auslieferung auch Schneeräumer.

Einstiegshandstangen

Neben den Führerstandstüren befanden sich ursprünglich verchromte Einstiegshandstangen aus Stahl. Aufgrund der Verletzungsgefahr durch abstehende Chromsplitter wurden die Rohre nach kurzer Zeit glatt geschliffen und kieselgrau (RAL 7032) lackiert. Anfang der sechziger Jahre wurden stattdessen durch auf Dorne aufgesteckte polierte Aluminiumrohre mit oben angeschraubten Haltern aus Aluminiumguss eingeführt. Während die Neubauloks mit diesen Einstiegshandstangen ausgeliefert wurden, kam es bei vielen älteren Loks später bei AW-Aufenthalten zur Umrüstung.

△ **Bild 104** • „Wie aus dem Ei gepellt" präsentiert sich die damals fabrikneue **E 50 033** im Sommer 1957 auf dem Werksgelände der Krauss-Maffei AG in München-Allach. Die Lok wurde nach ihrer Abnahme am 31. Oktober 1957 dem Bw Würzburg zugeteilt. Wie an fast allen E 50 erfolgten im Laufe der Dienstzeit auch an ihr viele kleine optische Veränderungen, die anhand der Bilder 107 bis 109 auf der gegenüberliegenden Seite teilweise nachvollzogen werden können AUFNAHME: DR. GÜNTHER SCHEINGRABER/EK-VERLAG

◁ **Bild 105**
150 038 erhielt 1972 eine hydraulische Zugkraftanlenkung. Dabei wurden die Längskräfte zwischen Drehgestell und Lokkasten über zwei außen liegende Hydraulikzylinder übertragen. Auch gut zu erkennen: der Anstrichsvermerk des AW München-Freimann oberhalb der Fabrikschilder, der dort von 1969 bis 1971 angebracht wurde.

◁ **Bild 106**
Die Zugkraftanlenkung von **150 038** nach einem Patent der Firma Krupp wurde später wieder in den Regelzustand (Drehzapfen) zurückgebaut. Hier ist die Lok am 1. November 1976 im Bw Braunschweig zu sehen. An den Fabrikschildern ist zu erkennen, dass die Lok zu den wenigen E 50 gehörte, die von Krauss-Maffei gefertigt worden sind.

AUFNAHMEN (2): ULRICH BUDDE

Bild 107 ▷
Auch nach bald 30 Einsatzjahren trägt **150 033** am 20. März 1985 in Geislingen (Steige) West noch ihre grüne Farbgebung. Dafür waren inzwischen u. a. die Regenrinnen, die Gitterroste und die Galeriestangen entfallen. Die Lok besaß nun an den Stirnwänden Aufstiegshilfen und ein DB-Emblem.

Aufnahme:
Werner Brutzer

Bild 108 ▷
Im Sommer 1993 steht **150 033** abgebügelt im Bw Hagen-Eckesey. Seit 1987 besaß sie das ozeanblau-beige Farbschema. Gleichzeitig hatte sie bei der zurückliegenden Hauptuntersuchung im AW München-Freimann auch Klatte-Lüftungsgitter und ungeteilte Maschinenraumfenster erhalten. Das orientrote DB-Emblem war dagegen jüngeren Datums.

Aufnahme:
Günther Vogel,
Sammlung Werner Brutzer

Bild 109 ▷
Nach einer Unfallausbesserung trug **150 033** von 1988 bis zu ihrer Ausmusterung im Jahr 2003 auf der Führerstandsseite 1 Doppelleuchten anstatt der ursprünglichen Einfachleuchten. Am 30. Juli 1997 zeigt sich die Lok am Nikolausturm in Ochsenfurt (Strecke Würzburg – Ansbach).

Aufnahme:
Albert Schöppner,
Archiv Jörg Sauter

△ **Bild 110** • Im letzten Betriebsjahr der Baureihe 150 waren die Loks noch in drei unterschiedlichen Farbgebungen anzutreffen, nachdem mit 150 162 im Sommer 2002 die letzte grüne 150 abgestellt worden war. Als Lokzug sind **150 099**, **150 079** und **150 166** am 18. März 2003 bei Tamm auf dem Weg nach Karlsruhe. AUFNAHME: WERNER BRUTZER

Farbgebung

Auf den ersten Blick stechen vor allem die verschiedenen Farbgebungen der Lokomotiven ins Auge. Wie bereits beschrieben, durchlief die Baureihe E 50/150 drei Farbkonzepte, wobei in der nachfolgenden Statistik unter der Farbgebung „Grün" das ursprünglich genutzte „Flaschengrün" und das nachfolgend eingeführte „Chromoxidgrün" zusammengefasst sind.

Alle bis 1959 ausgelieferten E 50 trugen die flaschengrüne Farbgebung. Im Rahmen von AW-Aufenthalten wurde diese Farbe durch Chromoxidgrün ersetzt. So trugen schließlich alle 194 Loks eine chromoxidgrüne Farbgebung und immerhin 37 Exemplare erhielten bis zu ihrer Ausmusterung keine andere Farbgebung mehr. Da auf dem hellen Dach Verschmutzungen stark zu Tage traten, wurde die Dachfarbe ab Mitte der sechziger Jahre in Umbragrau (RAL 7022) geändert.

Mit dem Verzicht auf das Anbringen einer Regenrinne bei E 50/150 128–194 ab 1967 wurde gleichzeitig die grüne Farbe bis über die Dachkante hochgezogen. Das galt auch für alle älteren Lokomotiven, die später ihre Regenrinne abgebaut bekamen. Das Dach blieb umbragrau.

Ab 1975 wurden Lokomotiven der Baureihe 150 im unteren Bereich des Lokkastens und auf dem Rahmen in Ozeanblau (RAL 5020) und im oberen Bereich einschließlich der Dachrundung in Elfenbein (RAL 1014) umlackiert. Diese Farbgebung trugen zeitweise nur maximal 102 Loks.

Das 1987 in Kraft getretene neue Farbkonzept sah ein Orientrot (RAL 3031) für die Lokomotiven vor, von dem nur Teile der Stirnwände („Lätzchen", lichtgrau, RAL 7035) und die Lüftungsgitter (graubraun, RAL 8019) ausgespart blieben. Diese Farbgebung trugen 51 Loks, allerdings nicht alle gleichzeitig. Die ersten umlackierten 150 verfügten noch über aluminiumfarbene Lüftungsgitter. Da diese schnell verschmutzten, bekamen die Lüftungsgitter die Farbe des sie umgebenen Farbbandes (Umbragrau).

Ab 1997 erhielten bis zur vollständigen Ausmusterung der Baureihe 150 im Jahr 2003 noch 45 Loks das jüngste Farbkonzept der DB AG in verkehrsrotem Anstrich (RAL 3020). Auch bei dieser Farbgebung gab es Varianten: Bei sieben Loks war der Sockel zur Trafohaube verkehrsrot statt basaltgrau. Die drei ersten verkehrsroten Loks 150 067, 157 und 159 wurden noch vom Werk Dessau umlackiert. Sie trugen im Gegensatz zu allen weiteren im Werk Opladen in Verkehrsrot lackierten Loks eine etwas tiefer liegende Farbtrennkante zwischen Rot und Grau im Rahmenbereich, silberne Lampenringe und ein rotes Dach.

Durch den verhältnismäßig schnellen Wechsel der Lackierungen bzw. die schleppende Umlackierung, gab es Jahre, in denen die Baureihe 150 in vier verschiedenen Farbgebungen auf DB-Gleisen un-

▽ **Bild 111** • Neben orientroten 150 erhielten auch einige grüne und ozeanblau-beige Exemplare noch zu Bundesbahnzeiten auf den Stirnseiten DB-Embleme mit rotem Untergrund, so auch **150 113** (hier bei Fürth-Unterfarrnbach am 3. Mai 1994). Seitlich trug die Lok weiterhin das klassische DB-Emblem. AUFNAHME: ULRICH BUDDE

Bild 112 ▷
Die verkehrsrote **150 177**, hier am 26. Juli 2001 mit einem Ganzzug bei Ummeln (Strecke Bielefeld – Hamm), trug ihre Betriebsnummer im grauen Bereich der Stirnfront. Dies traf auf alle verkehrsroten 150 ab der Ordnungsnummer 165 aufwärts zu, da im roten Bereich unter dem DB-Emblem aufgrund der Einlassöffnung für die Führerstandsbelüftung kein Platz zur Verfügung stand. Eine Ausnahme davon stellten die Loks im „Dessau-Design" dar.

Aufnahme: Josef Högemann

Bild 113 ▷
Als letzte Lok ihrer Baureihe erhielt **150 168** im Mai 1998 noch das orientrote Farbschema. Am 18. April 2003 trifft sie mit ihrem Güterzug in Geislingen West ein. Rechts wartet **150 158** darauf, sich an den Zugschluss zu setzen, um der Fuhre über die Geislinger Steige zu helfen. Diese Lok ist in der Variante mit Triebfahrzeugnummer im verkehrsroten Bereich ausgeführt.

Aufnahme: Prof. Dr. Dietmar Böhnke

Bild 114 ▷
Die ersten drei verkehrsroten 150 (ausgeführt durch das Werk Dessau) hatten eine andere Designausführung als die in Opladen umlackierten Loks (vgl. Bilder 112/113): Eine tiefer liegende Farbtrennkante zwischen Rot und Grau im Rahmenbereich, silberne Lampenringe und ein rotes Dach. Am 28. Juli 1999 befährt **150 067** (Bh Nürnberg Rbf) bei Borstel die Strecke Bremen – Wunstorf.

Aufnahme: Jürgen Hörstel

◁ **Bild 115**
Hauptsächlich bei AW-Aufenthalten änderte sich das Äußere der Loks. So hatte **150 050** – hier am 16. August 1984 vor 140 220 in Eislingen (Fils) – ihre Mehrfachdüsen-Lüftungsgitter gegen ältere Schweiger-Lüftungsgitter eingebüßt. Dafür waren die geteilten Maschinenraumfenster durch neue ungeteilte ersetzt worden. Regenrinnen, umlaufende Griffstangen und Gitterroste durfte sie zwar bei der im August 1974 durchgeführten U3 zunächst behalten, diese wurden aber bis 1984 ebenfalls demontiert.

Aufnahme: Bernd Melcher,

terwegs war. In der Tabelle auf dieser Seite unten tauchen die an das DB Museum abgegebenen Loks nicht auf.

Zu dieser Statistik ist zu ergänzen, dass 150 065 als einzige ihrer Baureihe im Laufe ihres Loklebens alle vier Farbgebungen getragen hat. 37 Loks schieden in der grünen Farbgebung aus dem Bestand aus. Die meisten 150 brachten es im Laufe ihrer Dienstjahre auf zwei Farbgebungen:

- Grün und Ozeanblau-Beige : 67 Loks,
- Grün und Orientrot: 31 Loks,
- Grün und Verkehrsrot: 18 Loks.

Alle übrigen 150 trugen immerhin abwechselnd drei Farbgebungen:

- Grün, Oz.-Beige, Orientrot: 14 Loks,
- Grün, Oz.-Beige, Verkehrsrot: 21 Loks,
- Grün, Orientrot, Verkehrsrot: 5 Loks.

Umlaufende Griffstangen und Gitterroste

An den Stirnseiten der Lokkästen befanden sich anfangs Gitterroste, die der Lokführer zum Reinigen der Scheiben betreten konnte. Umlaufende Griffstangen (Galeriestangen genannt) gewährten ihm Halt. Auf die zur Rostbildung neigenden Galeriestangen und Gitterroste konnte nach dem Einbau von Scheibenwaschanlagen ab 1971 verzichten werden. Ersatzweise wurden Stufen und Haltegriffe jeweils vor der Lokführerseite jeder Stirnfront montiert. Erstaunlicherweise sind die umlaufenden Griffstangen bei einigen Lokomotiven noch lange Zeit belassen worden.

Bei Lokomotiven in der Farbgebung Ozeanblau-Beige waren die Gitterroste üblicherweise blau lackiert.

Überwurf-Kupplungen für den Schiebebetrieb

Überwurf-Kupplungen für den Schiebebetrieb bekamen zeitweilig einige Lokomotiven der Baureihe 150, die ihren Dienst auf den Rampen der Ruhr-Sieg-Strecke, Geislinger Steige, im Spessart und im Frankenwald verrichteten.

Leuchten

Alle E 50 wurden mit drei Leuchten pro Stirnseite ausgeliefert. Die unteren Leuchten waren große Leuchten mit integrierten roten Lampen für den Zugschluss. Ab E 50 042 wurden unten Doppelleuchten (rot/weiß) eingebaut. Auch wurden kleinere Stirnleuchten verwendet. Bei Blecharbeiten nach Unfällen oder bei Anstricherneuerungen kamen zumeist auch neue Doppelleuchten zum Einbau. Dies geschah teils nur bei einer Stirnseite, so dass viele ältere Maschinen mit unterschiedlichen Leuchten-Bauarten an beiden Stirnwänden zu sehen waren. Die großen oberen Stirnleuchten der ersten Bauserien wurden komplett gegen kleinere getauscht.

Lüftungsgitter/Lufteinlässe an den Stirnwänden

Die erstgebauten Einheits-Elloks besaßen Lüftungsgitter des Typs Schweiger mit waagerecht liegenden Lamellen. Ab 1960

Farbverteilungen (jeweils am Jahresende)

Jahr	1974	1975	1976	1977	1978	1979	1980	1981	1982	1983
Grün	194	187	181	165	161	154	154	149	138	135
Ozeanblau-Beige	0	7	13	29	33	40	40	45	56	59
Gesamt	**194**	**194**	**194**	**194**	**194**	**194**	**194**	**194**	**194**	**194**

Jahr	1984	1985	1986	1987	1988	1989	1990	1991	1992	1993
Grün	128	115	101	92	91	90	85	77	66	50
Ozeanblau-Beige	66	79	93	101	101	100	97	92	90	74
Orientrot	0	0	0	0	1	3	11	23	36	45
Gesamt	**194**	**194**	**194**	**193**	**193**	**193**	**193**	**192**	**192**	**169**

Jahr	1994	1995	1996	1997	1998	1999	2000	2001	2002
Grün	49	48	48	46	33	12	4	2	0
Ozeanblau-Beige	73	73	73	71	48	30	22	11	5
Orientrot	47	48	48	49	45	36	22	13	7
Verkehrsrot	0	0	0	3	37	45	44	43	34
Gesamt	**169**	**169**	**169**	**169**	**163**	**123**	**92**	**69**	**46**

Bild 116 ▷
150 060, hier in Bielefeld Hbf am 15. August 1990, trug vorübergehend unterschiedliche Maschinenraumfenster (im Bild an vorderer Stelle ein geteiltes und an hinterer Stelle ein ungeteiltes Fenster).

Aufnahme: Joachim Herter

wurden die Neulieferungen (E 50 042–155) mit Mehrfachdüsen-Lüftungsgittern ausgerüstet, zum Teil wurden auch ältere Maschinen nachgerüstet. Die ab 1970 gebauten Loks 150 156–194 erhielten Lüftungsgitter, die durch ihre eckige Form auffielen. Sie konnten auseinandergeschraubt und dadurch besser gereinigt werden. In leicht veränderter Form (mit breiteren Rändern und als Klatte-Lüftungsgitter bezeichnet) gelangten diese Lüftungsgitter ab 1973 anlässlich von AW-Aufenthalten in älteren 150 zum Einbau. Nicht immer waren alle Lüftungsgitter einer Lok vom selben Typ. Auch kam es vor, dass die Lüftungsgitter in einer Lok in der falschen Position eingebaut worden sind.

Die letzte Bauserie (150 156–194) erhielt zur Führerstandsbeheizung eine Warmluftheizung statt eines Heizstrahlers. Für diese Heizung und „Scheibenklaranlage" wurden Einlassöffnungen für die benötigte Luft in die Stirnwände montiert.

Maschinenraumfenster

Auch bei den Maschinenraumfenstern bestanden Unterschiede: Während sie in der Ursprungsausführung abgerundete Ecken aufwiesen und sich durch Schieben öffnen ließen, kamen ab Mitte der siebziger Jahre ungeteilte Fenster sowohl in der Ausführung mit abgerundeten, als auch mit rechtwinkligen Ecken zum Einbau.

Puffer/Verschleißpufferträger

Im Laufe der Betriebszeit der Baureihe E 50 wandelten sich die angebrachten Puffer. Bis 1961 hatte der an der jeweiligen Stirnseite links befindliche Puffer einen flachen, der rechtsseitige einen gewölbten runden Teller. Danach wurden nur noch gewölbte Pufferteller verwendet. Gelegentlich erhielten die Puffer einen Pufferteller-warnanstrich. Ab 1996 wurden die Loks auf Rechteckpuffer umgerüstet. 150 156–194 wurden mit abnehmbaren Verschleißpufferträgern ausgeliefert. Auch die Unfall-Lok 150 006 bekam bei ihrem Neuaufbau diese Pufferträger.

Zahlreiche Loks wurden für den Einbau einer automatischen Kupplung vorbereitet, was man am Bereich um die Kupplungshaken erkennt.

Regenrinnen

Am Rand des Daches verlief eine umlaufende Regenrinne. Da sich hier das Regenwasser sammelte und bei Stillstand der Lok lange aufhielt, trat in starkem Maße Rostbildung auf. Bei den ab 1967 zur Auslieferung gekommenen E 50/150 128–194 entfiel die Regenrinne, wobei gleichzeitig die grüne Farbe über die Dachkante hochgezogen wurde. Lediglich über den Einstiegstüren wurde ein kurzer Wasserabweiser aus Profilgummi geklebt. Doch dadurch wurde der vom Stromabnehmer und Fahrdraht abgeriebene Staub bei Regen über die Stirnfenster gespült. Um dies zu verhindern, wurden ab Anfang der siebziger Jahre auch über den Stirnfenstern Profilgummileisten befestigt.

Anlässlich von AW-Aufenthalten wurden die älteren Lokomotiven entsprechend umgerüstet und die Regenrinnen entfernt. Eine Ausnahme stellt die Museumslok E 50 091 dar.

△ **Bild 117** • Die orientroten 150 traten mit zwei verschiedenen Lüftergitterfarbgebungen auf. Diese konnten graubraun sein, wie hier bei **150 065** im Bw Frankfurt (M) 1 am 10. März 1990, oder aluminiumfarben, wie bei der ebenfalls zu sehenden 140 743 (links). Letztere besaß auch ungeteilte eckige Maschinenraumfenster, die auch bei einigen 150 vorhanden waren.

Aufnahme: Peter Grosse

Chronik der Baureihe E 50

Die Deutsche Bundesbahn konnte bei ihrer Gründung im Jahr 1949 auf einen Bestand von rund 1.660 km elektrifizierter Strecken zurückgreifen. Bis zum Jahresende 1955 stellte sie weitere 410 km auf elektrischen Betrieb um. So wurde im Norden bereits Würzburg erreicht. Auch konnte man von Stuttgart aus nach Heidelberg elektrisch fahren. Gleichzeitig war auf dem Südteil der Rheinstrecke zwischen Basel und Freiburg ein elektrischer Inselbetrieb entstanden.

1956

Am 2. Juni 1956 kamen 94 km hinzu. Es handelte sich um die Strecken Freiburg – Offenburg, Müllheim (Baden) – Neuenburg (Baden), Heidelberg – Mannheim-Friedrichsfeld und Heidelberg – Mannheim Rbf. Dies war die Situation bei der Auslieferung der ersten beiden E 50, die allerdings 1956 nicht abgenommen wurden.

1957

Ab 1957 nahm die Länge des elektrifizierten Netzes sprunghaft zu. In jenem Jahr wurde es um rund 465 km erweitert und umfasste mit 2.627,1 km Länge bereits 8,5 % des gesamten DB-Netzes. Der für die Baureihe E 50 bedeutendste Zugang war der Abschnitt Veitshöchheim – Aschaffenburg (84,8 km) am 26. September 1957. Die Elektrifizierung bis Aschaffenburg erleichterte dem schweren Güterverkehr den Weg über den Spessart. 1957 wurden 32 Stück E 50 in Betrieb genommen: E 50 001–026, 031–033 und 035–037.

Sie waren für den Dienst auf der Strecke Nürnberg – Aschaffenburg vorgesehen (inklusive Schiebedienst auf der Rampe Laufach – Heigenbrücken) und wurden in den Bahnbetriebswerken Aschaffenburg und Würzburg beheimatet.

1958

Unter den 1958 elektrifizierten Strecken mit einer Gesamtlänge von 554,8 km befand sich auch die Strecke Aschaffenburg – Frankfurt (M) Hbf (63,7 km), deren elektrischer Betrieb am 15. Januar 1958 aufgenommen wurde. Somit war Frankfurt (M) nun von Nürnberg aus per Ellok zu erreichen. Der E 50-Bestand wuchs in jenem Jahr um neun Loks auf 41 Maschinen: E 50 027–030, 034, 038–041. Die neuen Elloks verdrängten nicht nur Dampfloks, sondern auch Altbau-Elloks. 1958 wurde der E 50-Bestand in Aschaffenburg aufgelöst. Die Loks wurden auf die Bw Würzburg und Nürnberg Rbf aufgeteilt, so dass die Baureihe E 50 weiterhin nur in zwei Betriebswerken zu finden war.

Die Leistungen der neuen Elloks waren noch bescheiden. Mit durchschnittlich 117.500 km/Jahr lag die jährliche Laufleistung der Baureihe E 50 sogar unter derjenigen ihrer Vorgängerin der Baureihe E 94 (123.200 km/Jahr). Der Grund für die bescheidenen Laufleistungen war in den Kinderkrankheiten zu suchen. Vor allem Schwierigkeiten mit den Schaltwerken führten unter den Loks der Baureihe E 50 zu einer hohen Ausfallrate. Auch dürfte die Unerfahrenheit der soeben ausgebildeten Lokführer im Umgang mit den neuen Loks zu erhöhter Hilfslokgestellung geführt haben. Gleiches galt für das Werkstattpersonal, das zunächst Erfahrungen mit den Maschinen sammeln musste. Die E 50 brachte es deshalb nur auf 101.000 störungsfreie Triebfahrzeugkilometer, die E 94 dagegen auf 174.000 km.

Das Bw Würzburg setzte seine E 50 in einem dreitägigen Umlaufplan mit ø 537 km Laufleistung/Tag, einem weiteren dreitägigen Plan mit ø 411 km/Tag und einem viertägigen Plan mit ø 535 km/Tag ein. In Letz-

▽ **Bild 118 • E 50 029** war eine von neun im Jahr 1958 in Dienst gestellten Lokomotiven der Baureihe E 50. Ihre Abnahme erfolgte am 7. März 1958.

AUFNAHME: DB, SAMMLUNG EK-VERLAG

Bild 119 ▷
Kurz nach ihrer Abnahme am 26. Februar 1958 befährt die Würzburger **E 50 038** mit einem Eilzug bei Frankfurt (M)-Sachsenhausen die erst am 15. Januar 1958 für den elektrischen Betrieb freigegebene Strecke Frankfurt (M) – Aschaffenburg.

Aufnahme: Dr. Rolf Brüning

Bild 120 ▷
Im April 1959 rollt die inzwischen zum Bw Nürnberg Rbf gehörende **E 50 009** die Spessartrampe mit einem Leerzug zu Tal in Richtung Laufach.

Aufnahme: C. Bellingrodt/EK-Verlag

Bild 121 ▷
Seit dem 19. November 1957 findet in Frankfurt Hbf elektrischer Zugebtrieb statt (Frankfurt – Darmstadt). Ab dem 15. Januar 1958 gelangte auch die Baureihe E 50 über Aschaffenburg planmäßig bis in die Mainmetropole. Knapp zwei Wochen später wartet **E 50 035** (Abnahme am 26. November 1957) am 28. Januar 1958 vor der Bahnhofshalle auf die Abfahrt.

Aufnahme: Dr. Rolf Brüning

△ **Bild 122** • Normalerweise war die Beförderung schwerer Güterzüge das Tagesgeschäft der Baureihe E 50. Dass ein amerikanischer Militär-Schnellzug von ihnen befördert wurde, war schon etwas Besonderes. **E 50 015** konnte mit einem Zug des USATC bei Wernfeld angetroffen werden. Hinter der Lok sind vier Neubau-Liegewagen mit Schürzen eingereiht, die weitgehend den Touristik- und DB-Liegewagen Bc4ümgk-53 bzw. Bc4ümgk-54 entsprachen.

◁ **Bild 123**
Die bereits im Jahr zuvor fertiggestellte **E 50 001** weilt am 4. Januar 1957 auf dem Außengelände des AW München-Freimann.

Aufnahme:
Dr. G. Scheingraber/EK-Verlag

◁ **Bild 124**
E 50 004 passiert im Frühjahr 1958 mit einem Durchgangsgüterzug den Bahnhof Himmelstadt im Maintal zwischen Gemünden und Würzburg.

Aufnahmen (2):
Carl Bellingrodt/EK-Verlag

△ **Bild 125 • E 50 003** hat die 102 m Höhenunterschied auf dem nur 5,4 km langen Streckenstück Laufach – Heigenbrücken überwunden und vor wenigen Augenblicken den Scheitelpunkt im 926 m langen Schwarzkopftunnel passiert. Nun geht es talwärts, um bei Lohr wieder das Maintal zu erreichen. Hinter der Lok läuft ein früherer preußischer Güterzuggepäckwagen in der Bauform ohne Dachkanzel Pw pr 14 mit, dann folgen Autotransportwagen mit neuen Opel Rekord P1 (Baujahre 1957-1960).

▽ **Bild 126 •** Bereits zwei Wochen vor der Eröffnung des durchgehenden elektrischen Betriebs zwischen Veitshöchheim und Aschaffenburg begann die DB ab dem 10. September 1957 damit, die Baureihe E 50 im Schiebedienst zwischen Laufach und Heigenbrücken einzusetzen. In dieser ersten Erprobungsphase des elektrischen Betriebs im Spessart rollt ein Lokzug mit gleich vier Maschinen (**E 50 017**, **E 50 014**, **E 50 012** und **E 50 019**) am Block Eisenwerk über die zu diesem Zeitpunkt aufgrund von Bauarbeiten nur eingleisig betriebene Rampenstrecke talwärts. AUFNAHMEN (2): CARL BELLINGRODT/EK-VERLAG

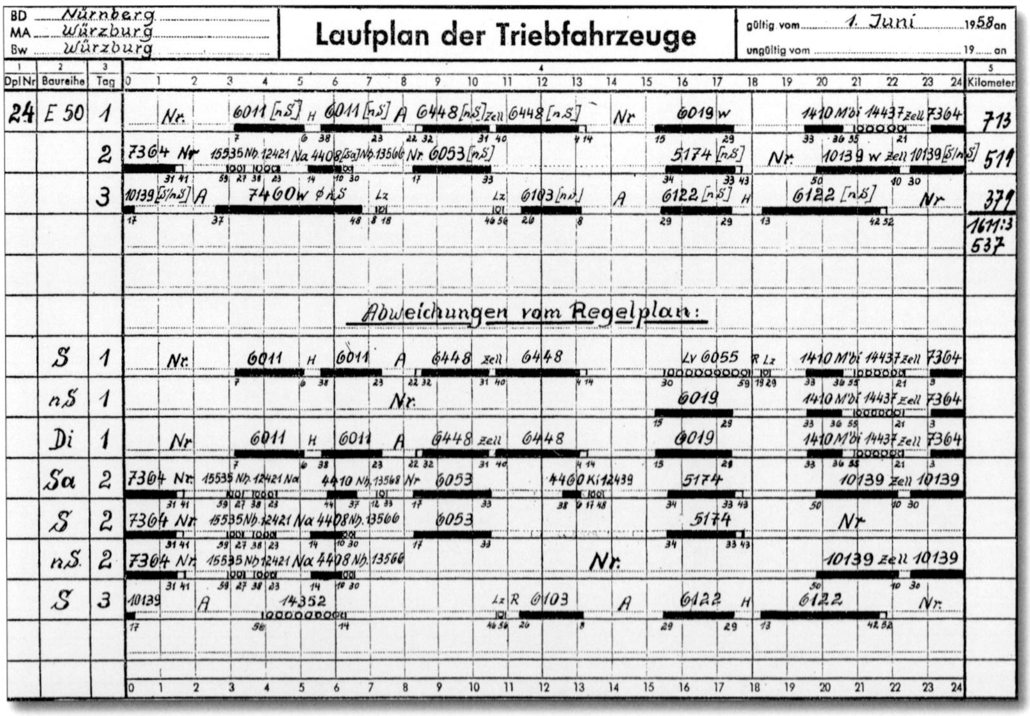

◁ **Bild 127**
Nebenstehend sind zwei der drei Würzburger Umlaufpläne zu sehen, die ab dem 1. Juni 1958 galten. In beiden Plänen wurden Güterzüge zwischen Aschaffenburg und Nürnberg Rbf befördert. In geringem Maße wurden auch Personenzüge bespannt: Der Plan 24 (oben) enthielt an Tag 1 den P 1410 (Würzburg – Mainbernheim), an Tag 2 den P 4408 (Neustadt/Aisch – Nürnberg Hbf) bzw. samstags den P 4410 sowie zusätzlich noch den P 4460 (Würzburg – Kitzingen). Im Plan 25 (unten) war am Tag 2 das Zugpaar P 4309/4314 (Würzburg – Gemünden u. z.) enthalten. Sonntags war P 4322 anstelle des P 4314 zu fahren.

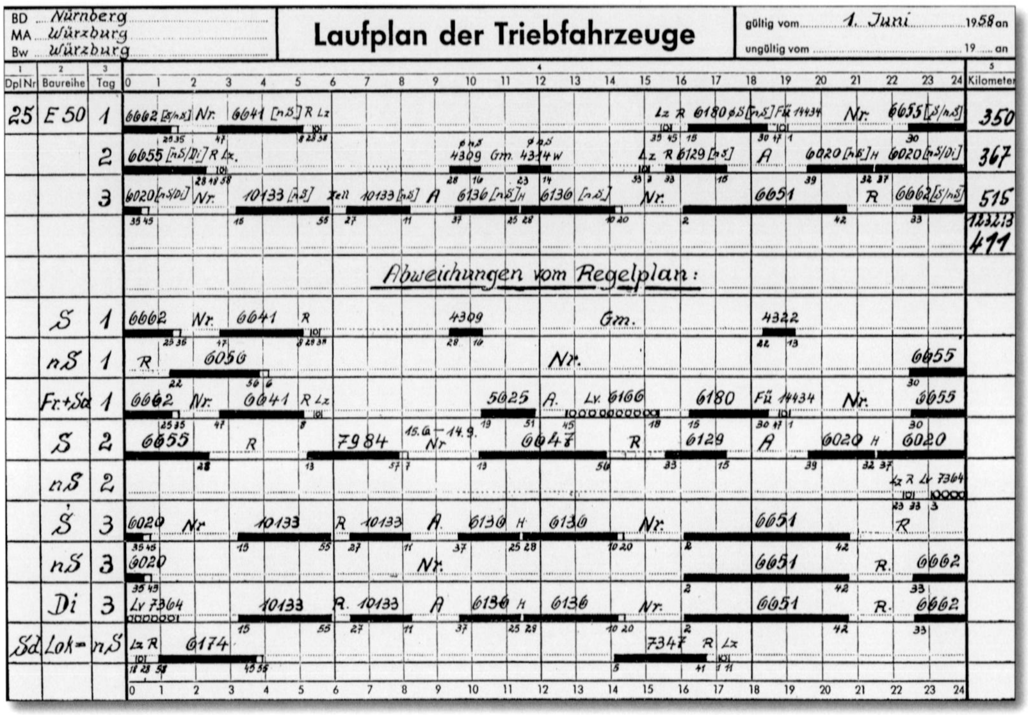

◁ **Bild 128**
Die in den beiden Umlaufplänen genutzten Abkürzungen für die Betriebsstellen bedeuten: (A) Aschaffenburg; (Fü) Fürth; (Gem) Gemünden; (H) Würzburg Hbf; (Ki) Kitzingen; (M`bi) Mainbernheim; (Na) Neustadt (Aisch); (Nh) Nürnberg Hbf; (Nr) Nürnberg Rbf; (R) Würzburg Rbf; (Zell) Würzburg-Zell.

Abbildungen (2): DB, Sammlung Klaus Hopf

terem bespannten die E 50 in der Hochsaison (15. Juni bis 14. September 1958) den Schnellzug D 1063 (Nürnberg Hbf - Köln Hbf) auf dem ersten Abschnitt bis Würzburg Hbf. Allerdings bestand die Garnitur weitgehend aus Eilzugwagen.

Beim Bw Nürnberg Rbf erbrachten die acht Planloks ø 550 km/Tag.

1959

Der Zuwachs des elektrifizierten Streckennetzes fiel 1959 mit 257,8 km Länge geringer aus als im Jahr zuvor. Zum Jahresende waren 3.462 Streckenkilometer mit einer Oberleitung ausgestattet. Neu hinzugekommen war u. a. die Strecke Regensburg – Passau (109,8 km, Aufnahme des elektrischen Betriebs am 1. Juni 1959), die den Aktionsradius der E 50 erweiterte. Dadurch erreichten Würzburger E 50 nun in einem neuntägigen Umlauf ø 556 km/Tag, ihre Nürnberger Kolleginnen in einem achttägigen Umlauf ø 545 km/Tag.

1960

1960 wurden 318,2 km Strecke mit Oberleitung versehen. Das elektrische Netz umfasste 3.774 km Länge, was 12 % des DB-Netzes entsprach. Zu den Neuzugängen gehörte am 29. Mai 1960 die Strecke Darmstadt – Aschaffenburg (44,9 km), die den Einsatzbereich der E 50 vergrößerte. Dafür wuchs der Bestand 1960 um die sieben Loks E 50 042–048. Mit der E 41 149 erhielt die DB auch ihre 1.000. Ellok.

Am Jahresende 1960 umfasste der Ellok-Bestand 1.011 Maschinen, wovon 509 Exemplare von den Einheitselloks gestellt wurden (ohne die fünf E 10-Versuchsloks). Gleichzeitig hatten auch die durchschnittlichen Laufleistungen der Einheitselloks im Vergleich zu den älteren Ellok-Baureihen zugenommen. Diese waren im Vergleich zum Jahr 1958 deutlich angestiegen (Angaben in Klammern in km/Jahr):

- **E 10** (239.600); **E 18** (233.200);
- **E 40** (120.000);
- **E 41** (123.200); **E 44** (99.000);
- **E 50** (147.100); **E 94** (135.800).

△ **Bild 129 • E 50 018** (Bw Aschaffenburg) verlässt gemeinsam mit der Nürnberger E 94 268 im April 1958 den Bahnhof Gemünden (Main) in Richtung Aschaffenburg. Den Vorschriften entsprechend hätte die Vorspannlok den vorderen Stromabnehmer anlegen müssen. AUFNAHMEN (2): CARL BELLINGRODT/EISENBAHNSTIFTUNG

Eine gewaltige Verbesserung hatte sich inzwischen auch bei den störungsfreien Laufleistungen eingestellt:

- **E 10**: 427.000 km;
- **E 40**: 350.000 km;
- **E 41**: 262.000 km;
- **E 50**: 258.000 km.

Im Vergleich hierzu die Werte einiger Altbauelloks:

- **E 18**: 233.000 km;
- **E 44**: 177.000 km;
- **E 94**: 183.000 km.

Gegenüber 1958 hatte sich also die störungsfreie Laufleistung der E 50 inzwischen fast verdoppelt und lag damit auch über jenen Werten der Altbau-Elloks. Dies war in erster Linie darauf zurückzuführen, dass die Kinderkrankheiten der Einheitselloks weitgehend beseitigt worden waren. Unabhängig von der Baureihe traten knapp die Hälfte der Schäden an der Steuerung auf, ein Zeichen dafür, dass hier noch das schwächste Bauteil vorlag. Dagegen traten Schäden am Fahr- und Triebwerk fast gar nicht mehr auf.

1961

Im Jahr 1961 wurde die Elektrifizierung wieder stärker zum Abschluss gebracht als in den Jahren zuvor. 368,1 neu elektrifizierte Streckenkilometer ergänzten das elektrische Netz der DB, das dadurch am 30. September die 4.000-Kilometer-Marke überschritt. Eine Bronzetafel in Wächtersbach erinnert bis heute daran. Am Jahresende waren 4.084 km Strecke mit Oberleitung überspannt. Unter den Neuzugängen war die Strecke Hanau – Fulda (80,5 km, Betriebsaufnahme am 1. Oktober 1961). Damit stand ein Teil der wichtigen Nord-Süd-Strecke unter Strom, wobei erstmals Oberleitungsmasten im Bereich der BD Kassel aufgestellt worden waren. Die Nord-Süd-Strecke sollte ab 1963 – nach ihrer Elektrifizierung bis Hannover – ein wichtiger Einsatzbereich der E 50 werden. Die hierfür benötigten Loks wurden zum Teil schon 1961 beschafft. Hierzu gehörten elf E 50 (E 50 049–059) die zunächst überwiegend an das Bw Bamberg gingen, das dadurch erstmals E 50 beheimatete. Solange diese E 50 noch nicht in ihrem künftigen Einsatzgebiet auf der Nord-Süd-Strecke eingesetzt werden konnten, ermöglichte diese Bamberger Übergangslösung die Freisetzung von E 40, welche dringend bei der BD Frankfurt (M) benötigt wurden.

Bemerkenswert ist auch, dass Würzburger E 50 im Sommerfahrplan 1961 in einem achttägigen Laufplan ø 608 km/Tag

△ **Bild 130** • Diese am 6. Juni 1960 am Mainufer in Wernfeld entstandene Aufnahme soll nach Aufzeichnungen Carl Bellingrodts angeblich E 50 006 zeigen, was aber aufgrund der Doppelleuchten an der Fahrzeugfront nicht stimmen kann. Vielmehr muss es sich um eine Lok der Nummernfolge E 50 042 ff handeln.

◁ **Bild 131**
Bereits seit Mai 1950 stand die Strecke Nürnberg – Neumarkt (Oberpf) – Regensburg dem elektrischen Zugbetrieb zur Verfügung. Im schweren Güterverkehr war hier zunächst vor allem die Baureihe E 94 anzutreffen. Am 19. September 1962 überquert **E 50 028** des Bw Würzburg den 180 m langen Beratzhausener Viadukt.

Aufnahme:
Carl Bellingrodt/EK-Verlag

◁ **Bild 132**
Gemeinsam warten **E 50 032** als Vorspann- und die Aschaffenburger E 44 070 als Zuglok mit P 2390 (Aschaffenburg – Würzburg) am 19. Juli 1965 in Gemünden (Main) auf die Weiterfahrt. Das Bw Aschaffenburg setzte seine damals sechs E 44 vor allem im Personenzugdienst zwischen Frankfurt (M) Hbf, Aschaffenburg, Gemünden (Main) und Kitzingen ein.

Aufnahme:
Kurt Eckert/Eisenbahnstiftung

◁ **Bild 133**
Noch vor ihrer offiziellen Abnahme durch die DB (diese erfolgte am 24. Oktober 1960) präsentiert sich die bei Krupp in Essen gebaute **E 50 047** im September 1960 auf der Ausstellung „Straße und Schiene" im Essener Grugapark.

Aufnahme:
Willi Marotz,
Eisenbahnstiftung

△ **Bild 134 • E 50 002** des Bw Nürnberg Rbf verlässt am 19. Mai 1960 mit einem Güterzug den Bahnhof Treuchtlingen in Richtung Augsburg. Links warten E 17 12 und 38 2832. Erst ab 1962 konnte von hier aus elektrisch nach Ingolstadt und ab 1965 schließlich auch in Richtung Ansbach gefahren werden. AUFNAHME: HELMUTH RÖTH/EISENBAHNSTIFTUNG

im Einsatz standen, ein durchaus bemerkenswerter Wert für eine Güterzugbaureihe. Sechs E 50 aus dem Bw Nürnberg Rbf brachten es in einem Umlauf auf ø 565 km/Tag. Die Nürnberger Loks hatten dabei sogar zwei Langläufe im Plan: Augsburg – Friedberg/Hess (391 km) und Friedberg/Hess – Treuchtlingen (315 km).

1962

1962 steigerte die Bundesbahn mit 433,8 km Länge nochmals den Abschluss ihrer neu fertiggestellten elektrifizierten Strecken(abschnitte). Mit der Strecke Ingolstadt – Treuchtlingen (55,8 km, Betriebsaufnahme am 27. Mai 1962) konnte ein weiteres Teilstück der Nord-Süd-Strecke Hamburg – München elektrisch befahren werden. Auch die Anzahl der Neuabnahmen von Einheitselloks erreichte mit 186 Zugängen eine neue Rekordmarke:

- **E 10** (18), **E 40** (105), **E 41** (46) und **E 50** (14; E 50 060–070, 072–074).

Das Bw Kornwestheim erhielt 1962 seine ersten E 50. Sie waren in erster Linie für die Beförderung schwerer Güterzüge über die Geislinger Steige gedacht und ersetzten dort Altbau-Elloks.

Am Jahresende ergab sich folgende Verteilung der inzwischen 73 E 50:

- BD Nürnberg 65 Stück,
- BD Stuttgart 8 Stück.

△ **Bild 135 •** In Aschaffenburg Rbf hat **E 50 008** einen Ganzzug mit Kohle aus dem Ruhrgebiet übernommen, den sie nun in Richtung Süddeutschland bringen wird. AUFNAHME: CARL BELLINGRODT/EK-VERLAG

Im Gegensatz zu den anderen Einheitsellok-Baureihen, deren Laufleistungen im Vergleich zu den Vorjahren kontinuierlich gestiegen waren, kam es bei der Baureihe E 50 zu einer leichten Abnahme auf 139.600 km. Die Ursache hierfür lag in erster Linie darin begründet, dass einige Loks für Personalschulungen bereitgestellt werden mussten, um das Einsatzgebiet der E 50 in den Folgejahren ausweiten zu können. Abgesehen davon, dass vor allem Personale im Bereich der BD Stuttgart auf den neuen Loks eingewiesen werden mussten, war auch je eine E 50 für die BD München und BD Essen abgestellt worden.

Besonders kilometerintensive Umlaufpläne waren 1962 von den Bw Würzburg (acht Loks mit ø 606 km/Tag) und Kornwestheim (vier E 50 mit ø 600 km/ Tag) aufgestellt worden. Die bemerkenswertesten Langläufe hatte aber das Bw Nürnberg Rbf zu bieten: Wie im Vorjahr Augsburg – Friedberg (Hess) mit 391 km, zusätzlich Würzburg – München mit 310 km.

△ **Bild 136 •** Vermutlich aus Umlaufgründen leistet **E 50 061** des Bw Würzburg ihrer Schwester am 24. September 1964 Vorspann, denn der Zug hätte auch von nur einer E 50 problemlos befördert werden können. Bei Gerbrunn befindet sich die aus Nürnberg kommende Fuhre im Zulauf auf Würzburg-Zell. AUFNAHME: DR. ROLF BRÜNING

1963

Die Arbeiten zur Elektrifizierung des DB-Streckennetzes wurden nochmals ausgeweitet. So konnten die Baufirmen 1963 sogar 518 km Strecke für den elektrischen Betrieb fertigstellen. Dabei befand sich auf der Strecke Wanne-Eickel – Haltern der 5.000. Streckenkilometer, der auf elektrischen Betrieb umgestellt werden konnte. U. a. gehörten nun folgende Strecken zum elektrischen Streckennetz (Streckenlänge, Aufnahme elektrischer Betrieb):

- Fulda – Bebra, (51,6 km, 9. März 1963),
- Gemünden (Main) – Elm, (46,2 km, 26. Mai.1963),
- Bebra – Hannover Hbf, (188,6 km, 26. Mai 1963),
- Seelze Rbf – Lehrte Rbf, (29,4 km, 26. September 1963).

△ **Bild 137 • E 50 121** wurde am 9. Juli 1965 abgenommen. Das Foto zeigt sie während der Abnahme im AW München-Freimann. Anschließend wurde die Lok fabrikneu dem Bw Kornwestheim zugeteilt. AUFNAHME: SAMMLUNG DR. BRIAN RAMPP

Damit war der größte Teil der Nord-Süd-Strecke nun elektrisch befahrbar. Dies war von großer Bedeutung, weil die außerordentlich stark belastete Strecke in ihrem Verlauf mehrere Höhenzüge überschreitet und Rampen von bis zu 10 ‰ (Obernjesa – Eichenberg, Oberrieden – Eichenberg, Flieden – Distelrasen, Elm – Distelrasen, Vollmerz – Sterbfritz), bis zu 11 ‰ (Sontra – Cornberg, Jossa – Sterbfritz) und 12,5‰ (Bebra – Cornberg) aufweist. Hier wurde der Erfolg der Elektrifizierung besonders deutlich, da sich die durchschnittlichen Fahrzeiten der Züge auf dem Gesamtlaufweg um 15 bis 20 % verkürzten. Allerdings konnten vom Sommerfahrplan an zunächst nur Reisezüge die gesamte Strecke bis Hannover elektrisch befahren, während die Güterzüge in Göttingen oder Kreiensen umspannen mussten, denn erst bis zum Winterfahrplan 1963/64 waren die Güterbahnhöfe Seelze und Lehrte mit einer Oberleitung ausgestattet worden.

Mit 220 neu abgenommenen Elloks konnte das höchste Abnahmeergebnis seit 1945 erreicht werden. Da keine Ellok ausgemustert wurde, erhöhte sich der Ellokbestand auf 1.533 Maschinen, von denen 1.034 (also rund ⅔) zu den Einheitselloks zählten. Als 1.000. Neubau-Ellok wurde die E 10 1309 bei ihrer Anlieferung am 3. Oktober 1963 gefeiert. Unter den Neuabnahmen waren 30 E 50: E 50 071, 075–103.

Durch die Elektrifizierung der Nord-Süd-Strecke wurde das Bw Bebra auch

Heimatdienststelle von Elektrolokomotiven. Es erhielt 17 E 40, zehn E 41 und 31 E 50 zugeteilt. In diesem Zusammenhang sei erwähnt, dass bereits vor der Aufnahme des elektrischen Betriebs zwischen Fulda und Hannover Elloks auf Vorrat beschafft wurden, um am Umstellungstag genügend Elloks für die Bespannung der Züge zur Verfügung zu haben. Da nur ein Teil der Loks in der Vorlaufphase zur Personalschulung benötigt wurde, konnten die übrigen Maschinen vorübergehend von anderen Betriebswerken eingesetzt werden, um nicht auf möglicherweise auftretende Garantieansprüche während der Gewährleistungsfrist zu verzichten. So wurde ein großer Teil der zukünftigen Bebraner E 50 zuvor wenige Monate vom Bw Würzburg genutzt.

Dadurch, dass eine große Stückzahl von Elloks auf Vorrat gebaut worden war, sank die durchschnittliche Laufleistung aller Einheitsellok-Baureihen erheblich ab und lag je nach Baureihe zwischen 10 und 30 % unter den Vorjahreswerten. Dass diese verhältnismäßig geringen Laufleistungen nicht auf höherer Störanfälligkeit beruhten, beweisen die Daten der störungsfreien Laufleistungen. Sie hatten sich gegenüber 1960 um beachtliche 50 % verbessert: **E 10** (680.000 km), **E 40** (508.000 km), **E 41** (481.000 km) und **E 50** (367.000 km).

△ **Bild 138** • Zwischen Flieden und Gemünden (Main) fährt **E 50 063** des Bw Würzburg am 30. April 1966 in den 232 m langen Ebertsberg-Tunnel ein. Über der Lok sind die Anlagen des Bahnhofs Elm zu erkennen, den der Zug wenige Augenblicke zuvor passiert hat. Aufnahme: Dr. Rolf Brüning

1964

Es erscheint schon fast selbstverständlich, dass 1964 wieder ein Rekordwert bei den abgeschlossenen Elektrifizierungsarbeiten erzielt werden konnte. So erweiterte sich im Berichtsjahr das elektrische Streckennetz um eine Länge von 610 km, so dass 5.643,5 km und damit 18,4 % des Gesamtnetzes mit Oberleitung überspannt waren. Unter den 1964 elektrifizierten Strecken befand sich jedoch keine, auf der damals auch bereits E 50 planmäßig eingesetzt worden wären. Die Neuzugänge auf dem Elloksektor lagen mit 219 Neuabnahmen knapp unter dem Vorjahresniveau. Unter ihnen waren nur vier E 50 (E 50 104–107), die die Bestände in Kornwestheim und Würzburg ergänzten.

Die 1.248 Einheitselloks waren nun auf alle Direktionen verteilt (vgl. Kasten), wobei sie allerdings in der BD Augsburg nur wenige Monate beheimatet waren.

69 Loks der Baureihe E 50 wurden planmäßig in Umlaufplänen eingesetzt, in denen sie ø 540 km/Tag absolvierten. Beim Bw Bebra erreichten 21 Loks in Umlaufplänen ø 535 km/Tag, im Bw Kornwestheim sieben Loks ø 561 km/Tag und bei der BD Nürnberg (Bw Nürnberg Rbf und Würzburg) 41 Loks ø 540 km/Tag. Der bemerkenswerteste Langlauf führte von Nürnberg nach Göttingen (360 km) und wurde täglich zweimal von Würzburger E 50 zurückgelegt.

1965

Im Jahr 1965 wurde mit 829 km der größte Streckenzuwachs im elektrischen Netz erreicht, den es je in Deutschland gegeben hat. Die für die Baureihe E 50 bedeutendsten Strecken waren:

- Treuchtlingen – Würzburg (138,0 km, Betriebsaufnahme am 15. März 1965),
- Frankfurt – Gießen – Hagen (277,4 km, Betriebsaufnahme am 14. Mai 1965).

Nun war die Elektrifizierung der Nord-Süd-Strecke von München bis Hamburg

Verteilung der Einheits-Elloks am Jahresende 1964

	Esn	Ffm	Hmb	Han	Kar	Ksl	Köl	Mz	Mü	Nür	Reg	Sbr	Stg	Wt	Summe
E 10^{1}	29	43	-	26	41	-	35	-	16	21	-	-	32	-	243
E 10^{12}	-	-	-	-	6	-	-	-	-	5	-	-	-	-	11
E 40	47	96	10	69	54	19	57	63	-	33	18	26	-	23	515
E 40^{11}	-	-	-	12	7	-	-	-	-	-	-	-	-	4	23
E 41	29	66	-	19	36	13	21	44	50	4	-	10	14	43	349
E 50	-	-	-	-	-	30	-	-	-	64	-	-	13	-	107
	105	**205**	**10**	**126**	**144**	**62**	**113**	**107**	**66**	**127**	**18**	**36**	**59**	**70**	**1.248**

△ **Bild 139** • Mit dem nur samstags verkehrenden P 1861 (Fulda – Bebra) verlässt **E 50 086** am 25. Mai 1963 den Bahnhof Bad Hersfeld. Aufgrund der Aufnahme des elektrischen Zugbetriebs (Fulda –) Götzenhof – Bebra am 9. März 1963 war die Lokomotive erst am 20. April 1963 vom Bw Würzburg zum Bw Bebra umbeheimatet worden.

AUFNAHME: HELMUT RÖTH/EISENBAHNSTIFTUNG

▽ **Bild 140** • Mit dem Beginn des elektrischen Betriebs auf dem Abschnitt Götzenhof – Bebra – Göttingen – Hannover der Nord-Süd-Strecke im Jahr 1963 übernahm die Baureihe E 50 hier direkt die Aufgaben im schweren Güterverkehr. Einige Züge wurden zunächst nur bis/ab Göttingen von E 50 bespannt, während deren Weiterfahrt auf dem flach trassierten Teilstück nach Hannover der Baureihe E 40 oblag. Am 9. Juni 1964 verlässt **E 50 082** Fulda in Richtung Würzburg. AUFNAHME: DR. G. SCHEINGRABER /EK-VERLAG

Bild 141 ▷ Zwischen Strullendorf und Hirschaid (Strecke Nürnberg – Bamberg) begegnet **E 50 026** des Bw Nürnberg Rbf am 31. März 1965 einem mit einer Dampflok bespannten Schotterzug.

Bild 142 ▷ In Fahrtrichtung Bebra/Göttingen durchfahren **E 50 101** des Bw Bebra als Vorspannlok und eine E 40 am 9. August 1965 in Kürze den Bahnhof Burghaun an der Nord-Süd-Strecke.

Aufnahmen (2): Dr. Günther Scheingraber, EK-Verlag

Bild 143 ▷ Die sieben Monate alte **E 50 056** des Bw Kornwestheim) passiert am 24. Juni 1962 mit einem Güterzug in Richtung Kornwestheim den Bahnhof Bruchsal und wird gleich die dem Güterverkehr vorbehaltene Verbindungsbahn von Bruchsal zum Abzweig Bruchsal Ost befahren, mit deren Hilfe die Gleise der Strecke Heidelberg – Karlsruhe niveaufrei überquert werden können.

Aufnahme: Helmut Röth, Eisenbahnstiftung

△ **Bild 144** • Im Mai 1966 befährt **E 50 125** mit Dg 7430 bei Hagen-Halden die Ruhr-Sieg-Strecke Hagen – Siegen. Seit rund einem Jahr konnte hier elektrisch gefahren werden. Über der im September 1965 abgenommenen Lok ist die damals noch im Bau befindliche Lennetalbrücke der A 45 zu sehen. AUFNAHME: SAMMLUNG ROLF HAHMANN

△ **Bild 145** • Am 12. Juni 1964 passiert **E 50 013** das Einfahrsignal von Markt Bibart (Strecke Nürnberg – Würzburg) und den heute längst aufgelassenen Schrankenposten an der Landstraße nach Hürfeld. Als erste E 50 der ersten Bauserie hatte die Lok kurz zuvor ihre Einfachlampen auf beiden Führerstandsseiten eingebüßt..

▽ **Bild 146** • Obwohl diese Ansicht der am 21. Juli 1966 Würzburg-Zell verlassenden **E 50 035** nicht in Farbe vorliegt, wird die Besonderheit der Lok sichtbar. Nach einer Unfallausbesserung im AW München-Freimann wurde ihre Führerstandsseite 2 komplett neu montiert und war dabei direkt in Chromoxidgrün ausgeführt, während sich der übrige Lokkasten noch in Flaschengrün präsentierte. AUFNAHMEN (2): DR. G. SCHEINGRABER /EK-VERLAG

vollendet. Zur Entlastung der Rheinstrecken konnte ein Teil der Güterzüge ins Ruhrgebiet von Frankfurt (M) aus elektrisch über die Ruhr-Sieg-Strecke verkehren. Das elektrische Netz umfasste nun 6.473 km, was 21 % des Gesamtnetzes der DB entsprach. Auf ihm wurden aber 43 % der Zugkilometer und 55,3 % der Bruttotonnenkilometer erbracht.

1965 wurden 166 Elloks in Betrieb genommen, darunter 20 E 50 (E 50 108–127). Die BD Wuppertal war an der Zugförderung auf der Ruhr-Sieg-Strecke beteiligt. Hierfür erhielt das Bw Hagen-Eckesey 56 neue Maschinen, darunter acht E 50. Somit gab es für die E 50 ein weiteres Heimat-Bw. Für die BD Stuttgart ist die Ausweitung des Kornwestheimer E 50-Bestandes um zehn Loks auf 23 Maschinen erwähnenswert. Damit konnte deren Einsatz zwischen Bruchsal und Ulm verstärkt und Loks Baureihe 194 freigesetzt werden, die für Dienste auf der Ruhr-Sieg-Strecke abgezogen wurden. E 50 114 hatte die Ehre, in der Zeit vom 14. Juni bis 10. Oktober 1965 auf der Internationalen Verkehrsausstellung (IVA) in München als Exponat ausgestellt zu werden.

An dieser Stelle soll ein Blick auf die Anschaffungspreise der neuen Loks im Jahr 1965 geworfen werden:

E 10: 1.401.000 DM, E 40: 1.285.000 DM, E 40[11]: 1.366.000 DM, E 41: 1.016.000 DM, E 50: 1.835.000 DM. E 03: 2.154.000 DM (als Vergleichswert).

Im Verhältnis zu heutigen Anschaffungskosten für Triebfahrzeuge fielen die damaligen Preise niedriger aus (heute betrüge der damalige Einkaufspreis für eine E 50 rund 4 Mio. €). Auch machten sich damals die Vorteile der Großserienfertigung positiv bemerkbar.

Doch beim Vergleichen der Zahlen wird auch deutlich, dass die E 50 mit Abstand die teuerste Einheitsellok war. Das erklärt auch, warum die DB immer nur so viele E 50 orderte, wie für das Befahren steigungsreicher Streckenabschnitte nötig waren. Dabei nahm sie in Kauf, dass nach dem Befahren von steigungsreichen Streckenabschnitten für den weiteren Laufweg der Güterzüge ein Loktausch von E 50 auf leistungsschwächere E 40 erfolgte. So wurden z. B. auf der Nord-Süd-Strecke die von Bayern zu den Seehäfen verkehrenden Güterzüge im Regelfall nicht durchgehend bis zum Ziel mit E 50 bespannt. Spätestens in Seelze oder Lehrte wurde auf E 40 umgespannt, meist aber schon in Göttingen oder Kreiensen.

Ein Blick auf die Unterhaltungskosten der Elektrolokomotiven in jener Zeit ist ebenfalls aufschlussreich: Je 1.000 Triebfahrzeugkilometer waren für die Unter-

△ **Bild 147** • Am 3. April 1966 ist **E 50 032** mit einem Güterzug aus Nürnberg in Würzburg eingetroffen und fährt nun entlang des Mains zum Güterbahnhof Würzburg-Zell. Das an diesem Tag trübe Wetter lässt die Feste Marienburg im Hintergrund nur schemenhaft erkennen. AUFNAHME: WALTER HANOLD, ARCHIV JÖRG SAUTER

▽ **Bild 148** • Außerplanmäßig war am 9. Juni 1964 die Leistung einer E 50 vor dem D 658 (Frankfurt/M – Passau). Dessen Zuglok, planmäßig eine E 18 des Bw Regensburg, dürfte unterwegs schadhaft geworden und die E 50 entsprechend als Hilfslok eingesprungen sein. Bei Retzbach-Zellingen fährt das illustre Gespann unmittelbar am Main entlang gen Würzburg. AUFNAHME: DR. GÜNTHER SCHEINGRABER/EK-VERLAG

◁ **Bild 149**
Mit dem elektrischen Zugverkehr auf der Ruhr-Sieg-Strecke hielt hier auch die Baureihe E 50 Einzug. Da für den Betrieb zu Beginn nicht ausreichend sechsachsige Einheitselloks zur Verfügung standen, setzte die DB zunächst auch noch E 94 ein. Rund einen Monat nach Aufnahme des elektrischen Betriebs zeigt sich **E 50 112** am 12. Juni 1965 zwischen Einsal und Altena.

Aufnahme: Dr. Rolf Löttgers

haltung im AW und Bw zusammen folgende Beträge pro Baureihe aufzuwenden: **E 10** (191 DM), **E 40** (208 DM), **E 41** (205 DM), **E 50** (243DM).

Alle Werte lagen damit deutlich unter denen der Altbau-Elloks: **E 18** (286 DM), **E 44** (463 DM), **E 94** (370 DM). Noch deutlicher fiel der Vergleich mit den damals noch in Betrieb befindlichen Baureihen noch älterer Generationen aus: **E 16** (442 DM), **E 17** (557 DM), **E 32** (906 DM), **E 52** (1.042 DM), **E 91** (1.381 DM).

Hier zeigte es sich, dass die Bauteile der Einheitselloks wartungsärmer waren, so dass größere störungsfreie Laufleistungen erzielt werden konnten. Es soll nicht verschwiegen werden, dass die Mehrsystem-Baureihen E 320 und E 344 eine Ausnahme bildeten. Sie verschlangen 1.357 DM (E 320) bzw. 4.932 DM (E 344) an Reparaturkosten pro 1.000 km Laufleistung. Da diese Prototypen zur Erprobung neuer Bauteile dienten, traten an ihnen häufig Störungen auf.

Die störungsfreien Laufleistungen der Einheitselloks lagen inzwischen erheblich über denen der Vorgängerinnen: **E 10** (663.000 km), **E 17** (142.000 km), **E 18** (211.000 km), **E 40** (788.000 km), **E 41** (385.000 km), **E 44** (237.000 km), **E 50** (440.000 km) und **E 94** (291.000).

Die störungsfreie Betriebszeit der Einheitselloks betrug zwischen 29 und 65 Monate.

Im Sommerfahrplan 1965 wurden planmäßig 69 E 50 in Umlaufplänen eingesetzt

▽ **Bild 150** • Mit einem Durchgangsgüterzug verlässt die hier beheimatete **E 50 092** am 24. Mai 1964 den Eisenbahnknoten Bebra und nimmt nun die Cornberger Rampe in Richtung Eichenberg in Angriff.
Aufnahme: Helmut Röth/Eisenbahnstiftung

△ **Bild 151** • Mit dem aus fünf Wagen bestehenden E 4714 nach Karlsruhe hat die Kornwestheimer **E 50 113** am 20. März 1966 leichtes Spiel. Ohne Mühe hat die Lok die Fuhre über die Rampe entlang des Bw Stuttgart hinauf bis zum Bahnhof Stuttgart Nord beschleunigt und wird in Kürze den Pragtunnel durchfahren. Die Schrägeisenausleger an den Fahrleitungsmasten wurden wenig später durch moderne Schwenkrohr-Ausleger ersetzt. AUFNAHME: JÖRG SCHULZE/EISENBAHNSTIFTUNG

und erreichten dabei ø 568 km/Tag. Auf die Direktionen aufgeteilt ergibt sich folgendes Bild: Bw Hagen-Eckesey fünf E 50 mit ø 607 km/ Tag, Bw Bebra: 18 Loks mit ø 561 km/Tag, darunter sechs Loks mit ø 653 km/Tag; Bw Kornwestheim: acht Loks mit ø 601 km/Tag, BD Nürnberg (Bw Nürnberg Rbf und Würzburg): 38 Loks mit ø 578 km/Tag, darunter sechs E 50 des Bw Nürnberg Rbf mit ø 636 km/Tag und neun des Bw Würzburg mit ø 601 km/Tag.

Der bemerkenswerteste Langlauf führte über 476 km von Bremen nach Frankfurt(M) und wurde zweimal täglich von E 50 des Bw Bebra absolviert.

1966

Mit 525,4 neu überspannten Streckenkilometern wurde wieder ein hervorragendes Ergebnis erzielt, doch es lag deutlich unter dem Vorjahreswert. Die elektrifizierte Streckenlänge betrug nun 6.985,6 km. Als neue Einsatzstrecke für die E 50 kam die Strecke Bebra – Kassel (58,0 km, Betriebsaufnahme am 24. September 1966) hinzu.

Unter den 132 Neuabnahmen von Einheitselloks befand sich keine E 50. Mit E 10 424 wurde die 1.500. Einheitsellok ausgeliefert.

Die acht in einem Umlaufplan eingesetzten E 50 des Bw Hagen-Eckesey erreichten ø 676 km/Tag. Zu diesem Wert trugen zwei bemerkenswerte Langläufe bei:

- Gag 6928 Dortmund Rbf – Würzburg (385 km),
- Dg 6111 Würzburg – Hagen-Vorhalle (361 km).

Die Bw Bebra und Nürnberg Rbf konnten noch längere Zugläufe aufweisen:

- Dg 7372 Nürnberg – Seelze (476 km), Bw Bebra;
- De 5150 München – Friedberg (431 km), Bw Nürnberg Rbf.

Um das Laufverhalten der Einheitselloks zu verbessern, wurden Versuche mit Flexicoil-Kastenabstützungen durchgeführt. Daran waren fünf E 41 sowie je zwei E 10, E 40 und E 50 beteiligt.

△ **Bild 152** • Die mit der Baureihe E 50 bespannten Güterzüge von Kornwestheim in Richtung München wurden nach dem Passieren des Albaufstiegs zunächst noch häufig in Ulm umgespannt. Daher konnten im dortigen Bw regelmäßig Kornwestheimer E 50 angetroffen werden. Im August 1965 zeigen sich die erst wenige Tage alte **E 50 122** (Abnahme am 29. Juli 1965) sowie ihre Schwester **E 50 056** neben dem Ellok-Schuppen. AUFNAHME: PETER GROSSE

△ **Bild 153 • E 50 001** im April 1968 im Bw Nürnberg Rbf. Zu jener Zeit zeigte sich die Lok noch weitgehend im Auslieferungszustand. Auch Teile des Lackes stammten wohl noch aus dem Jahr 1956. Die weiße Zierlinie war aber erst nachträglich hinzugekommen. Aufnahme: Sammlung Rolf Hahmann

1967

Das Jahr war durch die erste große wirtschaftliche Rezession der Nachkriegszeit gekennzeichnet. Dies blieb nicht ohne Folgen für die DB. Ausbleibende Steuereinnahmen von Bund und Ländern erlaubten kaum Investitionshilfen für weitere Elektrifizierungsarbeiten. Lediglich 260,9 km Strecken konnten neu überspannt werden, darunter die Hamm – Osterfelder Bahn (Lünen Süd – Hamm, 21,7 km, Betriebsaufnahme am 28. Mai 1967 und Oberhausen Osterfeld Süd – Lünen Süd, 39,9 km, Betriebsaufnahme am 24. September 1967).

Unter den 104 neuen Einheitselloks waren auch zwölf E 50 (E 50 128–139), die deshalb fast alle dem Bw Hagen-Eckesey zugeteilt wurden, wo sie E 40 im schweren Güterverkehr freisetzten. Das Bw Hagen-Eckesey setzte planmäßig 13 E 50 ein, die ø 719 km/Tag erreichten – ein hervorragender Wert. Den längsten Zuglauf mit E 50 konnte das Bw Bebra vorweisen:

- Dg 7372 Seelze – Nürnberg (476 km).

1967 stand die Baureihe E 50 bei der DB inzwischen zehn Jahre im Einsatz. Ein Mitarbeiter zog hierzu eine positive Bilanz (vgl. Kasten auf S. 79).

◁ **Bild 154** Für die Bespannung schwerer Güterzüge auf der Nord-Süd-Strecke hätten in Bebra vier Jahre zuvor noch Dampflokomotiven der Baureihe 44 bereitgestanden. Im März 1967 hat sich das Bild längst gewandelt: Nun beheimatet das Bw Bebra moderne Elloks der Baureihen E40[11], E 41 und E 50 (hier **E 50 083** und **E 50 081**).

Aufnahme: Rolf Hahmann

△ **Bild 155** • Als im Oktober 1967 die Kornwestheimer **E 50 055** den Bahnhof Esslingen in Fahrtrichtung Ulm passiert, steht die Baureihe E 50 bei der DB bereits zehn Jahre im Plandienst. Die Zuglok bringt es zu diesem Zeitpunkt allerdings erst auf sechs Betriebsjahre. Sie begann ihre Lokkarriere im November 1961 beim Bw Bamberg.

Aufnahme: Sammlung Rolf Hahmann

Zehn Jahre schwere Güterzuglokomotive E50

Der schwere Güterzugdienst auf den elektrischen Strecken der Deutschen Bundesbahn mit längeren Steigungen wurde bis zum Jahr 1957 in der Hauptsache von den in den Jahren 1938/39 entwickelten Lokomotiven der Reihe E 94 bewältigt. Obwohl diese Lokomotiven sich bis heute sehr gut bewährt haben, erforderte der Wunsch nach schnellfahrenden schweren Güterzügen eine leistungsfähigere Lokomotive mit einer Höchstgeschwindigkeit von 100 km/h. Im Zuge der Neukonstruktion aller elektrischen Lokomotiven wurde daher auch eine 6-achsige Ellok entwickelt und mit der Bezeichnung E 50 eingeführt.

Am 16. Januar 1957 wurde die erste Lok der Serie, die E 50 001, Fabriknummer 3471, an das Bundesbahn-Ausbesserungswerk in München-Freimann übergeben. Nach eingehender Prüfung erfolgte am 28.1.1957 die erste Probefahrt von München nach Freilassing und zurück. Verschiedene kleine Änderungen waren noch notwendig, bis die Lok am 4.4.1957 dem Betrieb im Bw Würzburg übereignet wurde. Dort war sie bis zum 28.5.1958 beheimatet. Ab 29.5.1958 bis zum 31. Mai 1966 gehörte die Lok zum Bestand des Bw Nürnberg Rbf und kam ab 1. Juni 1966, im Zuge der Einführung von Unterhaltungs-Betriebswerken, wieder zum Bw Würzburg.

Bis heute erreichte die Lok eine Laufleistung von 1.263.000 km, wobei hervorgehoben werden muß, daß noch der erste Transformator auf der Lok arbeitet. Die Fahrmotoren dagegen sind längst ausgewechselt und getauscht worden, da sie den für die Überholung gültigen Richtwert von 600.000 km viel früher erreichten.

Größere Reparaturen, die eine außerplanmäßige Überführung ins Ausbesserungswerk erforderten, hatte die E 50 001 am:

- *19.1.1959: Rahmenrisse im Drehgestell;*
- *31.3.1959: Aufstoßschäden (beim Rangieren);*
- *20.11.1964: Entgleisungsschäden (durch zu frühes Weichenumstellen beim Rangieren);*
- *19.11.1965: Schaden durch Zusammenstoß in Nürnberg-Großmarkt bei Zugfahrt Dg 6640 auf eine im Hauptgleis stehende Rangierabteilung.*

Allgemein betrachtet, hatte die E 50, wie es bei Neukonstruktionen nicht zu vermeiden ist, anfangs Störungen. Da viele Apparate elektrisch-pneumatisch geschaltet werden, traten besonders bei Frost durch Gefrieren der Luftfeuchtigkeit Schalthemmungen auf. Der strenge Winter 1962/63 überbot in dieser Hinsicht alles Bisherige. Manche Betriebswerke behalfen sich notdürftig durch Anbringen von in Holzkästen geschützten Glühbirnen, um die besonders empfindlichen Druckminderventile und Magnetventile zu erwärmen. Andere versuchten durch Ansaugen von Glyzerin im Luftfilter des Kompressors den Froststörungen zu begegnen. Auch wurden kleine Lötkolben zum Auftauen auf der Lok mitgeführt, die bei Frost auf der Kochplatte im Führerstand angewärmt wurden. In den meisten Fällen halfen nur noch brennende Pechfackeln (ein Überbleibsel der Dampflokzeit), um die Rohrleitungen aufzutauen.

Aus diesen Vorfällen wurden gewisse Lehren gezogen. Ab Lok E 50 091 wurde serienmäßig eine Heizung für die druckluftbetriebenen Apparate eingebaut, die wahlweise mit 110 V der Bordbatterie beim Aufrüsten oder im Betrieb mit 200 V Trafospannung betrieben werden kann. Ferner ist nachträglich bei allen Maschinen eine sogenannte Hochlaufsperre eingeschaltet, die das ungewollte Aufschalten des Schaltwerkes verhindert.

Die Ladeeinrichtung der Bordbatterie wurde durch Einbau eines Gleichrichters auf den neuesten Stand gebracht. Während früher zum Aufladen der Batterie ständig der Trafolüfter mit festgekuppelter Lademaschine laufen mußte, was im Winter zu einer Unterkühlung des Trafos führte, geht es heute geräusch- und verschleißlos. Auch hat man seit einigen Jahren im vorhandenen Lüfterschauzeichen einen Blinkimpuls installiert, der anzeigt, ob die Batterie geladen wird.

Heute, nach 10 Jahren; kann gesagt werden, daß sich die Baureihe E 50 voll bewährt hat. Mehr als 120 E 50 verkehren z. Z. auf den Gebirgsstrecken der DB, meist mit 1.800-t-Zügen. Im Mai 1966 wurde sogar ein Versuchszug mit 2.880 t Last und zwei E 50-Loks gefahren, wobei die zweite Lok in der Zugmitte lief. […]

Auszug aus „**Die Lokomotivtechnik**", Ausgabe 3/1967 (Ffm)

△ **Bild 156** • Am 1. November 1964 befährt **E 50 081** des Bw Bebra mit einem gemischten Güterzug die Nord-Süd-Strecke bei Albungen in nördlicher Richtung. Hinter dem Zug ist die Werra zu sehen, vorne die B 27. Von so geringem Verkehrsaufkommen auf der Bundesstraße kann man heute nur träumen. Aufnahme: Dr. G. Scheingraber/EK-Verlag

1968

Am 1. Januar 1968 führte die DB ihr EDV-Nummernschema ein. Darin waren alle Elloks in der Nummerngruppe „1xx" zu finden. An das Ende der sechsstelligen Betriebsnummer wurde eine Kontrollziffer gesetzt.

Zum Zeitpunkt der Umzeichnung verfügte die DB über einen Bestand von 2.153 Elloks:

Baureihe alt	Baureihe neu	Bestand	Baureihe alt	Baureihe neu	Bestand
E 03^0	103^0	4	E 44^{11}	145	16
E 04	104	6	E 50	150	139
E 10^0	110^0	5	E 52	152	28
E 10^1	110^1	371	E 60	160	14
E 10^{12}	112	11	E 63	163	8
E 16	116	18	E 69	169	4
E 17	117	26	E 75	175	19
E 18	118	41	E 91	191	23
E 19	119	4	E 93	193	18
E 32	132	22	E 94	194	124
E 40	140	658	E 310	181	2
E 40^{11}	139	31	E 320	182	3
E 41	141	435	E 344	183	1
E 44	144	109	E 410	184	5
E 44^5	144^5	8			

Wie man sieht, waren noch zahlreiche Altbau-Ellokbaureihen vorhanden, doch hatten die 1.645 Einheits-Elloks bereits einen Anteil von 77 % am Gesamtbestand. Wegen des großen Ellok-Bedarfs konnte man auf die alten Elloks auch noch nicht verzichten. Vielmehr durften sie untergeordnete Dienste auch auf neu elektrifizierten Strecken verrichten.

Das Jahr 1968 verzeichnete die letzte kräftige Ausweitung des elektrifizierten DB-Netzes. Das Ergebnis von 812 km neu überspannter Strecken reichte fast an das Rekordergebnis von 1965 heran. Das elektrische Netz umfasste damit 8.075 km. Der 8.000. Kilometer wurde bei Buchholz erreicht. Die Aufnahme des elektrischen Betriebs erfolgte hauptsächlich auf Strecken in Norddeutschland (z. B. Osnabrück – Bremen – Hamburg und Hamm – Minden – Wunstorf), auf denen seinerzeit keine E 50, nun als 150 bezeichnet, zum Einsatz kamen. Daher war unter den 73 neuen Einheitselloks auch keine 150 zu finden. Da der Ellok-Einsatz zunehmend optimiert wurde, kamen 150 des Bw Bebra in einem achttägigen Umlauf auf 715 km/Tag. Damit erreichten sie den Spitzenwert ihrer Baureihe. Nun wurden Güterzüge zwischen Nürnberg und Seelze zunehmend ohne Lokwechsel in Göttingen (auf Baureihe 140) gefahren. Auch wechselten täglich nur noch 40 Güterzüge in Göttingen ihre Lok, während 65 durchfuhren. Dies setzte sechs 140 für andere Dienste frei. Bemerkenswert waren die Umlaufpläne der 150 des Bw Hagen-Eckesey. Hier lag der Planbedarf bei 17 Loks mit durchschnittlich 659 km/Tag. Da zu jener Zeit nur 17 Loks dieser Baureihe in Hagen beheimatet waren, mussten – wenn 150 wegen Wartungsarbeiten nicht zur Verfügung standen – 140-Doppeltraktionen als Ersatz fahren.

1969

In diesem Berichtsjahr konnte das elektrische Netz nur minimal erweitert werden. Der Neuzugang von rund 95 km war der niedrigste seit Beginn der Auslieferung der Einheitselloks. Durch den geringen Streckenzuwachs entstand kein nennenswerter Mehrbedarf an Elloks. Die 53 neuen Einheitselloks ersetzten Dampfloks und Altbau-Elloks.

Zu den Neuabnahmen gehrten 16 Loks der Baureihe 150 (150 140–155), die dem Bw Kornwestheim zugeteilt wurden und dort Altbau-Elloks aus deren angestammten Leistungen verdrängten.

Bei den Güterzug-Elloks konnten der Planeinsatz und die tägliche Laufleistung beträchtlich vergrößert werden. Waren im Sommerfahrplan 1968 noch täglich 726 Loks mit durchschnittlich 482 km/Tag eingesetzt worden, so waren es im Sommerfahrplan 1969 bereits 794 Loks mit durchschnittlich 530 km/Tag.

Bild 157 ▷ Im Nürnberger Rangierbahnhof herrschte seit den frühen sechziger Jahren ein zunehmend reges Kommen und Gehen der mit E 50 bespannten Güterzüge. Auf den elektrifizierten Strecken in Richtung Bamberg, Regensburg, Treuchtlingen und Würzburg zählten sie zu den Leistungsträgern im Güterverkehr. Die bereits ihrer Regenrinnen beraubte **150 011** verlässt am 1. August 1969 den Rangierbahnhof. Neben ihr rangierte 261 632.

AUFNAHME: ULRICH BUDDE

Der massive Einsatz von Elloks hatte die Dampfloktraktion bei der DB schon weitgehend verdrängt. Dies mag die folgende Tabelle verdeutlichen:

	Anteil in Prozent an den			
	Triebfahrzeug-kilometern		Bruttotonnen-kilometern	
	1949	**1969**	**1949**	**1969**
Dampfloks	89,4	9,2	90,0	13,1
Elektr. Tfz.	8,5	54,4	9,9	72,5
Diesel-Tfz.	2,1	36,4	0,1	14,4

Im Jahr 1969 wurden auch die Langläufe im Güterverkehr deutlich erweitert. Die Loks der Baureihe 150, deren Einsatz sich anfangs nur auf die Mittelgebirgsstrecken beschränkt hatte, wurden zwecks rationellerer Umläufe auch im norddeutschen Tiefland vor ihren Zügen gelassen. So fuhren erstmals 150 des Bw Würzburg vor dem Dg 7300 durchgehend von Bremen bis Nürnberg (596 km) und vor dem Zugpaar Dg 7980/7985 in der Relation Kamen – Nürnberg. Auf der Nord-Süd-Strecke fuhren nun – mit drei Ausnahmen – alle Durchgangsgüterzüge mit Loks der Baureihe 150 der Betriebswerke Bebra und Würzburg aus Süddeutschland kommend ohne Lokwechsel in Göttingen bis Seelze oder Lehrte durch. Daraus resultierten Umlaufpläne mit sehr hohen Laufleistungen. Beispiele: Zehntägiger Laufplan des Bw Würzburg mit ø 765 km/Tag, ebenfalls zehntägiger Laufplan des Bw Würzburg mit ø 725 km/Tag sowie 22-tägiger Laufplan des Bw Bebra mit ø 718 km/Tag.

△ **Bild 158** • Als die **150 023** im August 1968 im AW München-Freimann weilt, sieht ihr äußeres Erscheinungsbild bereits ziemlich heruntergekommen aus. Erstaunlicherweise war die Lok zu diesem Zeitpunkt noch nicht umgezeichnet worden, sondern trug noch ihre alten Lokschilder. AUFNAHME: DR. GÜNTHER SCHEINGRABER/EK-VERLAG

△ **Bild 159** • Am 2. Januar 1971 fährt **150 033** (Bw Würzburg) mit einem Güterzug in Aschaffenburg ein und passiert die Anlagen des Bahnbetriebswerks, die heute völlig verfallen sind. Aufnahme: J. Claus, Sammlung EK-Verlag

1970

Die Hochkonjunktur des Jahres 1970 brachte der DB nicht nur erhebliche Verkehrssteigerungen, sondern auch einen deutlichen Zuwachs für ihr elektrisches Streckennetz.

Unter den insgesamt 435 km der neu elektrifizierten Eisenbahnverbindungen befand sich auch die Strecke Hamm/Unna – Altenbeken – Kassel (216 km, Betriebsaufnahme am 11. Dezember 1970) durch das Eggegebirge, die ein neues Einsatzgebiet der Baureihe 150 wurde. Dennoch gab es in jenem Jahr keine Bestandsvergrößerung. Aber in einem zehntägigen Umlauf fuhren nun Würzburger 150 ø 906 km/Tag, was für die Baureihe 150 einen neuen Rekordwert bedeutete. Als bemerkenswertester Zug sei dabei der Gdg 9234 (Kamen – Nürnberg Rbf) hervorgehoben – ein 4.000 t schwerer Kohlezug, der über die 501 km lange Distanz von zwei Loks der Baureihe 150 befördert wurde, von denen eine an der Zugspitze und die zweite in der Zugmitte lief. Damit sollte eine Zugtrennung auf Steigungsabschnitten vermieden werden. Im Rothaargebirge und Spessart wurden zusätzlich bis zu zwei Schubloks benötigt. Der Kontakt zwischen den Lokführern wurde mit Funkgeräten bewerkstelligt.

1970 erreichten 51,6 % der Loks der Baureihe 150 Laufwerte zwischen 10.000 bis 16.000 km und 41,3 % sogar Werte zwischen 16.000 und 25.000 km. (Die restlichen 7,1 % erzielten aufgrund von AW-Aufenthalten deutlich niedrigere Werte.) Ein Vergleich mit der Baureihe 194 ist aufschlussreich: Hier kamen 78,2 % der Loks auf 10.000 bis 16.000 km/Jahr und nur 9,7 % auf 16.000 bis 25.000 km/Jahr. Daraus lässt sich schließen, dass die kilometerintensiven Leistungen der Baureihe 194 schon weitgehend von der Baureihe 150 übernommen worden waren. Dazu gehörten auch einige Langläufe Hagener-150:

- Gag 9254 Recklinghausen – Würzburg (392 km),
- Gdg 9236 Kamen – Gemünden/Main (364 km),
- Dg 6577 Würzburg – Hagen-Vorhalle (353 km).

In einem 18-tägigen Umlaufplan legten 150 des Bw Hagen-Eckesey planmäßig ø 713 km/Tag zurück.

▽ **Bild 160** • Typisch für die Einsätze der Baureihe 150 im Ruhrgebiet waren Dienste im sogenannten Programmverkehr für die Schwerindustrie. Mit einem Kalkzug aus Grevenbrück durchfährt **150 111** (Bw Hagen-Eckesey) am 12. April 1971 den Bahnhof Bochum Hbf. Aufnahme: Albert Schöppner/Archiv Jörg Sauter

Bild 161 ▷ Häufiger als ihre Schwestern der anderen Bahnbetriebswerke waren die Kornwestheimer 150 im Reisezugdienst anzutreffen. Daher ist die Anwesenheit der auf ihre nächste Zugleistung wartenden **150 118** am 17. April 1971 im Stuttgarter Hauptbahnhof nicht verwunderlich.

Aufnahme: Walter Hanold, Archiv Jörg Sauter

1971

Mit der Umstellung von 366 Streckenkilometern auf elektrischen Betrieb wuchs das elektrifizierte Netz der DB 1971 auf eine Länge von 8.945 km (was 30 % des Gesamtnetzes entsprach). Darauf wurden 55,3 % der Zugkilometer und 73,3 % der Bruttotonnenkilometer erbracht.

Zu den für die Baureihe 150 relevanten Neuinbetriebnahmen gehörten:

- (Hannover –) Weetzen – Altenbeken (92 km, Betriebsaufnahme am 23. Mai 1971),
- Gemünden (Main) – Waigolshausen – Bamberg (108 km, Betriebsaufnahme am 26. September 1971),
- Schorndorf – Aalen (45 km, Betriebsaufnahme am 26. September 1971).

Die Elektrifizierung der Strecke Hannover – Altenbeken brachte der Nord-Süd-Strecke eine spürbare Entlastung, da nun ein Teil der Güterzüge zwischen Hannover und Süddeutschland über Hameln – Kassel geleitet werden konnte. Eine ähnliche Entlastungsfunktion hatte die Strecke Gemünden (Main) – Waigolshausen – Bamberg für den Engpass Gemünden (Main) – Würzburg.

Die Zahl der neu abgenommenen Elektro-Triebfahrzeuge war mit 170 Einheiten beachtlich. Doch darunter befanden sich nur fünf Lokomotiven der Baureihe 150 (150 157–161). Diese erhielt das Bw Kornwestheim, das dafür aber zwei ältere 150 an Bebra abgab.

Es gab wieder erwähnenswerte Langläufe: Würzburger 150 kamen mit Dg 7343 und Dg 7345 von München nach Seelze (651 km) sowie mit Dg 6543 und Dg 6547 von Freilassing bis Aschaffenburg (512 km).

1972

In jenem Jahr wuchs das elektrifizierte DB-Netz um 350 km. Für die Baureihe 150 von Bedeutung waren die Strecken:

- (Würzburg –) Rottendorf – Waigolshausen (24 km, Betriebsaufnahme am 8. Mai 1972),

Bild 162 ▷ Die Remsbahn Stuttgart – Aalen – Nördlingen war seit 1962 auf ihrem Westabschnitt bis Schorndorf elektrisch befahrbar. Im Mai 1969 wartet die Kornwestheimer **150 140** dort auf eine Rückleistung. Erst ab 1971 konnte bis Aalen und ab 1972 schließlich über Nördlingen bis nach Donauwörth elektrisch gefahren werden.

Aufnahme: Sammlung Rolf Hahmann

△ **Bild 163** • Eine besonders große Dichte an Zugleistungen mit der Baureihe 150 bot stets der Streckenabschnitt Gemünden (Main) – Würzburg. Züge aus Richtung Aschaffenburg haben zuvor den Spessart und jene aus Richtung Fulda den Distelrasen zu überwinden – entsprechend ist hier für schwere Güterzüge Zugkraft gefragt. Unterhalb der Felsformationen bei Retzbach (Main) zeigt sich am 17. Februar 1974 der an diesem Tag kurze Dg 6265 mit seiner Zuglok **150 064** (Bw Nürnberg Rbf).

Aufnahme: Albert Schöppner/Archiv Jörg Sauter

▽ **Bild 164** • Über die Verbindungsstrecke Friedberg (Hess) – Hanau können Güterzüge aus Richtung Siegen – Gießen den Ballungsraum Frankfurt (M) umfahren. Seit August 1960 kann hier elektrisch gefahren werden, wobei zunächst in Friedberg (Hess) noch ein Traktionswechsel erfolgen musste. Am 11. Juli 1970 hat **150 127** (Bw Hagen-Eckesey) bei Bruchköbel vermutlich einen Getreidezug am Haken. Während der vordere Zugteil aus Tad-u 961 (Selbstentladewagen mit Klappdeckeldach) besteht, sind am Zugschluss sogar noch zweiachsige offene Wagen mit Plane eingereiht.

Aufnahme: Dr. Rolf Brüning

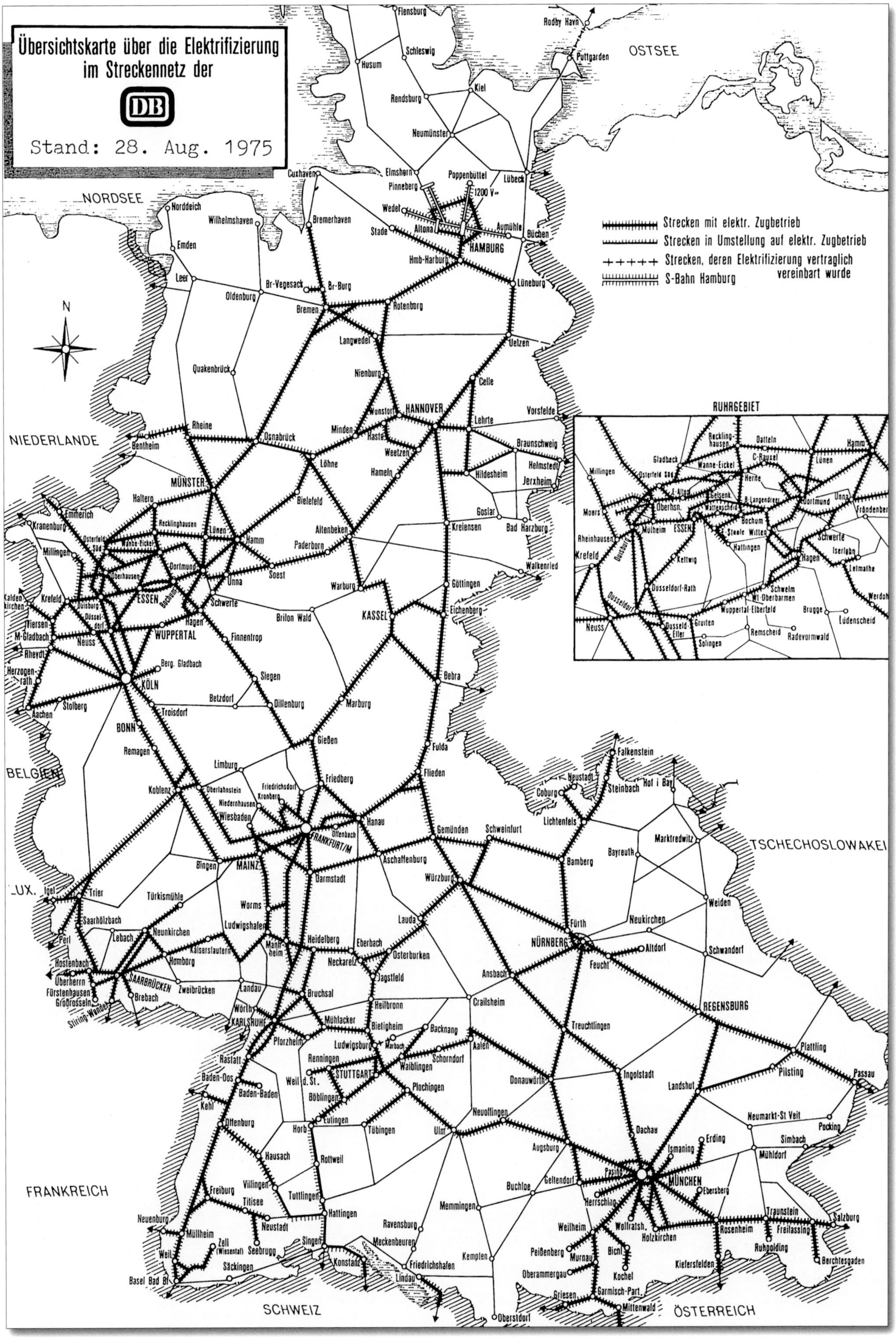

△ **Bild 165** • 1973 endeten der Bau und die Auslieferung von Lokomotiven der Baureihe 150. Zu diesem Zeitpunkt hatten die Elektrifizierungsarbeiten ggü. den ersten Betriebsjahren der E 50 erhebliche Fortschritte erzielt und die Loks kamen beinahe deutschlandweit zum Einsatz (Streckenkarte mit Stand 28.8.1975). ABBILDUNG: EK-VERLAG

◁ **Bild 166**
Am 4. August 1977 durchfährt **150 174** (Bw Kornwestheim) mit Kühlwagen den Bahnhof Gessertshausen. Im Zuge einer Linienverbesserung wurden die dortigen Gleisanlagen zwischen 1989 und 1992 optimiert und ein neuer Bahnhof angelegt.

Aufnahme: Frank Lüdecke

◁ **Bild 167**
In Frankfurt (M) befährt **150 071** (Bw Bebra) am 24. Februar 1977 mit ihrem Güterzug die Main-Neckar-Brücke und wird gleich über Frankfurt (M) West den Weg auf die Main-Weser-Bahn in Richtung Kassel einschlagen.

Aufnahme: Sammlung EK-Verlag

- Ansbach – Nürnberg (49 km, Betriebsaufnahme am 10. Mai 1972),
- Aalen – Donauwörth (69 km, Betriebsaufnahme am 16. Mai 1972),
- Heidelberg – Heilbronn (78 km, Betriebsaufnahme am 21. September 1972).

Am 10. Mai 1972 erreichte das elektrifizierte Streckennetz der DB im Bahnhof Mettlach an der Strecke Völklingen – Saarhölzbach den 9.000. Streckenkilometer, um bis zum Jahresende noch auf eine Länge von 9.295 km anzuwachsen. Darauf wurden inzwischen 75 % der Bruttotonnenkilometer erbracht.

Unter den neuen Triebfahrzeugen waren 22 Loks der Baureihe 150 (150 156, 162–174, 182–189). Sie wurden alle dem Bw Kornwestheim zugewiesen, das aber dafür 14 ältere 150 abgeben musste.

Nicht unerwähnt bleiben darf, dass auch die erste Lok der neuen Baureihe 151 ausgeliefert wurde, die zur Nachfolgerin der Baureihe 150 werden sollte. Die Baureihe 151 war dank größerer Höchstgeschwindigkeit und Doppeltraktionssteuerung universeller einsetzbar. Allerdings zeigten Vergleichsfahrten, dass bei Anfahrten schwerer Züge in der Steigung bei der Baureihe 151 eine größere Schleuderneigung festzustellen war – dies war vor allem der geringeren Dienstmasse (118 t gegenüber 128 t bei der Baureihe 150) geschuldet. Erschwerend kam hinzu, dass die Drehgestelle bei der Baureihe 151 (wie schon bei der letzten Bauserie der Baureihe 150) nicht mehr gekuppelt waren, wodurch der Achslastausgleich beim Anfahren entfiel.

1973

In jenem Jahr wurden die letzten DB-Einheitselloks abgenommen. Es handelte sich um die Loks: 140 853–856, 861–879 sowie um 150 175–181 und 190–194.

Damit waren neben den fünf Versuchsloks der Baureihe 110 noch 379 Serien-110, 31 Loks der Baureihe 112, 31 Loks der Baureihe 139, 841 Loks der Baureihe 140, 451 Loks der Baureihe 141 sowie 194 Loks der Baureihe 150 gefertigt worden, insgesamt also 1.932 Loks. Von ihnen befanden sich

△ **Bild 168** • An der Ausfahrt des Bw Lehrte kommt es auf Höhe des Stellwerks „Lks" am 3. Dezember 1975 zum Treffen aller drei Traktionsarten auf einem Bild. Während **150 074** des Bw Bebra den Bahnübergang bereits passieren darf, müssen 044 334 (Bw Ottbergen) und die Braunschweiger 216 091 noch warten. Aufnahme: Ulrich Budde

bis auf die bereits ausgemusterte Unfall-Lok 110 433 im Jahr 1973 noch alle im Bestand. Unter den insgesamt 2.518 zum Jahresende bei der DB vorhandenen Elloks war der Anteil an Einheitselloks – und damit der Gesamtanteil der von diesen auf dem elektrischen Streckennetz erbrachten Zugleistungen – hoch.

Neben den oben erwähnten zwölf Loks der Baureihe 150 kam es 1973 bereits zur Auslieferung von 16 Loks der Baureihe 151. Der Übergang auf die Produktion der Nachfolgerin erfolgte also nahtlos. Dies äußerte sich auch darin, dass in den neuen 151-Umläufen zunächst noch Loks der Baureihe 150 mitwirkten, die mit fortschreitender Auslieferung der Nachfolgerinnen aus deren Umläufen ausschieden.

1974 – 1978

Nach der Auslieferung der letzten Einheitselloks lief die Elektrifizierung des DB-Netzes nur noch langsam weiter. Bis Ende 1978 waren 10.614 km (37 % des DB-Netzes) unter Oberleitung. Die Fertigstellung des 10.000. Kilometers konnte am 28. August 1975 im Bahnhof Villingen gefeiert und mit einer Gedenktafel dokumentiert werden. Auf dem nun vorhandenen elektrifizierte Streckennetz wurden rund 82 % der Bruttotonnenkilometer gefahren.

Nun war durchgehender elektrischer Betrieb neu u. a. auf den Strecken Offenburg – Villingen – Konstanz und Stuttgart – Singen möglich. Hier musste aber an Stelle der Dampftraktion vor allem bereits die modernere Dieseltraktion (Baureihen 220 und 221) das Feld für die Elloks räu-

Bild 169 ▷ Eine interessante Mischung an Elektroloks für den leichten Reisezug- und für den schweren Güterzugdienst hat sich am 24. April 1975 in München Hbf in diesem illustren Lokzug eingefunden. Hinter der führenden **150 171** des Bw Kornwestheim sind 141 340 (Bw München Hbf), 194 160 (Bw Mannheim) und 141 338 (Bw Offenburg) eingereiht.

Aufnahme: Frank Lüdecke

◁ **Bild 170**
Dass Loks der Baureihe 103 in Güterzügen mitgeschleppt wurden, war ein seltener Anblick. Am 15. Mai 1979 hat **150 150** (Bw Kornwestheim) bei München-Moosach jedoch die 103 239 am Haken.

Aufnahme:
Ulrich Budde

◁ **Bild 171**
Bei Walleshausen befährt **150 194** mit ihrem Güterzug aus Richtung München kommend das seit 1970 elektrifizierte Teilstück Mering – Geltendorf der Ammerseebahn (Augsburg –) Mering – Weilheim (Oberbay). Diese Verbindung dient zur Entlastung und als Umleitungsstrecke für die kürzere Hauptbahn Augsburg – München.

Aufnahme:
Rolf Wiesemeyer

◁ **Bild 172**
Im Sommer 1976 wird **150 159** des Bw Kornwestheim in Wuppertal-Elberfeld von 110 378 und einem Schnellzug überholt. Die Lok besitzt zum damaligen Zeitpunkt noch Klatte-Lüftungsgitter in der Vorserienausführung.

Aufnahme:
Bernd Backhaus

△ **Bild 173 •** Drei (aufgebügelte) Kornwestheimer 150 haben am Abend des 19. August 1978 ihr Heimatbetriebswerk verlassen und sind auf dem Weg zum Hafen Stuttgart. Dabei nutzen sie die 11,5 km lange Strecke Kornwestheim – Stuttgart-Untertürkheim. Die Stuttgarter Güterumgehungsbahn überquert das Neckartal mittels einer 855 m langen Brücke. Das hier befahrene alte Stahlfachwerk-Viadukt bei Stuttgart-Münster wurde 1988 durch einen Neubau ersetzt. AUFNAHME: ANDREAS ILLGEN

▽ **Bild 174 • 150 174** (Bw Kornwestheim) hat am 8. April 1978 den Bahnhof Geislingen (469 m ü. NN) durchfahren und befindet sich auf der Rampenstrecke zum Bahnhof Amstetten (581 m ü. NN). Drei Jahre zuvor war auf diesem Streckenabschnitt in beide Richtungen der Gleiswechselbetrieb eingeführt worden. AUFNAHME: GEORG WAGNER

◁ **Bild 175**
Zwölf angetriebene Achsen für einen unbeladenen zweiachsigen Niederbordwagen! Für den am 1. September 1979 mit **150 156** und 193 011 aus Aalen gekommenen Ng 64412 dient nach dem Kopfmachen in Stuttgart-Untertürkheim die 150 bis Kornwestheim als Zuglok, während die 193 am Zugschluss verbleibt. Soeben passiert die Fuhre das am Ostkopf des Bahnhofs Stuttgart-Münster gelegene Stellwerk 1.

Aufnahme: Andreas Illgen

men. Die freigesetzten Diesellokomotiven verdrängten ihrerseits die letzten Dampfloks, so dass der Dampfbetrieb der DB am 26. November 1977 eingestellt wurde.

1978 konnte die Auslieferung der Baureihe 151 bereits wieder beendet werden. In einem Zeitraum von nur sechs Jahren waren 170 Exemplare gefertigt und den Bw Hagen-Eckesey und Nürnberg Rbf zugeteilt worden, wo sie sich die Aufgaben im schweren Güterzugdienst mit der Baureihe 150 teilten. Danach wurden von der Deutschen Bundesbahn keine Güterzug-Elloks mehr beschafft.

Große Aufmerksamkeit widmete die DB im Berichtszeitraum der Umsetzung eines effektiveren Lokeinsatzes. So erhöhte sie im Güterzugdienst die Grenzlasten. So durfte beispielsweise eine 140 ab 1975 auf der Rheinstrecke 2.000 t anstatt bisher 1.750 t befördern, eine 150 konnte auf der Nord-Süd-Strecke anstatt bisher 1.500 t nun 1.650 t aufnehmen. Diese Erhöhung der Lasten war möglich geworden, da die DB inzwischen ihre Güterwagen vollständig auf Wälzlager umgestellt hatte. Damit hatten die Güterzüge geringere Widerstandsbeiwerte.

▽ **Bild 176** • Mit einem Durchgangsgüterzug nach Kornwestheim lässt **150 018** (Bw Nürnberg Rbf) am 4. August 1979 den Bahnhof Besigheim im Neckartal hinter sich.

Aufnahme: Georg Wagner

Der Lokomotivumlauf konnte auch dadurch verbessert werden, dass die Durchschnittsgeschwindigkeit aller Zuggattungen gesteigert wurde. Dies war durch größere Höchstgeschwindigkeiten (im Güterverkehr 120 km/h) und durch weniger Aufenthalte (Knotenpunktbildung) erreicht worden. Einen weiteren Produktivitätszuwachs im Lokeinsatz konnte man dadurch erzielen, dass die Umlaufpläne von einer Zentralen Bespannungsgruppe bei der Zentralen Transport-Leitung grob vorgeplant wurden.

Ferner erfolgte die Konzentration der Baureihen auf wenige Betriebswerke. So wurden bei der BD Nürnberg alle 150 beim Bw Nürnberg Rbf zusammengezogen, indem das Bw Würzburg seinen 150-Bestand in den Jahren 1972 bis 1974 dorthin abgab.

Ein Blick auf die durchschnittlichen monatlichen Laufleistungen der Elloks im Jahre 1978 zeigt, wie die Einheitselloks in den Schatten ihrer Nachfolger getreten waren:

103: 24.613 km	112: 18.877 km
111: 15.840 km	110: 15.377 km
	141: 10.252 km
	139: 9.640 km
	140: 9.584 km
151: 12.709 km	150: 11.912 km

Ab 1975 erhielten die ersten Loks der Baureihe 150 eine neue Farbgebung in Ozeanblau/Beige. Abschließend sei erwähnt, dass ab 1976 alle Einheitselloks mit Scheibenwaschanlagen nachgerüstet wurden. Dadurch konnten die durchlaufenden Griffstangen und Gitterroste an den Stirn-

△ **Bild 177** • Mit einem Postzug erklimmt die Nürnberger **150 025** auf Höhe der Straub-Mühle am 11. September 1979 die Geislinger Steige. Die Lok erhielt noch kurz vor ihrer Abstellung im AW Opladen 1998 Doppelleuchten eingebaut.

Aufn.: Prof. Dr. W. Hager/Eisenbahnstiftung

Bild 178 ▷
Bereits deutlich früher hatte **150 018** auf einer Stirnseite ebenfalls Doppelleuchten erhalten (vgl. Bild 176) Dagegen trug sie an der Führerstandsseite 2 bis zuletzt ihre ursprünglichen Einfachleuchten. Am 3. August 1979 bringt sie DB-Arbeiter im Dienstpersonenzug des Bw Kornwestheim nach Stuttgart-Zuffenhausen.

Aufnahme: Werner Brutzer

Bild 179 ▷
Auch die Bespannung dieses am 14. Juni 1982 im Bahnhof Lichtenfels fotografierten Nahverkehrszuges dürfte sich für den Lokführer von **150 017** vermutlich eher wie eine Lokleerfahrt angefühlt haben. Nach einer Ausbesserung trug auch diese Tatzlager-Maschine bis zu ihrer Abstellung Ende 1993 einseitig Doppelleuchten.

Aufnahme: Sammlung Werner Brutzer

△ **Bild 180** • In Zusammenarbeit mit dem ADAC verwirklichte die DB 1979 unter dem Namen „Weiß-Blau-Express" an Sommerwochenenden stündliche Entlastungszüge für die stark befahrene A 7 an München vorbei. Im Norden wurde Ingolstadt als Verladebahnhof ausgewählt, im Süden Raubling bei Rosenheim. Bespannt wurden die aus Niederbordwagen der Gattung Klms 440 gebildeten Züge von 110, 111 und 140. Auch Nürnberg 150 waren in diesen Diensten anzutreffen, hier **150 044** am 15. Juli 1979 bei Pfaffenhofen (Ilm) mit einer Fuhre „Urlauber".

wänden entfallen. Für die Lokführer war es erfreulich, dass alle Loks dieser Baureihen, die noch kein Thermofach besaßen, mit einem solchen nachgerüstet wurden.

1979 – 1983

Auch in diesem Zeitraum kamen die Elektrifizierungsarbeiten auf den bestehenden DB-Strecken nur langsam voran. Es zeigte sich, dass die Ausführung von Streckenelektrifizierungen nicht nur wegen fehlender Finanzmittel, sondern auch wegen zunehmender Einsprüche von Naturschützern immer schwieriger wurde.

Insgesamt konnten im betrachteten Fünf-Jahres-Zeitraum 486 km Strecke neu überspannt werden, womit das elektrische Netz auf eine Länge von 11.212 km anwuchs. (Der 11.000. Kilometer wurde in Emden erreicht.) Dies entsprach 40 % des 28.016 km umfassenden Gesamtnetzes. Auf diesem Netz wurden 86 % der Bruttotonnenkilometer durch Elloks erbracht.

Am 31. Mai 1981 wurden alle Kornwestheimer 150 zum Bw Stuttgart umbeheimatet.

In den Jahren 1982/83 erfolgte die Umbenennung von Dienststellen, da die bisherigen Bezeichnungen wie beispielsweise Hbf, Rbf oder sonstige Zusätze enfielen und durch Zahlen ersetzt wurden (z. B. Bw Nürnberg Rbf, neu Bw Nürnberg 2).

Ein Konjunkturtief sorgte dafür, dass es einen Überhang an Güterzugelektroloks gab. Dies führte in der Folge zu einer Ausmusterungswelle bei den Altbau-Elloks.

◁ **Bild 181**
Die stahlverarbeitende Industrie im Siegerland bestimmt bis heute das Bild im Güterverkehr auf der Ruhr-Sieg-Strecke. Am 12. April 1980 durchfährt **150 110** des Bw Hagen-Eckesey mit Teleskophaubenwagen den Bahnhof Kreuztal. Das Ladegut unter den Aluminiumhauben sind witterungsempfindliche Stahlbandrollen („Coils").

Aufnahmen (2): Bernd Magiera

△ **Bild 182** • Für die Beförderung schwerer Militärzüge im Mittelgebirge war die Baureihe 150 gut geeignet. Am 22. Oktober 1981 zieht **150 089** (Bw Bebra) einen solchen Zug über den Dune-Viadukt unweit von Altenbeken in Richtung Paderborn. Für den Mannschaftstransport griff die DB dabei gerne auf älteres Wagenmaterial zurück. So laufen hinter der Lok vier Vorkriegs-Bye-Eilzugwagen im Zugverband mit.

▽ **Bild 183** • Nördlich von Einbeck liegt in einer Leine-Schleife die kleine Ortschaft Olxheim. Einen gleichnamigen Haltepunkt sucht man an der den Ort durchquerende Nord-Süd-Strecke allerdings vergeblich. **150 097** (Bw Bebra) passiert am 5. Juni 1980 mit ihrem Ganzzug die schönen Fachwerkhäuser. AUFNAHMEN (2): GEORG WAGNER

△ **Bild 184 •** Einer der Höhepunkte anlässlich des Juiläums „150 Jahre deutsche Eisenbahnen“ waren die an drei Wochenenden im September durchgeführten Fahrzeugparaden im Bahnhof Nürnberg-Langwasser – natürlich auch unter Beteiligung der Baureihe 150. Hierzu war im Sommer 1985 im AW München-Freimann **150 089** des Bw Bebra neu in Chromoxidgrün lackiert worden. Am 14. September 1985 fährt die Lok als erste Repräsentantin der schweren Güterzugelloks an den Zuschauertribünen vorüber. Anschließend folgten 193 007 (geschoben von 194 578) sowie die mit automatischer Kupplung ausgestattete 151 091 mit einem Erzzug.

◁ **Bild 185**
Mit der Elektrifizierung der eingleisigen Querspange Aalen – Nördlingen – Donauwörth stand der DB ab 1972 eine Ausweichmöglichkeit für die Hauptstrecke Stuttgart – Ulm – Augsburg zur Verfügung. Zeitweise nahm planmäßig auch ein Durchgangsgüterzug von Kornwestheim nach München den Umweg durch das Nördlinger Ries. Am 21. März 1981 überquert eine 150 mit dem Zug bei Ronheim die Wörnitzbrücke.

Aufnahmen (2): Günther Dillig

Bild 186 ▷ Im Vorfeld des Jubiläums im Jahr 1985 wurden Museumsfahrzeuge aus ganz Deutschland nach Nürnberg und Bochum-Dahlhausen gebracht. Am 14. April 1985 ist **150 028** (Bw Nürnberg 2) mit 41 364, 50 778 und einigen Museumswagen im Altmühltal bei Dollnstein unterwegs.

Aufnahme: Frank Lüdecke

Die Lokomotiven der Baureihe 150 wurden auf querverschiebbare Mittelradsätze umgerüstet.

1984 – 1988

In diesem Zeitabschnitt wurden auf dem alten DB-Streckennetz kaum noch Strecken elektrifiziert. Allerdings gingen ab 1986 die Neubaustrecken Hannover – Würzburg und Mannheim – Stuttgart abschnittsweise in Betrieb und sorgten für eine deutliche Ausweitung des elektrischen Betriebs. Auf diesen Strecken konnte die Baureihe 150 wegen fehlender LZB-Ausrüstung nicht eingesetzt werden.

Einen ungewöhnlichen Auftritt in der Außenwette der ZDF-Show „Wetten dass?“ am 15. Dezember 1984 in Bremen hatte 150 190 (siehe unten).

Nicht unerwähnt bleiben soll, dass 1985 zum 150. Jubiläum der deutschen Eisenbahnen die Einheitselloks 110 348, 140 022 und 141 072 äußerlich wieder dem Ursprungszustand angenähert wurden, um an den Nürnberger Fahrzeugparaden und der Fahrzeugschau in Bochum-Dahlhausen teilnehmen zu können. Als Vertreterin der Baureihe 150 wurde 150 089 präsentiert. Diese Lok sah zwar gepflegt aus, trug auch eine chromoxidgrüne Farbgebung und hatte noch Mehrfachdüsenlüftungsgitter, ansonsten aber viele optische

1984 – Eine E 50 zu Gast bei „Wetten dass?“

Die 25. Folge der ZDF-Fernsehshow „Wetten dass?“, die am 15. Dezember 1984 in Bremen von Frank Elstner moderiert wurde, werden etliche Zuschauer in Erinnerung behalten haben.

Der größte Aufreger der Sendung entstand, als fünf Umweltschützer der Vereinigung „Robin Wood“ auf die Bühne stürzten und Transparente mit der Aufschrift „Nicht wetten – Donauauen retten!“ zeigten. Diese bezogen sich auf den österreichischen Bundeskanzler Fred Sinowatz, der als einer der Wettpaten auf der Bühne saß und wegen des geplanten Baus eines Wasserkraftwerks östlich von Wien heftig in der Kritik stand. Die Lage auf der Bühne beruhigte sich, als sich der Bundeskanzler zu einem Gespräch mit den Umweltschützern bereit erklärte.

Eisenbahnfreunde werden sicher auch die Außenwette in Erinnerung behalten haben: Da wettete der 36-jährige DB-Oberlokführer Roland Märtin des Betriebswerkes Heilbronn, dass er mit einer Lok der Baureihe 150 ein rohes Ei zwischen Puffer und Prellbock einklemmen könne, ohne dass es kaputt ginge. Alfred Reischl assistierte ihm, indem er das Ei vor dem Prellbock festhielt. Vor rund 20 Mio. Zuschauern bewies Roland Märtin sein Feingefühl und erfüllte mit der 150 190 erfolgreich die Aufgabe. Er, sein Assistent und sein Wettpate, der Fernsehsportjournalist Dieter Kürten, jubelten.

Das Ei wanderte anschließend, nun aber ohne Eierschale, in die Pfanne des Fernsehkochs Max Inzinger.

Angespannt, aber kühl und ohne Aufregung zeigte sich Alfred Reischl, als er seinen Kollegen Märtin mit der schweren Lok zum Ei hin dirigierte. Immerhin werden hier 8000 PS und 122 Tonnen Gewicht auf ein zartes Hühnerei zubewegt. Fernsehkoch Max Inzinger (rechts) kommentierte das Ei-Manöver für die Millionen Zuschauer am Bildschirm.

Der Ei-Gag des Lokführers

Roland Märtin ließ seine Lok ein Ei küssen

Seit dem Dezember 1984 ist es erlaubt, den Oberlokführer Roland Märtin aus dem Schwäbischen in einem Atemzug mit dem Amerikaentdecker Christoph Columbus zu nennen. Beide haben etwas gemeinsam: einen Trick mit Ei. Doch es gibt einen Unterschied. Columbus gelang sein Trick nur

sechs Motoren sich langsam in Bewegung setzte. Äußerlich kühl und gelassen dirigierte den Lokführer dabei sein Assistent Alfred Reischl aus Lauffen.

Es war Millimeterarbeit. Das Ei trug beim Zusammenstoß mit der Lok nicht mehr als einen

△ **Bild 187** • Ausschnitt aus der DB-Kundenzeitschrift „Blickpunkt Bahn“ des Jahrgangs 1985. Abbildung: DB, Sammlung EK-Verlag

◁ **Bild 188**
Immerhin die Autos bringen im April 1988 etwas Farbe in den tristen Ruhrgebiets-Charme der nördlichen Bochumer Innenstadt. Mit vierachsigen offenen Güterwagen der Bauart Eaos der Schweizer Bundesbahnen hat **150 060** (Bw Hagen 1) soeben Bochum-Präsident durchfahren.

AUFNAHME:
RALF HÄNDELER

◁ **Bild 189**
Die Roheisentransporte von Duisburg-Rheinhausen nach Bochum gehörten zeitweise zum Arbeitsfeld der Hagener 150. Am 22. Juni 1981 passiert **150 127** mit einem leeren Torpedopfannen- und zwei Warmblockwagen in Essen Nord die 120 003. Letztere hatte für Gewährleistungsarbeiten bei Krupp geweilt.

AUFNAHME:
ULRICH BUDDE

◁ **Bild 190**
Westlich von Herne treffen drei DB-Hauptstrecken aufeinander, die durch Verbindungskurven teilweise miteinander verbunden sind. **150 139** befährt mit ihrem Leerzug am 11. April 1981 die heutige DB-Strecke 2153 (Bochum Hbf –Abzweig Nordstern). Am Abzweig Herne-Rottbruch trifft sie auf die Verbindungskurve aus Richtung Wanne-Eickel. Im Hintergrund das STEAG-Kohlekraftwerk in Herne-Baukau.

AUFNAHME:
JOACHIM BÜGEL,
EISENBAHNSTIFTUNG

△ **Bild 191**
Schwere Güterzugloks, wie hier **150 027** am 10. Juni 1989 bei München-Pasing, stellten vor den Leerreisezügen vom/zum Hauptbahnhof München eine Ausnahme dar.

Aufnahme: Werner Brutzer

Bild 193 ▷
Am 14. Mai 1988 muss **150 073** des Bw Bebra als Hilfslok einspringen, um eine havarierte 103 und deren IC nach Würzburg zu schleppen. In Ramholz passiert der somit maximal 100 km/h schnelle Zug die Verladeanlage der Westerwaldbrüche Marienberg.

Aufnahme: Rolf Wiesemeyer

Bild 192 ▷
Nach einem Brand im Vorjahr wird am 5. März 1987 mit **150 069** die erste Lok der Baureihe 150 ausgemustert. Im Frühjahr 1982 ist sie südlich von Mecklar auf der Nord-Süd-Strecke unterwegs.

Aufnahme: A. Dziewior, Sammlung EK-Verlag

△ **Bild 194** • Die Ender der achtziger Jahre zwischen Hannover und München bestehende „Rollende Landstraße" wurde planmäßig mit den Baureihen 140 bzw. 151 bespannt. Am 27. Mai 1989 obliegt es der Nürnberger **150 031**, den Sgk 52145 von Hannover-Wülfel in den Süden zu bringen, hier bei Alfeld (Leine). Aufnahme: Bernd Magiera

Abweichungen vom Ursprungszustand (u. a. keine Dachrinnen, keine Gitterroste und Umlaufstangen an den Stirnseiten, keine geteilten Maschinenraumfenster). Auch die DB-Embleme auf den Stirnwänden passten nicht zum Ursprungszustand.

Unfälle lichteten ab Mitte der achtziger Jahre die Bestände der Baureihen 110, 140 und 150. Mit 150 069 schied die erste Lokomotive ihrer Baureihe aus dem Bestand aus. Nach einem Brand am 23. Mai 1986 erfolgte am 26. Juni 1986 ihre z-Stellung und am 5. März 1987 schließlich die Ausmusterung.

1987 trat ein neue Farbkonzept in Kraft, das für den Lokomotivkasten die Farbgebung Orientrot (RAL 3031) vorsah. 150 128 trug nach Abschluss ihrer Hauptuntersuchung am 15. Februar 1988 als erste Vertreterin ihrer Baureihe diese Farbgebung.

Nachdem am 28. Juni 1988 mit der Ausmusterung von 30 Loks der Baureihe 194 die letzten Altbau-Elloks (mit Ausnahme der betriebsfähigen DB-Museumselloks) aus dem DB-Bestand ausgeschieden waren, zählten die Einheitselloks nun zu den ältesten Elloks der Betriebsbestands. Sie mussten in zunehmendem Maße Leistungen an ihre Nachfolgerinnen in Form der Baureihen 103, 111 und 151 abtreten. Diese wiederum wurden aus ihren angestammten Diensten teilweise durch die 60 neuen Lokomotiven der Baureihe 120[1] verdrängt, deren Serienproduktion im Jahr 1986 startete. Moderne Leistungselektronik ermöglichte bei diesen Loks erstmals die wirtschaftliche Nutzung von Drehstrommotoren bei der DB.

Wegen der Ausmusterung der Baureihe 194 übernahmen ab dem 27. September 1987 Lokomotiven der Baureihe 150 des Bw Nürnberg 2 den Schiebedienst auf der Spessartrampe zwischen Laufach und Heigenbrücken.

Das Bw Bebra gab am 25.September 1988 seinen Bestand an Lokomotiven der Baureihe 150 an das Bw Nürnberg 2 ab, womit nur noch die Bw Hagen 1, Stuttgart 1 und Nürnberg 2 diese Baureihe beheimateten.

△ **Bild 195** • Mit Zügen für die Automobilindustrie gelangte die Baureihe 150 auch regelmäßig bis nach Bremerhaven. Am 5. November 1988 hat **150 060** (Bw Hagen 1) in Bremerhaven-Speckenbüttel einen Autotransportzug in Richtung Süden übernommen und überquert nun zwischen Bremerhaven-Lehe und Bremerhaven Hbf die Geeste-Brücke. Aufnahme: Bernd-Oliver Sydow

1989 – 1993

Bei der Ausbesserung der Einheitselloks traten im betrachteten Zeitraum zunehmend Probleme auf. Da einerseits die Schadanfälligkeit der alten Loks zunahm, andererseits der Personalbestand der Bahnbetriebswerke und Ausbesserungswerke aus Kostengründen immer weiter reduziert wurde, war es 1989 nicht mehr möglich, die für den Betrieb benötigte Anzahl an Elloks einsatzbereit zu halten. So standen beispielsweise Anfang November 1989 insgesamt 102 Loks der Baureihe 140 und 33 Exemplare der Baureihe 150 schadhaft abgestellt. Der Schadlokbestand lag damit um 50 % über dem Planungsansatz der Zentralen Transport-Leitung Mainz. Zahlreiche Güterzüge mussten stunden- oder tageweise wegen Lokmangel abgestellt werden.

Als am 9. November 1989 die DDR ihre Grenze öffnete und zahlreiche Sonderzüge zu bespannen waren, verschärfte sich der Mangel aufgrund hierzu benötigter zusätzlicher Lokomotiven noch mehr.

Die anschließende Wiedervereinigung Deutschlands am 3. Oktober 1990 leitete das Zusammenwachsen von DB und DR ein. Dies hatte auch Auswirkungen auf die Baureihe 150. So war es nun möglich, freie Werkstattkapazitäten im Raw Dessau auch für die Reparatur von DB-Elloks zu nutzen. Zunächst wurde Anfang 1991 die Beseitigung von Unfallschäden an den Loks vom AW Bremen zum Raw Dessau verlagert. Ab 1991 führte das Raw auch die Instandhaltungsarbeiten an der Baureihe 150 durch.

Dank der Unterstützung durch die DR war es nun wieder möglich, den Schadlokbestand auf ein Normalmaß zu senken. Gleichzeitig konnte die DB den Lokmangel durch DR-Leihloks beheben. So kamen ab September 1990 DR-Elloks der Baureihe 243 zur DB, die als Baureihe 143 eingereiht wurden. Es folgten DR-Loks der Baureihen 112[1] und 155. Letztere wurden im Bw Nürnberg 2 beheimatet.

Zwei Lokomotiven der Baureihe 150 (150 072 und 082) waren vom Mai bis September 1989 für die Schweizer Bundesbahnen tätig und versahen Güterzugdienste im Bereich um Basel.

Am 29. Mai 1991 fuhr 150 048 mit Gag 57669 vor Partenstein (Aschaffenburg – Würzburg) auf den Gag 57169 auf; wobei die 150 und drei Kesselwagen des aufgefahrenen Zuges vollständig ausbrannten. 150 048 wurde noch vor Ort verschrottet. Ihre Drehgestelle mit Gummiringfederantrieb erhielt die 150 025.

Die Einheitselloks mussten – obwohl sie inzwischen ein Durchschnittsalter von

△ **Bild 196** • Die rechte Rheinstrecke bietet zahlreiche schöne Fotomotive. Am 22. Juli 1991 durchfährt mit **150 128** des Bw Hagen 1 die ab 1988 erste orientrote Lok ihrer Baureihe den noch mit Formsignalen gesicherten Bahnhof Braubach. Auch drei Jahre nach der Umlackierung wirkt die Farbe noch kräftig.

▽ **Bild 197** • Der nur 16 m lange Felstortunnel bei Etterzhausen an der Strecke Nürnberg – Regensburg war ein beliebter Fotopunkt. Am 24. Juli 1992 durchquert **150 103** (Bw Nürnberg 2) mit einem Reisezug das am 31. Mai 2010 gesprengte „Felsentor". Aufnahmen (2): Georg Wagner

△ **Bild 198** • Im Winter 1991/92 übernahmen Stuttgarter 150 mehrere Güterzugleistungen auf der Schwarzwaldbahn Offenburg – Villingen – Konstanz von der Baureihe 143. Mit dem Kieszug der OHU/UHL von Friesenheim nach Villingen befährt **150 181** (Bw Stuttgart 1) am 9. April 1992 bei Gutach die Schwarzwaldbahn. AUFNAHME: GEORG WAGNER

▽ **Bild 199** • Am Abend des 31. Mai 1991 überqueren eine Lok der Baureihe 150 und eine Lok der aus der E 50 hervorgegangenen Baureihe 151 mit einem Güterzug die Werrabrücke bei Oberrieden an der Strecke Bebra – Eichenberg – Göttingen. AUFNAHME: ZENO PILLMANN

△ **Bild 200** • Am Morgen des 12. April 1991 passiert **150 104** bei Lorch (Württ) an der Remsbahn Stuttgart – Aalen die Benediktinerabtei Lorch. Aufnahme: Peter Rappold

▽ **Bild 201** • Die mit Tatzlagerantrieb ausgestatteten Loks 150 001 bis 150 025 schieden bis Ende 1993 entweder aus dem Bestand der DB aus oder wurden auf Gummiringfederantrieb umgebaut. **150 011** des Bw Nürnberg 2 wurde im September 1993 abgestellt und am 28. Dezember 1993 schließlich ausgemustert. Mit einem Klv-Zug durchfährt sie am 5. Juli 1991 den Bahnhof Wirtheim im Kinzigtal an der Strecke Frankfurt (M) – Fulda. Aufnahme: Jürgen Hörstel

◁ **Bild 202**
Der am 4. Mai 1995 von der Stuttgarter 110 493 bespannte N 5229 dient an diesem Tag auch der Zuführung der in Geislingen (Steige) für den Schiebedienst benötigten **150 179** (hier bei Süßen).

Aufnahmen (2): Peter Rappold

knapp 30 Jahren aufwiesen und am Ende der vorgesehenen Nutzungsdauer angelangt waren – zum Teil höhere Laufleistungen erbringen als zur Zeit ihrer Auslieferung. Dies zeigt der Vergleich der durchschnittlichen Laufleistungen der Jahre 1958 und 1991:

(Angaben in km)	1958	1991
E 10/110:	189.300	188.180
E 40/140:	107.000	136.524
E 41/141:	123.000	149.300
E 50/150:	117.500	142.700

Der stark zurückgehende Eisenbahn-Güterverkehr in den neuen Bundesländern setzte dort zahlreiche moderne DR-Elloks der Baureihen 243 (DB-143) und 255 (DB-155) frei, die den Leihlokbestand im Westen stark ansteigen ließen. Sie dienten nun dazu, Einheitselloks zu ersetzen. 1993 wurden 64 dieser Loks (2 × 110, 26 × 140, 13 × 141 und 24 × 150) ausgemustert. Bei der Baureihe 150 handelte es sich um die Loks 150 002–005, 007–013, 015–018, 020, 022, 036, 039, 041, 074, 096, 117 und 118.

Die Treibradsätze mit Gummiringfederantrieb wurden bei den ausgemusterten Loks 150 036, 039, 041, 074, 096, 117 und 118 ausgebaut und in 150 001, 006, 014, 019, 021, 023 und 024 eingebaut.

Nicht unerwähnt bleiben soll die Verfügung der DB-Hauptverwaltung vom August 1993, dass zahlreiche DB-Triebfahrzeuge, darunter auch die Einheitselloks 110 235, 110 348, 113 311, 140 128. 141 072 und 150 091 weitgehend im Originalzustand zu belassen seien, damit sie zukünftig als Museumsfahrzeuge genutzt werden konnten. Bei der Auswahl der Fahrzeuge hatte es gegenüber 1985 also teilweise Änderungen gegeben.

Bei der Baureihe 150 hatte die Nürnberger 150 091 den Platz der 150 089 (ebenfalls Bw Nürnberg 2) eingenommen. Die ausgewählten Loks behielten bei AW-Aufenthalten nicht nur die alte Farbgebung, sondern wurden auch dem Ursprungszustand angenähert. Dazu gehörte u. a. Beschilderung anstelle von Klebefolien. 150 091 war im November 1993 die erste entsprechend hergerichtete Lok und bekam für Ausstellungszwecke sogar gegossene Nummernschilder „E50 091“.

◁ **Bild 203**
Mehr Glück als die meisten übrigen mit Tatzlagerantrieb ausgestatteten Loks hatte **150 019**, die hier am 12. Januar 1990 mit einem Militärzug bei Uhingen in Fahrtrichtung Ulm zu sehen ist. Sie erhielt 1992 im Raw Dessau den Gummiringfederantrieb einer jüngeren Schwester eingebaut und war anschließend noch acht Jahre aktiv.

Bild 204 ▷ Als einzige noch weitgehend im Originalzustand befindliche 150 älterer Bauserie (u. a. mit Regenrinne und silbernem Dach) erhielt **150 113** in diesem Zustand 1994 für wenige Betriebsmonate noch das neue DB-AG-Emblem. Am 26. Mai 1994 schleppt sie einen Güterzug bei Rottendorf aus dem Maintal heraus.

Aufnahme: Werner Brutzer

Bild 205 ▷ Neben 150 113 wurde das klassische DB-Logo in Rot bei der Baureihe 150 nur auf die Loks 150 113, 143, 165, 168 und 180 angebracht. Am Abend des 6. August 1993 ist **150 165** mit einem gemischten Güterzug nach Kornwestheim südlich von Besigheim in der Nähe der Blockstelle Forst unterwegs.

Aufnahmen (2): Henning Folz

Bild 206 ▷ Im Gegensatz zu den genannten 150 trug **150 113** das rote DB-Logo ausschließlich auf den Stirnseiten. Am 11. März 1994 steht sie neben der noch mit altem Logo versehenen **150 174** im Bw Kornwestheim. Bei genauerem Hinsehen fällt auf, dass sie zwar noch den Anlieferungsanstrich trägt, aber außer der Führerstandkennzeichnung inzwischen aller Metallschilder beraubt wurde.

△ **Bild 207** • Bis auf das neue DB-AG-Logo zeigt sich **150 089** am 14. Juli 1994 in Gunzenhausen noch immer in dem Zustand, den sie bereits 1985 zu den Nürnberger Paraden aufwies. AUFNAHME: REINER PLATTE, SAMMLUNG WERNER BRUTZER

△ **Bild 208** • Bei der Auswahl einer Lok der Baureihe 150 als zukünftiges Museumsexponat entschieden sich die DB-Verantwortlichen 1993 jedoch für die Nürnberger **150 091** (hier am 18. August 1991 bei Baden-Baden). AUFNAHME: WERNER BRUTZER

◁ **Bild 209**
Bei einem AW-Aufenthalt im Werk Dessau ab Sommer 1993 wurde das in Mitleidenschaft gezogene äußere Erscheinungsbild der Lok aufgefrischt. Im Rahmen einer Neulackierung wurden abweichend auch die Lüftungsgitter mit grüner Farbe versehen (Bw Gremberg am 14. April 1996).

AUFNAHME: JENS KOLBE

1994 – 1998

Mit der am 1. Januar 1994 eingeleiteten Bahnreform wurden die beiden deutschen Staatsbahnen, die Deutsche Bundesbahn und die Deutsche Reichsbahn, in eine privatrechtliche Organisationsform überführt. Für die unternehmerischen Belange der Bahn ist seither die Deutsche Bahn AG (DB AG) zuständig. Gleichzeitig erfolgte eine große Neustrukturierung. Unter dem Zentralvorstand der DB AG wurden neun Geschäftsbereiche eingerichtet. Für den Einsatz und die Wartung der Lokomotiven waren nun die Geschäftsbereiche „Traktion“ und „Werke“ zuständig. Die bisherigen Heimat-Betriebswerke (Bw) wurden in Werke, Betriebshöfe (Bh) und Einsatzstellen (Est) gegliedert. Eine Einsatzstelle konnte nun Heimat-Dienststelle für Loks sein (Beispiel: Est Hamburg-Eidelstedt, nun Einsatzstelle des Betriebshofes Hamburg-Langenfelde), ein Betriebshof (Beispiel: der eben erwähnte Bh Hamburg-Langenfelde) musste nicht unbedingt Lokomotiven beherbergen. Anstelle der Nummernzusätze in den Bezeichnungen traten nun wieder Namenszusätze auf, z. B. Hamburg-Eidelstedt, Dortmund Bbf, Stuttgart-Rosenstein.

Rein äußerlich erkannte man die Schaffung der Deutschen Bahn an den Fahrzeugen zunächst daran, dass sie neue DB-Logos bekamen. Das alte, als „DB-Keks“ bezeichnete Logo (ursprünglich – je nach Untergrund – mit schwarzer oder weißer Schrift, ab 1987 mit roter Schrift) wich einem schlankeren, schnörkellosen DB-Logo mit roter Schrift.

Die am 1. Januar 1994 gegründete DB AG übernahm noch 376 Loks der Baureihe 110, elf der Baureihe 113, 14 der Baureihe 114, 34 der Baureihe 139, 819 der Baureihe 140, 416 der Baureihe 141 und 168 der Baureihe 150 – zusammen also 1.838 Einheitselloks.

Bis zur Auslieferung neu ausgeschriebener Ellokbaureihen konnte auf alle Baureihen der Einheitselloks noch nicht verzichtet werden. Durch mehrere elektrische Lückenschlüsse zwischen den früheren Netzen der ehemaligen Staatsbahnen DR und DB gelangten die „Oldtimer“ nun auch in die neuen Bundesländer. Bei der Baureihe 150 geschah dies allerdings nur in überschaubarem Ausmaß.

Abseits der Frankenwald- und Saalebahn gelangten 150 erstmals ab Sommer 1994 nach der Aufnahme des elektrischen Zugbetriebs Eichenberg – Nordhausen am 23. Mai 1993 planmäßig in Ostdeutschland zum Einsatz. Eine 150 des Bh Hagen-Eckesey bespannte folgende Leistungen:

△ **Bild 210** • Um mit den zu besonderen Anlässen wieder anbringbaren Original-Gußschildern „E 50 091" die UIC-Nummer 150 091-7 verdecken zu können, war diese an ungewohnter Position zwischen den Stirnleuchten zu finden. Mit den AW-Aufenthalten von 150 055, 058 und 087 im Jahr 1993 und von 150 113 ab Ende 1994 ist **150 091** seither die letzte Lok ihrer Baureihe mit Regenrinne und silbernem Dach. Am 4. Mai 1995 befährt sie bei Werleshausen die Nord-Süd-Strecke.

▽ **Bild 211** • Am Abend des 3. August 1995 hat **150 023** einen Kesselwagenzug aus der Erdölraffinerie Dersching in Ingolstadt abgeholt und fährt nun bei Dollnstein durch das idyllische Altmühltal nordwärts. Aufnahmen (2): Georg Wagner

◁ **Bild 212**
Mit den elektrischen „Lückenschlüssen“ auf den Strecken Bebra – Neudietendorf und Probstzella – Camburg waren die 150 (zunächst außerplanmäßig) auch immer wieder in den neuen Bundesländern zu beobachten. Zuvor mussten jedoch die Personale geschult werden. Am 23. März 1995 wurde **150 135** der 143 166 an der RB 6226 (Erfurt – Halle) vorgespannt, aufgenommen in Großkorbetha. Links wartet 109 043 mit der RB 8224 nach Halle (Saale).

Aufnahme: Martin Lock

◁ **Bild 213**
Ab dem 24. September 1995 gelangten Nürnberger 150 mit einem IKL-Zugpaar (München-Riem – Berlin-Frankfurter Allee u. z.) bis in die Hauptstadt. Tagsüber fuhr die Lok Lz nach Königs-Wusterhausen, um von dort einen Nahgüterzug nach Seddin zu bespannen. Am 20. August 1996 ist **150 076** für diesen Dienst eingeteilt (bei Schönefeld).

◁ **Bild 214**
Mit dem Ende des Sommerfahrplans am 28. September 1996 entfielen die Leistungen bis/ab Berlin wieder. Wenige Wochen zuvor ist am 3. September 1996 die Nürnberger **150 042** bei Nudow auf dem Weg nach Seddin.

Aufnahmen (2): Bernd-Oliver Sydow

△ **Bild 215** • Am 23. April 1996 hat **150 034** mit ihrem Güterzug Leipzig hinter sich gelassen und überquert bei Bad Dürrenberg die Saalebrücke. AUFNAHME: MARTIN LOCK

- ▸ 55601 Bebra – Leipzig-Wahren,
- ▸ 51946 Leipzig-Wahren – Erfurt Gbf,
- ▸ 50949 Erfurt Gbf – Leipzig-Stötteritz,
- ▸ 55602 Leipzig-Engelsdorf – Bebra.

Ab September 1995 gelangten 150 des Bh Nürnberg Rbf mit einem Containerzug planmäßig sogar bis nach Berlin-Frankfurter Allee. Darüber hinaus waren bis Ende der neunziger Jahre vor allem 150 der Bh Hagen-Eckesey und Nürnberg Rbf immer wieder in Sonderdiensten auch in Mecklenburg-Vorpommern (zumeist bis/ab Schwerin), Brandenburg, Sachsen-Anhalt und Thüringen zu beobachten.

Am 27. April 1995 endete im Ausbesserungswerk München-Freimann – das von Beginn an für die Baureihe 150 zuständig gewesen war – die Ellok-Unterhaltung. Seither wurden Instandsetzungsarbeiten und Hauptuntersuchungen an der Baureihe 150 nur noch in den AW Dessau und Opladen durchgeführt.

Nach mehreren Entgleisungen im Güterverkehr, die auf Überpufferung zurückzuführen waren, bei denen sich Puffer von Lok und Wagen in Kurven so weit verschoben hatten, dass sie verhakten, wurde 1996 damit begonnen, die Loks der Baureihen 150 auf Rechteckpuffer umzurüsten.

1996 kam es wieder zum Einsatz von DB-Loks der Baureihe 150 in der Schweiz. Diesmal handelte es sich um die drei Loks 150 166, 169 und 186. Sie kamen aber nicht als Leihloks zur SBB. Vielmehr bespannten sie ab Sommer 1996 durchgehend Kesselwagenzüge zwischen Karlsruhe-Knielingen und Bettwiesen/CH, die von der DB, der Südostbahn (SOB) und der Mittelthurgaubahn (MThB) gemeinsam betrieben wurden. Die drei Loks erhielten deshalb das Zugsicherungssystem Integra-Signum. Im Juni 2002 wurde dieser Kesselwagenverkehr auf ehemalige Reichsbahnloks der Baureihe 142 der MThB umgestellt.

△ **Bild 216** • In Bochum Nord trifft **150 135** mit ihrem Erzzug nach Sulzbach-Rosenberg Hütte (den sie bis Nürnberg Rbf bespannen wird) am 29. Januar 1996 auf im Stahlverkehr eingesetzte 215. AUFNAHME: JENS GRÜNEBAUM

Ab 1997 erhielt auch die Baureihe 150 den verkehrsroten Anstrich, nach dem neuen Farbkonzept der DB AG. 150 157 war nach Abschluss ihrer Hauptuntersuchung am 27. November 1997 die erste Lokomotive ihrer Baureihe in dieser Farbgebung.

Durch Neuorganisation bei der DB AG kam es am Jahresende 1997 zu einer Auflösung des bisherigen Geschäftsbereiches Traktion, dem bis dato alle Triebfahrzeuge zugeteilt waren. Die neue Konzern-Struktur sah ab dem 1. Januar 1998 die Zuordnung der einzelnen Baureihen zu den bestehenden Geschäftsbereichen Fernverkehr, Nahverkehr sowie Güterverkehr vor. Die noch 168 Güterzugloks der Baureihe 150 gelangten entsprechend ihrer Aufga-

△ **Bild 217** • Nur noch 45 Loks der Baureihe 150 erhielten ab 1997 eine verkehrsrote Farbgebung. Die Nürnberger **150 078** verließ das AW Opladen am 22. Juli 1998 in dieser auffälligen Lackierung. Am Morgen des 22. Juni 1999 überquert sie mit einem Güterzug aus Hagen-Vorhalle bei Witten die Ruhr. AUFNAHME: GEORG WAGNER

△ **Bild 218** • Über den dt. Grenzbahnhof Kaldenkirchen gelangte die Baureihe 150 bis Venlo in den Niederlanden. Am 29. Mai 1999 ist **150 146** mit TC 45131 wieder auf dem Rückweg nach Deutschland. AUFNAHME: HENK BOUMAN

ben zur Gütersparte. In der Folgezeit wurden die Umlaufpläne schrittweise so geändert, dass die Loks möglichst keine Füllleistungen für die übrigen Konzerntöchter mehr erbrachten, sondern nur noch in Güterzugdiensten eingesetzt wurden. Dadurch sollten „Vermietungen" unter den Geschäftsbereichen vermieden werden.

Zu jener Zeit zeichnete sich schon das Ende der 150 ab. Denn seit September 1995 befand sich bei Krauss-Maffei/Siemens eine neue Ellok für den schweren Güterzugdienst im Bau. 170 Exemplare der auf der EuroSprinter-Typenfamilie beruhenden neuen und 140 km/h schnellen Baureihe 152 sollten ab 1998 vor allem die Baureihe 151 aus den hochwertigen Diensten verdrängen. Diese wiederum sollten jene Aufgaben von der Baureihe 150 übernehmen, die nicht ebenfalls durch die neuen 152 abgedeckt wurden.

Am 10. Dezember 1996 wurde 152 001 an die DB übergeben und nach umfangreichen Tests erhielt die Baureihe 152 am 31. Juli 1997 die Bauartzulassung durch das Eisenbahn-Bundesamt. Im März 1998 begann die Serienlieferung und zum Fahrplanwechsel im Mai 1998 gingen schließlich die ersten zwölf Loks in den Planbetrieb. Durch die Indienststellung der neuen Baureihen 145 von Adtranz ab 1998 sowie 185 von Bombardier Transportation ab 2000 konnte die DB AG auf weitere 150-Planleistungen verzichten.

1998 wurde der Baureihenbestand um die Loks 150 029, 063, 080, 082, 143 und 167 reduziert.

1999 bis 2003

Am 1. Januar 1999 trat die zweite Stufe der Bahnreform in Kraft. Die DB AG wurde in diesem Zuge in eine Holding mit fünf selbständig operierenden Aktiengesellschaften umgewandelt:

Bild 219 ▷
In ihren letzten Dienstjahren erhielt die Baureihe 150 noch neue Aufgaben: Mit Ganzzügen aus dem Werra-Fulda-Kalirevier gelangten die Loks von Gerstungen aus bis in den Hamburger Hafen sowie nach Kehl an die französische Grenze. Am 19. September 2000 trifft **150 116** mit KC 62840 in Hamburg-Hohe Schaar ein.

Aufnahme: Matthias Reder

Bild 220 ▷
Ebenfalls aus dem Fulda-Werra-Kalirevier kam der TKC 48544, mit dem **150 159** am 4. April 2002 bei Großsachsen-Heddesheim an der Bergstraße unterwegs ist. Die Lok bespannte den Zug von Gerstungen bis zum Grenzbahnhof Kehl.

Aufnahme: Norman Kampmann

- DB Reise und Touristik AG,
- DB Regio AG,
- DB Cargo AG,
- DB Netz AG und
- DB Station&Service AG.

Die Lokomotiven der Baureihen 150 gehörten fortan der DB Cargo AG. Ihr Bestand wurde allerdings aufgrund der einsetzenden Auslieferung der 152 drastisch verringert. Gleich 39 Loks verabschiedeten sich 1999 durch Ausmusterung von den Schienen: 150 001, 014, 023, 024, 027, 028, 032, 034, 038, 042, 044, 045, 047, 049, 059, 073, 076, 094, 105, 106, 123, 131, 132, 134, 136, 170–172, 175, 176, 178–180, 184, 187–190 und 193.

Im Jahr 2000 versuchte DB Cargo, durch Zusammenschluss mit Güterverkehrsbetreibern benachbarter Länder, im internationalen Verkehr gegenüber dem Straßentransport wettbewerbsfähig zu bleiben. Am 1. Januar 2000 schlossen sich deshalb zunächst DB Cargo und NS Cargo zu einer GmbH mit dem Namen „Railion“ zusammen, an der die DB 94 % der Anteile hielt. Zu diesem Zeitpunkt war schon die Umwandlung in eine AG vorgesehen, in die weitere Partner aus allen Feldern der Transportwirtschaft geholt werden sollten. Um Kosten zu sparen, sollte die Umbeschriftung des gesamten Fahrzeugparks von DB Cargo jedoch ausschließlich bei anstehenden Hauptuntersuchungen erfolgen. Da keine 150 mehr eine Hauptuntersuchung erhielt, bekam auch keine 150 vor ihrer Ausmusterung noch die Railion-Beschriftung. Als letzte Loks ihrer Baureihe waren 150 165, 150 153 und 150 166 im Frühjahr 1999 im AW Opladen noch einer Hauptuntersuchung mit Umlackierung in Verkehrsrot unterzogen worden.

Im Mai 1999 beendete der Bh Nürnberg den Dienst mit der Baureihe 150 und gab seine verbliebenen Loks nach Kornwestheim ab. Während Hagen seine 150 weitgehend ohne feste Umläufe im Programmverkehr einsetzte, existierten in Kornwestheim noch Umlaufpläne für 28 Maschinen. Die hierin verplanten Loks kamen überwiegend im süddeutschen

◁ **Bild 221**
150 153 erhielt als eine von drei Loks ihrer Baureihe im Jahr 1999 im Werk Opladen nochmals eine Hauptuntersuchung, die am 23. April 1999 abgeschlossen wurde. Die dabei sogar noch in Verkehrsrot umlackierte Lok bringt am 3. Juni 1999 den TC 44240 von Singen über die Gäubahn nach Kornwestheim, hier am Neckarufer bei Sulz.

◁ **Bild 222**
Nachdem sie zuvor als Lz von Kornwestheim gekommen ist, hat **150 179** am 10. September 1999 in Gaildorf West den mit Holzhackschnitzeln beladenen TKC 48544 übernommen und ist nun auf dem Weg zum Grenzbahnhof Kehl. Bei Mittelrot hat der Zug seine Reise gerade erst begonnen. Der elektrische Zugbetrieb auf der Murrbahn war erst im Mai 1996 aufgenommen worden.

Aufnahmen (2):
Norman Kampmann

◁ **Bild 223**
Güterzüge von Würzburg in Richtung Augsburg/München umgehen den Knoten Nürnberg zumeist über die Verbindung Würzburg – Ansbach – Treuchtlingen. Am 23. August 2001 befährt **150 156** bei Gollhofen die kurvenreiche Strecke.

Aufnahme:
Albert Schöppner,
Archiv Jörg Sauter

Raum zum Einsatz, gelangten aber planmäßig u. a. auch noch bis Hamburg Hohe Schaar, Hagen-Vorhalle, Gerstungen und in die Schweiz nach Bettwiesen.

Da auf den engen Radien der Geislinger Steige hoher Radreifenverschleiß an den Schiebeloks auftrat, erhielten die Kornwestheimer 150 158, 174 und 182 im Jahr 2000 eine spezielle Spurkranzschmierung der Firma Rebs eingebaut. Zwei dieser Loks waren fortan in Geislingen (Steige) im Schiebedienst tätig.

Die Ausmusterung der 150 lief auch im Jahr 2000 auf vollen Touren und umfasste insgesamt 30 Loks: 150 019, 035, 037, 046, 053, 062, 066, 081, 084, 085, 087, 088, 122, 130, 133, 135, 138, 144, 145, 147–149, 151, 152, 155, 181, 183, 191, 192 und 194.

Am 10. Juni 2001 erhielt Kornwestheim zur Kompensation seiner Abgänge die letzten aktiven Hagener 150 zugeteilt und wurde somit zur letzten Dienststelle der Baureihe 150.

Bis zum Jahresende 2001 wurden 24 weitere Loks ausgemustert: 150 006, 040, 050, 055, 058, 064, 068, 072, 075, 077, 078, 083, 091, 110, 119–121, 128, 129, 137, 141, 146, 150 und 154.

Da die DB beabsichtigte, ab Ende 2003 vollständig auf die Baureihe 150 zu verzichten, wurden schon ab 2002 kaum noch auftretende Schäden beseitigt. Deshalb wurden am 19. Dezember 2002 die erst 1998 letztmals einer Hauptuntersuchung unterzogenen 150 021, 098, 101, 108, 111, 127 und 177 z-gestellt. Diese Loks hätten nach Ausführung kleinerer Reparaturen noch bis zu vier weitere Jahre eingesetzt werden können!

Bis Ende Dezember waren damit im Jahr 2002 24 Lokomotiven abgestellt worden: 150 021, 031, 051, 054, 056, 070, 093, 098, 100, 101, 104, 107–109, 111–114, 116, 127, 140, 162, 163 und 177.

Bereits am 20. Januar 2003 wurden sechs per 19. Dezember 2002 z-gestellte Loks zusammen mit vier bereits früher aus dem Bestand ausgeschiedenen 150 zum Recyclingunternehmen Bender nach Opladen überführt. Dies zeigt, wie schnell die Baureihe 150 nun von den Schienen verschwand. Zwischen der z-Stellung und der Verschrottung der Loks vergingen kaum mehr als vier Wochen.

Mitte Januar 2003 standen in Kornwestheim noch 44 betriebsfähige Loks der Baureihe 150 zur Verfügung. Aber nur noch 14 von ihnen wurden in festen Umlaufplänen eingesetzt. In den Kornwestheimer Plänen R 1 und R 2 wurden zusammen fünf Loks vor allem mit Ölzügen bis/ab Karlsruhe-Knielingen nach Stuttgart Hafen, Villingen (Schwarzw) und Bettwiesen (CH) eingesetzt. Im Plan R 3

△ **Bild 224** • In ihrem letzten Betriebsjahr trifft **150 043** am 7. Februar 2003 im Bahnhof Dillingen (Saar) auf 151 111 und damit auf eine Lok der ab 1972 gebauten Weiterentwicklung der Baureihe 150. Aufnahmen (2): Georg Dollwet

△ **Bild 225** • Das äußere Erscheinungsbild vieler 150 kündigte ihr nahendes Ende an. Bei **150 160** lag ihre Umlackierung in die verkehrsrote Farbgebung am 18. August 2002 erst vier Jahre zurück (Bahnhof Bous).

△ **Bild 226** • Mit einem Kesselwagenzug durchfährt **150 124** am 17. Juni 2000 bei Banteln das Leinetal. Die Hagener Lok wechselte im Juni 2001 nach Kornwestheim und wurde im Juli 2003 abgestellt. Aufnahme: Jürgen Hörstel

◁ **Bild 227**
Die Mehrzahl der Lokomotiven der Baureihe 150 fand auf dem Gelände des Recycling-Unternehmens Bender ihr Ende. Dort wurden insbesondere ab 1998 in großen Mengen Elektroloks der Baureihen 103, 140 und 150 zerlegt. Am 15. April 2000 sind von der Kornwestheimer **150 151** nur noch Teilstücke vorhanden, die erst zu einem späteren Zeitpunkt in handlichere Stücke zerkleinert wurden.

Aufnahmen (2): Ferdinand von Rüden

△ **Bild 228** • Am 9. Mai 1999 warten zahlreiche Loks der Baureihen 103, 141 und 150 mit **150 176** an der Spitze in Opladen auf die Zerlegung. Aufnahme: Joachim Herter

△ **Bild 229** • Häufig erfolgte die Zerlegung einer Lok innerhalb eines Arbeitstages. Am 15. April 2000 zeichnet sich auch für **150 189** keine Zukunft mehr ab.

▽ **Bild 230** • Am linken Bildrand zeigt sich **150 088** am 10. August 2000 gleich „zweimal" am Zaun des Recycling-Unternehmens in Opladen. Dahinter stehen noch die Lokfronten von **150 184** und **150 180** sowie eine 103, die hier ebenfalls ihr Ende finden wird. Aufnahme: Werner Brutzer

△ **Bild 231** • Außer dem Recyclingunternehmen Bender in Opladen waren weitere Recyclingunternehmen an der Zerlegung der alten DB-Elloks beteiligt, so die Firma Steil im Hafen Ehrang. Am 7. Oktober 2003 warten dort diverse Loks der Baureihen 103, 110/140 und 150 auf ihr baldiges Ende.

bespannte eine 150 ein Zugpaar Karlsruhe-Knielingen – Ulm Rbf/Neu-Ulm. Im Plan R 4 fuhr eine 150 zwischen Ingolstadt/Ingolstadt Nord und München Nord/München Milbertshofen und der Laufplan R 5 sah schließlich Güterzüge ab Augsburg u. a. nach Herbertshofen Süd, Gablingen und München Nord Rbf vor. Je zwei weitere 150 wurden als Schiebeloks auf der Geislinger Steige, der Spessart- sowie der Frankenwaldrampe benötigt.

Die Schubdienste auf der Spessart- und auf der Frankenwaldrampe gingen allerdings schon am 10. Februar 2003 auf die Baureihe 151 über. Auf der Geislinger Steige hielt sich die Baureihe 150 bis zum Jahresende 2003. Es soll aber nicht unerwähnt bleiben, dass 150 139 in der vorletzten Juni-Woche 2003 kurzzeitig noch einmal nach Probstzella für den Schiebedienst auf der Frankenwaldrampe zurückkehrte. Neben den beschriebenen Umläufen war die Baureihe 150 allerdings noch vor Sondergüterzugleistungen bundesweit im Einsatz.

Ab dem 10. Februar 2003 wurden nur noch sechs Lokomotiven der Baureihe 150 planmäßig benötigt. Sie liefen nur noch in Bayern (Güter-, hauptsächlich Ölzüge, im Raum Nürnberg, Ingolstadt, München) und Baden-Württemberg (Raum Mannheim, Karlsruhe, Villingen, Kornwestheim, Aalen sowie im Schiebedienst auf der Geislinger Steige). Im April 2003 ging die Bespannung der planmäßig verkehrenden Ölzüge ab/bis den Raffinerien in Karlsruhe-Knielingen auf die Baureihe 185 über. Allerdings waren in den ersten Einsatzwochen der Baureihe 185 in diesen Diensten noch häufig 150 vor dem Zugpaar nach Villingen (Schwarzw) zu beobachten, während die Beförderung der Kesselwagenzüge nach Stuttgart Hafen weitgehend reibungslos auf die neue Baureihe umgestellt werden konnte.

Eigentlich sollte der Plandienst mit der Baureihe 150 zum Beginn des neuen Fahrplanjahres am 15. Juni 2003 beendet werden. Kurz zuvor trat an 155 109 Ende April 2003 jedoch ein Radreifenbruch auf, woraufhin die Höchstgeschwindigkeit der Baureihe 155 am 23. Mai 2003 auf nur 80 km/h herabgesetzt wurde.

Zwar konnte diese Geschwindigkeitsbeschränkung bereits am 2. Juni 2003 wieder aufgehoben werden, trotzdem hatte die DB noch einmal für zwei Loks der Baureihe 150 einen vom 15. Juni bis zum 13. Dezember 2003 gültigen Laufplan aufgestellt, der montags ø 130 km, dienstags bis freitags ø 314 km, samstags ø 230 km und sonntags ø 17 km vorsah und regionale Güterzugleistungen im Dreieck München – Augsburg – Ingolstadt/Nürnberg umfasste. Zusätzlich waren zuvor die bereits abgestellten Lokomotiven 150 057, 124 und 160 aufgrund der 155-Problematik reaktiviert worden.

△ **Bild 232** • Am 18. Januar 2003 werden in Kornwestheim die Lokomotiven 140 227 und 150 021, 031, 101, 108, 116, 127, 177, 098, 111 sowie am Zugschluss **150 109** für die Abfuhr zur Zerlegung bereitgestellt. Aufn. (2): Jörg Klaehsens

△ **Bild 233** • Rund ein Jahr vor der Abstellung der letzten 150 fanden auf der Baureihe in Thüringen – und damit auf Strecken, die nicht mehr in den Umlaufplänen der Loks enthalten waren – noch Personalschulungen statt. Mit RB 16409 verlässt **150 126** am 4. Juli 2002 Erfurt Hbf und passiert mit 143 151 das Stellwerk „Er". AUFNAHME: JÖRG DÄHN

Trotz der Reaktivierungen schieden schon bald weitere 150 u. a. aufgrund von Fristablauf, loser Radreifen oder Motor- und Trafoschäden aus. Zum Teil erfolgte ihre Außerdienststellung jedoch auch ohne technische Gründe, beispielsweise wenn ein Loküberhang vorlag.

Mit den zu diesem Zeitpunkt bereits ausgemusterten 150 142 und 140 545 wurden in Opladen Crashtests durchgeführt, für welche die beiden Loks eigens mit neuen Hochleistungspuffern ausgerüstet worden waren. 150 142 wurde dabei von 335 161 so beschleunigt, dass sie mit 20 km/h auf die 140 auffuhr. Äußerlich waren an den beiden mit Messeinrichtungen versehenen Elloks nach dem Zusammenstoß keine Schäden erkennbar.

△ **Bild 234** • Drei Monate vor ihrer Ausmusterung fährt **150 065** am 3. August 2003 mit IRC 54550 nach Kornwestheim durch den Bahnhof Wicklesgreuth zwischen Nürnberg und Ansbach. AUFNAHME: RAINER NENNINGER

Außer bei der Firma Bender kam es 2003 auch zur Zerlegung von Loks der Baureihe 150 bei der Firma Steil in Ehrang. Dies gilt z. B. für 150 126, 153, 165, 173 und 182, die in den Monaten Mai und Juni in Ehrang endeten. Ihnen folgten 150 057, 097, 099 und 124 am 12. September 2003.

Die wenigen verbliebenen 150 kamen abseits der beiden Plantage mit Sonderleistungen noch erstaunlich weit herum. So waren sie im November 2003 u. a. in Maschen, Seelze, Gremberg, Aachen, Kreuztal, Dillingen (Saar) und Nürnberg anzutreffen. Darüber hinaus halfen zwei 150 weiterhin als Schiebeloks im 151-Laufplan zwischen Geislingen (Steige) West und Amstetten aus. Zwar waren die Fahrzeiten der dortigen Schiebeleistungen bereits auf die Nachfolgebaureihe ausgelegt, doch hatten auf dieser noch keine Personalschulungen stattgefunden.

Nachdem ab dem 14. Dezember 2003 kein neuer Laufplan mehr für die Baureihe 150 aufgestellt wurde, kamen die zehn noch aktiven Loks 150 025, 043, 060, 079, 086, 125, 166, 168, 169 und 174 dispositiv weiterhin deutschlandweit zum Einsatz.

Zunächst war geplant, die Lokomotiven bis zum Ablauf ihrer Fristen (Rest-Frist-km und Rest-Nachschau-km) weiter einzusetzen.

Mit der Möglichkeit der Verlängerung ihrer letzten Hauptuntersuchungen um

△ **Bild 235** • Kurz vor ihrer Abstellung besuchte **150 166** noch einmal das Ruhrgebiet und überquert am 19. Dezember 2003 mit einem Kesselwagenzug von Gelsenkirchen-Bismarck nach Passau den Ruhrviadukt bei Witten. Nach ihrer Rückkehr nach Kornwestheim leistete sie noch zwei Tage Schiebedienste auf der Geislinger Steige.

maximal zweimal ein Jahr wären alle Loks sogar noch bis Sommer/ Herbst 2004, 150 166, 169 und 174 sogar bis 2005 noch einzusetzen gewesen. Kurzfristig wurde jedoch nach Weihnachten die Verfügung erlassen, alle aktiven 150 bis zum Stichtag 31. Dezember 2003 außer Betrieb zu nehmen und nach Möglichkeit im Heimatwerk Kornwestheim zu sammeln.

Bis Mai 2004 wurden schließlich alle 150 mit Ausnahme der beiden Museumsloks verschrottet. Die DB verkaufte seinerzeit keine Streckenloks an andere Unternehmen, auch wenn sie dadurch höhere Einnahmen als den Schrottpreis erzielt hätte, um die Konkurrenz zu erschweren.

2003 wurden mit 45 Loks mehr 150 ausgemustert als in jedem anderen Jahr:

- 150 025, 026, 030, 033, 043, 052, 057, 060, 061, 065, 067, 071, 079, 086, 089, 090, 092, 095, 097, 099, 102, 103, 115, 124–126, 139, 142, 153, 156–161, 164–166, 168, 169, 173, 174, 182, 185 und 186.

Die DB bewahrte 150 091 sowie auf Initiative von DB-Betriebseisenbahnern 150 186 als Museumsloks auf (vgl. S. 198).

Bild 236 ▷ KC 63801 von Bochum-Präsident nach Dillenburg zählte noch im letzten Betriebsjahr zu den häufig mit 150 bespannten Zügen. Am 15. April 2003 ist **150 124** für diesen Dienst eingeteilt. Gemeinsam mit der in Altenhundem als Schiebelok angesetzten 151 049 erklimmt die Lok bei Benolpe die Rampe nach Welschen-Ennest. Die Schiebelok verblieb fest gekuppelt bis Dillenburg am Zug, um auch in der Steigung zum Rudersdorfer Tunnel zu unterstützen.

AUFNAHMEN (2): NORMAN KAMPMANN

◁ **Bild 237**
Bahnhof Geislingen (Steige) am 29. Dezember 2003: Mit DZ 91647 passiert 103 113 die abgebügelte Schiebelok **150 168** (links), während auf der anderen Seite noch **150 079** auf ihre nächste Leistung wartet.

◁ **Bild 238**
Großes Finale, kurz vor dem endgültigen Aus für die Baureihe 150: Der mit Holzhackschnitzeln beladene TKCS 49881 erklimmt mit der Zuglok **150 086** am 29. Dezember 2003 die Geislinger Steige …

◁ **Bild 239**
… und wird dabei von der Schiebelok **150 079** bis zum Brechpunkt bei Amstetten unterstützt. Zwei Tage später endete die Einsatzära der Baureihe 150.

Aufnahmen (3): Marcus Benz

Bild 240 ▷ Die letzte planmäßige Leistung einer Lok der Baureihe 150 bei der DB: Bei widrigen Wetterbedingungen schleppt **150 079** am Nachmittag des 31. Dezember 2003 ihre Schwester 150 168 von Geislingen (Steige) zum Werk Kornwestheim durch Stuttgart-Untertürkheim.

Letzte Zugleistungen der Baureihe 150 – Dezember 2003

Lok	FKm	nä. REV	Zugleistung	Zugleistung	z-Stellung
150 025	9.607	08.10.2004	65221 Ingolstadt – Stuttgart Hafen (30.12.)	66913 Stuttgart Hafen – Kornwestheim (30.12.)	30.12.2003
150 043	15.461	23.10.2004	58415 Kornwestheim – Ulm (29.12.)	65119 Ulm – Kornwestheim (30.12.)	30.12.2003
150 060	-2.176	05.11.2004	44600 Basel SBB Rbf – Gremberg (23.12.)		23.12.2003
150 079	3.657	02.09.2004	NC 58415 Geislingen West – Amstetten (30.12.)	66913 Geislingen (Steige) – Kornwestheim (31.12.)	31.12.2003
150 086	1.935	10.12.2004	66904 Mannheim Rbf – Ma.-Friedrichsfeld (31.12.)	49749 Mannheim-Friedrichsfeld – Kornwestheim (31.12.)	31.12.2003
150 125	-1.856	09.09.2004	65112 Ka.-Knielingen MIRO – Ulm (29.12.)	59455 Ulm – Kornwestheim (29.12.)	30.12.2003
150 166	5.672	05.05.2004	Schiebedienst Geisl. West – Amstetten (22.12.)	Lz Geislingen (Steige) – Kornwestheim (22.12.)[1]	31.12.2003
150 168	2.674	20.05.2004	NC 52163 Geislingen West – Amstetten (31.12.)	66913 Geislingen (Steige) – Kornwestheim (31.12.)	31.12.2003
150 169	10.219	03.03.2005	66921 Mannheim Rbf – Mannhm.-Käfertal (29.12.)	65143 Mannheim-Käfertal – Kornwestheim (29.12.)	29.12.2003
150 174	3.808	28.01.2005	47587 Aachen West – Siegen (20.12.)	60973 Siegen – Hagen-Vorhalle (20.12.)[2]	22.12.2003

1 schadhaft nach Kornwestheim überführt; **2** Abstellung nach Überschlag;

Bild 241 ▷ Am 19. März 2004 verließen die letzten fünf noch hier vorhandenen Loks der Baureihe 150 (nicht mehr aus eigener Kraft) ihre langjährige Heimat Kornwestheim. An diesem Tag zeigt sich zum Abschied **150 161** noch einmal auf der dortigen Schiebebühne.

Aufnahmen (2): Jörg Klaehsens

△ **Bild 242 •** Im Vergleich zu vielen Schwestermaschinen zeigte sich der orientrote Lack auf **150 001** bis zu ihrer Ausmusterung in gutem Zustand – ganz im Gegensatz zu dem darauf angebrachten weißen „Latz", der am 30. April 1999 in Bebra bereits „erhebliche Auflösungserscheinungen offenbarte. Aufnahme: Jörg Dähn

▽ **Bild 243 • 150 006** war 1972 in einen schweren Unfall verwickelt und erhielt bei der anschließenden Instandsetzung einen komplett neuen Lokkasten aus der damals in der Auslieferung befindlichen jüngsten Bauserie (150 156ff). Am 19. April 1975 zeigt sich die erst wenige Wochen zuvor wieder in Dienst gestellte Lok in Nürnberg Rbf. Aufnahme: Will A. Reed/Eisenbahnstiftung

Es ist nicht einfach, die Beheimatungen von Lokomotiven anzugeben. Die Daten setzen sich häufig aus unterschiedlichen Quellen zusammen. Da ist zunächst das Betriebsbuch der Lok, in dem alle Beheimatungen genauestens vermerkt sein sollten. Doch leider ist dies nicht immer der Fall. Gelegentlich wurde die Eintragung einer Umbeheimatung im neuen Betriebswerk erst dann vorgenommen, wenn an der Lok Reparaturen oder Fristarbeiten vorgenommen wurden. Zum Teil geschah dies sogar erst bei der Zuführung zum AW, oder ein Eintrag wurde fallweise auch ganz vergessen. Daneben kam es immer wieder auch zu Übertragungsfehlern, bei denen der Eintragende beispielsweise den Monat oder das Jahr verwechselte.

Neben den Betriebsbüchern gibt es als Datengrundlage bis in die sechziger Jahre geführte Bestandsverzeichnisse der einzelnen Betriebswerke. Gleichzeitig veröffentlichte jede Direktion damals halbjährlich ein Triebfahrzeugverzeichnis. Leider waren die Verzeichnisse der Betriebswerke und Direktionen vor der EDV-Zeit nicht immer deckungsgleich. Nach der Einführung der EDV gab die Zentralstelle für den Werkstättendienst (ZW) an jede Direktion und jedes Bw halbjährlich ein Triebfahrzeugverzeichnis heraus. Diese Bestandslisten hatten die Stichtage 30.06. und 31.12., mit ihnen können Änderung in der Beheimatung zwar erkannt, aber nicht der Monat der Umbeheimatung nachvollzogen werden.

Seit 1969 wurden die Beheimatungen EDV-mäßig dargestellt und monatlich im Beiblatt zum St10 „Änderungsmeldung zum Triebfahrzeugbestand“ allen maschinentechnischen Dienststellen zugesandt. Sollte ein Triebfahrzeug umgesetzt werden, hatten die abgebende Stelle im „Verwendungsnachweis der Triebfahrzeuge“ für den Tag der Abgabe ein „D“ und die empfangende Stelle für diesen Tag ebenfalls ein gültiges Verwendungszeichen eintragen. Wurden aber z. B. eine falsche Triebfahrzeugnummer oder eine nicht zutreffende Kontrollziffer eingetragen, oder waren zwar beide Einträge korrekt, stammten aber nicht vom selben Tag, oder hatte es die Dienststelle versäumt, den Verwendungsnachweis fristgerecht zur Datenerfassung zu geben, war das Fahrzeug in natura zwar umgesetzt worden, nicht aber in der EDV. Daher sind Umbeheimatungsangaben häufig auf den ersten Tag des Monats datiert, da das EDV-Datensystem der DB keine Rückdatierung zuließ. Letztmalig erschien die „Änderungsliste“ mit dem Stichtag 31. Dezember 1998. Fortan pflegten die entstandenen Geschäftsbereiche der DB AG eigene EDV-Systeme, offizielle Listen wurden ab sofort nicht mehr ausgegeben. Umstationierungen werden seither digital verfügt und auch meist für den Tag der Bekanntgabe festgesetzt. Tatsächlich wechseln die Triebfahrzeuge jedoch häufig erst zum neuen Standort, wenn es die Betriebssituation erlaubt. So können zwischen EDV-mäßiger und tatsächlicher Umstationierung Abweichungen von mehreren Monaten auftreten, wobei einige Abgaben nur leihweise oder gar nur „auf dem Papier“ stattfinden.

△ **Bild 244** • Vor dem Ellokschuppen des Bw Nürnberg Rbf ruhen sich am 29. August 1966 mit **E 50 006** (noch vor ihrem Unfall), **E 50 017** und **E 50 018** (v. l. n. r.) gleich drei Würzburger E 50 aus. Alle drei Loks waren erst am 1. Juni 1966 von Nürnberg nach Würzburg umbeheimatet worden. Aufnahme: Ulrich Budde

Natürlich waren die Beheimatungsangaben auch an den Lokomotiven angeschrieben. Doch beim Vergleich aller Angaben lassen sich häufig Differenzen finden. In diesem Buch dienten als Grundlage der Statistik die Daten aus den Betriebsbüchern der Lokomotiven. Das Datum der z-Stellung oder der Ausmusterung kann dabei zum Teil erst deutlich nach dem Zeitraum der Zerlegung der entsprechenden Lokomotive liegen.

Die Triebfahrzeuge sind in aufsteigender Reihenfolge der EDV-Nummern aufgelistet, da 150 140–150 194 diese von Beginn an trugen und E 50 001–E 50 139 am 1. Januar 1968 entsprechend im neuen System eingepflegt wurden.

Umbenennung von Beheimatungsdienststellen

Mit Schreiben -21.211 Zao 179 des DB-Vorstandes vom 4. Juni 1981 wurde die Schaffung von Einheitsdienststellen verfügt. Anstelle von Bw, Bww, Kbw, Flm, Uw und Heizkraftwerken galt nur noch die Bezeichnung Bahnbetriebswerk (Bw), mit Durchnummerierung einzelner Werke innerhalb eines Ortes (z. B. Bw Hamburg 1, Hamburg 2, Hamburg 3, Hamburg 4 usw.). Diese Verfügung musste bis zum 1. Januar 1983 bundesweit umgesetzt werden. Einzelne Dienststellen begannen bereits zum 1. Januar 1982 mit der Umbenennung.

Bei den nachfolgend aufgeführten Dienststellen traten vorübergehend Umbenennungen auf. Um bei den Lebensläufen zu verdeutlichen, dass es sich dabei nicht um Umbeheimatungen handelt, wird für diese Dienststellen nur die ursprüngliche Bezeichnung verwendet:

- Hagen-Eckesey (01.01.83 – 31.12.93 Hagen 1)
- Nürnberg Rbf (01.01.82 – 31.12.93 Nürnberg 2)
- Stuttgart (01.01.83 – 31.12.93 Stuttgart 1)

Legende

Im nachfolgenden Beheimatungsverzeichnis sind aufgeführt:

- Betriebsnummer ab dem 1. Januar 1968,
- Hersteller des mechanischen Teils,
- Fabriknummer d. mechanischen Teils,
- Hersteller des elektrischen Teils,
- Fabriknummer des elektrischen Teils (nur bei AEG),
- Abnahmedatum (Datum der ersten Beheimatung),
- Beheimatungen/Bemerkungen: Es sind jeweils die Termine aufgeführt, ab denen die Loks in dem nach dem Datum aufgeführten Bw beheimatet waren. Falls die Lok während der Umbeheimatung im AW weilte, ist dies vermerkt.
- Zerlegung: Soweit bekannt mit Angabe des Zerlegungsortes. Dabei gelten folgende Vereinfachungen: **Zerlegung Ehrang** – Zerlegung durch Firma Steil in Ehrang, **Zerlegung Opladen** – Zerlegung durch Firma Bender, **Zerlegung Menteroda** – Zerlegung durch Firma Menteroda Recycling.

△ **Bild 245** • Am 7. März 1988 hat die Sonne im Einschnitt hinter Guntershausen noch nicht alle Schneereste weggeschmolzen, als **150 004** (Bw Nürnberg 2) den Bahnhof mit einem Durchgangsgüterzug nach Bebra und weiter in Richtung Würzburg verlässt. Aufnahme: Dr. Klaus-Peter Lorenz

Beheimatungsverzeichnis

150 001-6 Krupp 3471, AEG 7394

04.04.57	Würzburg
03.01.58	Aschaffenburg
29.05.58	Nürnberg Rbf
09.11.61	Bamberg
07.12.61	Nürnberg Rbf
17.01.62	Kornwestheim
08.05.62	Nürnberg Rbf
01.06.66	Würzburg
26.05.74	Nürnberg Rbf
30.06.93	z-Stellung
07.10.93	wieder im Dienst
02.09.99	Kornwestheim
19.09.99	z-Stellung
30.10.99	Ausmusterung
26.05.00	Zerlegung Opladen

150 002-4 Krupp 3472, AEG 7395

31.05.57	Würzburg
24.12.57	Aschaffenburg
22.05.58	Nürnberg Rbf
07.12.61	Bamberg
17.12.61	Nürnberg Rbf
01.06.66	Würzburg
20.05.74	AW
26.06.74	Nürnberg Rbf
21.06.93	z-Stellung
28.12.93	Ausmusterung
xx.xx.94	Zerlegung Menteroda

150 003-2 Krupp 3473, AEG 7396

21.06.57	Neu-Ulm
24.09.57	Würzburg
14.12.57	Aschaffenburg
28.05.58	Nürnberg Rbf
01.06.66	Würzburg
26.05.74	Nürnberg Rbf
28.12.93	Ausmusterung
xx.xx.94	Zerlegung Menteroda

150 004-0 Krupp 3474 AEG 7397

15.04.57	Würzburg
28.11.57	Aschaffenburg
26.05.58	AW
19.06.58	Nürnberg Rbf (im BZA München 18.08.-04.09.58, 15.09.-18.09.58, 11.05.-15.05.59)
01.06.66	Würzburg
26.05.74	Nürnberg Rbf
28.12.93	Ausmusterung
xx.xx.94	Zerlegung Menteroda

150 005-7 Krupp 3475, AEG 7398

21.06.57 Würzburg
08.10.57 AW
30.10.57 Aschaffenburg
21.05.58 Nürnberg Rbf
01.06.66 Würzburg
26.05.74 Nürnberg Rbf
26.06.93 z-Stellung
28.12.93 Ausmusterung
xx.xx.94 Zerlegung Menteroda

150 006-5 Krupp 3476, AEG 7399

15.06.57 Würzburg
22.11.57 Aschaffenburg
05.06.58 Nürnberg Rbf
02.07.64 Kornwestheim
23.09.64 Nürnberg Rbf
01.06.66 Würzburg
02.03.72 Unfall (Ingolstadt)
13.03.72 AW
15.05.72 z-Stellung, Neuaufbau
07.02.75 i. D .Nürnberg Rbf
01.06.93 z-Stellung
04.11.93 wieder im Dienst
01.09.99 Kornwestheim
20.08.01 Ausmusterung (Brand)
19.09.01 Zerlegung Opladen

150 007-3 Krupp 3477, AEG 7400

26.07.57 Würzburg
05.10.57 Aschaffenburg
24.05.58 Nürnberg Rbf
10.05.66 AW
28.05.66 Würzburg
26.05.74 Nürnberg Rbf
20.05.93 z-Stellung
28.12.93 Ausmusterung
xx.xx.94 Zerlegung Menteroda

150 008-1 Krupp 3478, AEG 7401

04.07.57 Würzburg
29.09.57 Aschaffenburg
30.04.58 Nürnberg Rbf
07.05.66 Würzburg
26.05.74 Nürnberg Rbf
20.05.93 z-Stellung
28.12.93 Ausmusterung
xx.xx.94 Zerlegung Menteroda

150 009-9 Krupp 3479, AEG 7402

26.07.57 Würzburg
05.10.57 Aschaffenburg
20.05.58 AW
04.07.58 Nürnberg Rbf
01.06.66 Würzburg
26.05.74 Nürnberg Rbf
26.05.93 z-Stellung
28.12.93 Ausmusterung
xx.xx.94 Zerlegung Menteroda

150 010-7 Krupp 3480, AEG 7403

18.07.57 Würzburg
29.09.57 Aschaffenburg
07.08.58 AW
05.09.58 Nürnberg Rbf
18.04.66 AW
07.05.66 Würzburg
26.05.74 Nürnberg Rbf
21.06.93 z-Stellung
30.08.93 wieder im Dienst
28.12.93 Ausmusterung
xx.xx.94 Zerlegung Menteroda

150 011-5 Krupp 3481, AEG 7404

12.07.57 Würzburg
26.09.57 Aschaffenburg
25.04.58 Nürnberg Rbf
01.06.66 Würzburg
26.05.74 Nürnberg Rbf
09.09.93 z-Stellung
28.12.93 Ausmusterung
xx.xx.94 Zerlegung Menteroda

150 012-3 Krupp 3482, AEG 7405

23.07.57 Würzburg
09.09.57 Aschaffenburg
20.05.58 Nürnberg Rbf
01.06.66 Würzburg
26.05.74 Nürnberg Rbf
28.12.93 Ausmusterung
xx.xx.94 Zerlegung Menteroda

150 013-1 Krupp 3483, AEG 7406

29.07.57 Würzburg
18.09.57 Aschaffenburg
06.06.58 Nürnberg Rbf
01.06.66 Würzburg
26.05.74 Nürnberg Rbf
03.07.93 z-Stellung
28.12.93 Ausmusterung
xx.xx.94 Zerlegung Menteroda

△ **Bild 246** • Am 4. September 1980 befährt **150 017** (Bw Nürnberg Rbf) die Neckarbrücke zwischen Mannheim-Käfertal und dem Abzweig Mannheim-Rennplatz. Seit 1989 war hier nur noch eingleisiger Betrieb möglich und ab 2006 wurde die alte durch eine neue Stahlbrücke ersetzt. Aufnahme: Henning Folz

150 014-9 **Krupp 3484, AEG 7407**

08.08.57 Würzburg
13.09.57 Aschaffenburg
22.07.58 Nürnberg Rbf
01.06.66 Würzburg
26.05.74 Nürnberg Rbf
03.06.93 z-Stellung
08.12.93 wieder im Dienst
08.05.99 z-Stellung
10.06.99 Ausmusterung
xx.09.94 Zerlegung Nürnberg Rbf

150 015-6 **Krupp 3485, AEG 7408**

14.08.57 Würzburg
23.09.57 Aschaffenburg
23.05.58 Nürnberg Rbf
01.06.66 Würzburg
26.05.74 Nürnberg Rbf
02.09.93 z-Stellung
28.12.93 Ausmusterung
xx.xx.94 Zerlegung Menteroda

150 016-4 **Krupp 3491, AEG 7409**

26.08.57 Würzburg
23.09.57 Aschaffenburg
25.05.58 Nürnberg Rbf
01.06.66 Würzburg
26.05.74 Nürnberg Rbf
26.08.93 z-Stellung
28.12.93 Ausmusterung
xx.xx.94 Zerlegung Menteroda

150 017-2 **Krupp 3492, AEG 7410**

24.08.57 Würzburg
13.09.57 Aschaffenburg
21.04.58 AW
02.10.58 Nürnberg Rbf
01.06.66 Würzburg
26.05.74 Nürnberg Rbf
14.06.93 z-Stellung
28.12.93 Ausmusterung
xx.xx.94 Zerlegung Menteroda

150 018-0 **Krupp 3493, AEG 7411**

18.09.57 Aschaffenburg
02.05.58 AW
04.06.58 Würzburg
09.06.58 Nürnberg Rbf
28.05.59 Aschaffenburg
30.05.59 Würzburg
26.10.59 Nürnberg Rbf
01.06.66 Würzburg
26.05.74 Nürnberg Rbf
28.12.93 Ausmusterung
xx.xx.94 Zerlegung Menteroda

150 019-8 **Krupp 3494, AEG 7412**

02.09.57 Würzburg
13.09.57 Aschaffenburg
10.05.58 Würzburg
27.06.58 Nürnberg Rbf
30.05.59 Würzburg
26.10.59 Nürnberg Rbf
01.06.66 Würzburg
26.05.74 Nürnberg Rbf
02.09.99 Hagen-Eckesey
17.01.00 z-Stellung
20.02.00 Ausmusterung
xx.04.00 Zerlegung Opladen

150 020-6 **Krupp 3495, AEG 7413**

24.09.57 Würzburg
27.09.57 Aschaffenburg
06.05.58 Würzburg
02.03.60 Nürnberg Rbf
01.06.66 Würzburg
26.05.74 Nürnberg Rbf
28.12.93 Ausmusterung
xx.xx.94 Zerlegung Menteroda

150 021-4 **Krupp 3496, AEG 7414**

27.09.57 Würzburg
11.08.60 Nürnberg Rbf
01.06.66 Würzburg
26.05.74 Nürnberg Rbf
01.09.99 Kornwestheim
19.12.02 Ausmusterung
12.02.03 Zerlegung Opladen

150 022-2 **Krupp 3497, AEG 7415**

02.10.57 Würzburg
10.08.60 AW
23.08.60 Nürnberg Rbf
01.06.66 Würzburg
26.05.74 Nürnberg Rbf
28.12.93 Ausmusterung
xx.xx.94 Zerlegung Menteroda

150 023-0 **Krupp 3498, AEG 7416**

31.10.57 Würzburg
22.08.60 Nürnberg Rbf
01.06.66 Würzburg
26.05.74 Nürnberg Rbf
29.06.93 z-Stellung
08.12.93 wieder im Dienst
17.12.98 z-Stellung
20.02.99 Ausmusterung
07.07.99 Zerlegung Opladen

150 024-8 **Krupp 3499, AEG 7417**

15.11.57 Würzburg
25.08.60 Nürnberg Rbf
01.06.66 Würzburg
26.05.74 Nürnberg Rbf
04.06.93 z-Stellung
08.09.93 wieder im Dienst
10.01.99 z-Stellung
30.01.99 Ausmusterung
02.08.99 Zerlegung Opladen

150 025-5 **Krupp 3500, AEG 7418**

10.12.57 Würzburg
01.10.60 Nürnberg Rbf
01.06.66 Würzburg
26.05.74 Nürnberg Rbf
01.09.99 Kornwestheim
31.12.03 Ausmusterung
xx.03.04 Zerlegung Ehrang

150 026-3 **Krupp 3501, AEG 7419**

19.12.57 Würzburg
29.10.62 Nürnberg Rbf
01.06.66 Würzburg
26.05.74 Nürnberg Rbf
01.09.99 Kornwestheim
10.02.03 Ausmusterung
08.04.03 Zerlegung Opladen

150 027-1 **Krupp 3502, AEG 7420**

21.01.58 Würzburg
05.11.62 Nürnberg Rbf
01.06.66 Würzburg
26.05.74 Nürnberg Rbf
20.05.98 z-Stellung
30.01.99 Ausmusterung
07.07.99 Zerlegung Opladen

150 028-9 **Krupp 3503, AEG 7421**

23.01.58 Würzburg
20.11.62 Nürnberg Rbf
01.06.66 Würzburg
26.05.74 Nürnberg Rbf
19.12.98 z-Stellung
20.02.99 Ausmusterung
17.09.99 Zerlegung Opladen

150 029-7 **Krupp 3504, AEG 7422**

07.03.58 Würzburg
24.11.62 Nürnberg Rbf
23.09.64 Würzburg
26.05.74 Nürnberg Rbf
14.05.98 z-Stellung
30.09.98 Ausmusterung
27.02.99 Zerlegung Opladen

150 030-5 **Krupp 3505, AEG 7423**

07.06.58 Würzburg
03.12.62 Nürnberg Rbf
13.05.63 AW
31.05.63 Würzburg
26.05.74 Nürnberg Rbf
01.09.99 Kornwestheim
12.06.03 z-Stellung
16.06.03 Ausmusterung
xx.09.03 Zerlegung Ehrang

150 031-3 **Krauss-Maffei 18257, SSW**

20.10.57 Würzburg
26.10.60 AW
15.11.60 BZA München
19.11.60 Würzburg
03.12.62 Nürnberg Rbf
25.05.63 Würzburg
26.05.74 Nürnberg Rbf
01.09.99 Kornwestheim
31.12.02 Ausmusterung
27.01.03 Zerlegung Opladen

150 032-1 **Krauss-Maffei 18258, SSW**

18.11.57 Würzburg
26.01.63 Kornwestheim
11.03.64 Würzburg
26.05.74 Nürnberg Rbf

Bild 247 ▷ Am 24. Februar 1980 sind die Arbeiten zur Umstellung des Bahnhofs Cölbe an der Main-Weser-Bahn auf Lichtsignale bereits im Gange, als **150 020** des Bw Nürnberg Rbf in den Bahnhof einfährt. Dabei passiert sie auch das vielen Eisenbahnfreunden bekannte Stellwerk „Cn", das die Firma Kibri längere Zeit als H0-Modell im Sortiment führte. Rund ein Jahr später waren die Bauarbeiten abgeschlossen und das Stellwerk hatte ausgedient..

Aufnahme: Axel-Reiner Dupke

21.12.98	z-Stellung
10.06.99	Ausmusterung
22.10.99	Zerlegung Opladen

150 033-9 Krauss-Maffei 18256, SSW

31.10.57	Würzburg
26.01.63	Kornwestheim
20.02.64	Würzburg
26.05.74	Nürnberg Rbf
01.09.99	Kornwestheim
20.01.03	Ausmusterung
19.03.03	Zerlegung Opladen

150 034-4 Krauss-Maffei 18259, SSW

08.02.58	Würzburg
26.05.74	Nürnberg Rbf
30.06.99	Ausmusterung
04.10.99	Zerlegung Opladen

150 035-4 Krauss-Maffei 18260, SSW

26.11.57	Würzburg
26.05.74	Nürnberg Rbf
01.08.99	z-Stellung
01.09.99	Hagen-Eckesey
30.03.00	Ausmusterung
xx.xx.00	Zerlegung Opladen

150 036-2 Krauss-Maffei 18261, SSW

18.12.57	Würzburg
25.07.73	Nürnberg Rbf
01.09.93	z-Stellung
28.12.93	Ausmusterung
xx.xx.94	Zerlegung Menteroda

150 037-0 Krauss-Maffei 18262, SSW

20.12.57	Würzburg
25.07.73	Nürnberg Rbf
14.10.85	Unfall (Zusammenstoß mit 150 183 in Immendingen)
01.11.85	z-Stellung
01.12.85	wieder im Dienst
01.09.99	Hagen-Eckesey
17.02.00	z-Stellung
30.03.00	Ausmusterung
xx.xx.00	Zerlegung Opladen

150 038-8 Krauss-Maffei 18263, SSW

26.02.58	Würzburg
25.07.73	Nürnberg Rbf
09.04.99	z-Stellung
01.09.99	Kornwestheim
30.10.99	Ausmusterung
16.11.99	Zerlegung Opladen

Bild 248 ▷ Ein mehr als ungewohnter Anblick ist diese Vorspannleistung von **150 029** des Bw Nürnberg Rbf vor der Prototyplok 110 002 (Bw Nürnberg Hbf). Beide Loks sind besetzt und aufgebügelt! Hier warten sie am 3. Mai 1975 im Bahnhof Ebersdorf bei Coburg auf den Abfahrauftrag.

Aufnahme: Rolf Behrens, Sammlung Marcus Behrens

◁ **Bild 249**
Am 7. Juni 1991 musste die Planlok der Baureihe 103 des EC 142 „Jan Pietersz Sweelinck" (Köln – Amsterdam) kurzfristig ersetzt werden. Somit ging es anstatt mit einer Höchstgeschwindigkeit von bis zu 200 km/h nur mit maximal der Hälfte dieser Geschwindigkeit hinter der Hagener **150 046** bis zum Grenzbahnhof Emmerich, der mit einer Verspätung von rund 60 Minuten erreicht wurde.

Aufnahme: Henk Bouman

◁ **Bild 250**
Als letzte Lok der ersten Bauart war E 50 041 zu Beginn mit Einfachlampen an den Stirnseiten ausgestattet. Auf der Führerstandsseite 1 wurden diese jedoch schon bald durch Doppelleuchten ersetzt, was gemeinsam mit den seitlichen Schweiger-Lüftungsgittern einen ungewohnten Anblick bot. Mit einem Güterzug von Regensburg in Richtung München durchfährt **150 041** am 19. Juli 1979 den Bahnhof Kläham.

Aufnahme: Bernd Magiera

◁ **Bild 251**
Mit u. a. **150 050** des Werks Hagen 1 wurden im August 2000 von Erfurt aus Personalschulungsfahrten durchgeführt, um die Baureihe 150 weiterhin im Güterverkehr über Bebra und Erfurt hinaus in Richtung Halle (S)/ Leipzig einsetzen zu können. Am 14. August 2000 verlässt die Lok mit SE 16409 (Sangerhausen – Erfurt) den Bahnhof Stotternheim. Die Planlok 143 944 wird am Zugschluss mitgeschleppt.

Aufnahme: Jörg Dähn

150 039-6 **Krauss-Maffei 18264, SSW**

26.02.58	Würzburg
15.05.58	Nürnberg Rbf
17.05.58	Würzburg
25.07.73	Nürnberg Rbf
08.10.93	z-Stellung
28.12.93	Ausmusterung
xx.xx.94	Zerlegung Menteroda

150 040-4 **Krauss-Maffei 18265, SSW**

20.03.58	Würzburg
25.07.73	Nürnberg Rbf
01.09.99	Kornwestheim
20.12.01	Ausmusterung
13.12.01	Zerlegung Opladen

150 041-2 **Krauss-Maffei 18266, SSW**

24.06.58	Würzburg
25.07.73	Nürnberg Rbf
15.12.93	z-Stellung
28.12.93	Ausmusterung
xx.xx.94	Zerlegung Menteroda

150 042-0 **Krupp 4050, AEG 7745**

14.07.60	Würzburg
25.07.73	Nürnberg Rbf
06.02.99	z-Stellung
30.06.99	Ausmusterung
09.09.99	Zerlegung Opladen

150 043-8 **Krupp 4051, AEG 7746**

26.07.60	Würzburg
25.07.73	Nürnberg Rbf
01.09.99	Kornwestheim
31.12.03	Ausmusterung
xx.02.04	Zerlegung Ehrang

150 044-6 **Krupp 4052, AEG 7747**

01.08.60	Würzburg
25.07.73	Nürnberg Rbf
10.05.99	z-Stellung
10.06.99	Ausmusterung
05.11.99	Zerlegung Opladen

150 045-3 **Krupp 4053, AEG 7748**

09.08.60	Würzburg
01.10.72	Nürnberg Rbf
16.07.87	Hagen-Eckesey
11.01.99	z-Stellung
10.08.99	Ausmusterung
11.10.99	Zerlegung Opladen

150 046-1 **Krupp 4054, AEG 7749**

19.08.60	Würzburg
	(BZA Mnd. 17.11.-02.12.65)
01.10.72	Nürnberg Rbf
15.07.87	Hagen-Eckesey
25.02.00	z-Stellung
30.03.00	Ausmusterung
xx.04.00	Zerlegung Opladen

150 047-9 **Krupp 4055, AEG 7750**

24.10.60	Würzburg
01.10.72	Nürnberg Rbf
16.07.87	Hagen-Eckesey
13.11.99	z-Stellung
30.12.99	Ausmusterung
30.12.99	Zerlegung Opladen

△ **Bild 252** • Die bei einem Unfall im Spessart bei Partenstein im Mai 1991 ausgebrannte **150 048** wurde noch vor Ort zerlegt und schied am 28. Juni 1991 aus dem DB-Bestand aus. Aufnahme: Dr. Manfred Consten

150 048-7 **Krupp 4056, AEG 7751**

21.09.60	Würzburg
01.10.72	Nürnberg Rbf
16.07.87	Hagen-Eckesey
03.06.91	z-Stellung
28.06.91	Ausmusterung
xx.06.91	Zerlegung in Partenstein nach Unfall

150 049-5 **Krupp 4236, AEG 7913**

13.10.61	Bamberg
16.02.62	Würzburg
01.10.72	Nürnberg Rbf
16.07.87	Hagen-Eckesey
21.01.99	z-Stellung
20.02.99	Ausmusterung
03.08.99	Zerlegung Opladen

150 050-3 **Krupp 4237, AEG 7914**

24.10.61	Bamberg
17.02.62	Würzburg
01.10.72	Nürnberg Rbf
16.07.87	Hagen-Eckesey
12.02.01	Ausmusterung
25.08.01	Zerlegung Opladen

150 051-1 **Krupp 4238, AEG 7915**

17.10.61	Bamberg
09.11.61	Nürnberg Rbf
17.12.61	Bamberg
24.04.62	Ingolstadt
12.05.62	Nürnberg Rbf
20.08.62	Würzburg
01.10.72	Nürnberg Rbf
16.07.87	Hagen-Eckesey
10.06.01	Kornwestheim
15.02.02	z-Stellung
29.04.02	Ausmusterung
16.04.02	Zerlegung Opladen

150 052-9 Krupp 4239, AEG 7916

27.10.61 Bamberg
12.02.62 Nürnberg Rbf
20.08.62 Würzburg
01.10.72 Nürnberg Rbf
16.07.87 Hagen-Eckesey
10.06.01 Kornwestheim
16.06.03 Ausmusterung
xx.09.03 Zerlegung Ehrang

150 053-7 Krupp 4240, AEG 7917

31.10.61 Bamberg
10.02.62 Nürnberg Rbf
20.08.62 Würzburg
18.09.72 AW
08.11.72 Nürnberg Rbf
03.06.84 Hagen-Eckesey
25.02.00 z-Stellung
30.03.00 Ausmusterung
21.04.00 Zerlegung Opladen

150 054-5 Krupp 4241, AEG 7918

10.11.61 Bamberg
02.12.61 Nürnberg Rbf
08.10.62 Augsburg
20.10.62 Nürnberg Rbf
25.05.63 Würzburg
01.10.72 AW
02.12.72 Nürnberg Rbf
02.06.84 Hagen-Eckesey
10.06.01 Kornwestheim
25.11.02 Ausmusterung
10.12.02 Zerlegung Opladen

150 055-2 Krupp 4242, AEG 7919

17.11.61 Bamberg
20.01.62 Kornwestheim
31.05.81 Stuttgart
17.08.93 Nürnberg Rbf
01.10.93 Stuttgart
20.12.93 Nürnberg Rbf
01.09.99 Kornwestheim
13.03.01 Ausmusterung
xx.04.01 Zerlegung Opladen

150 056-0 Krupp 4243, AEG 7920

27.11.61 Bamberg
16.01.62 Nürnberg Rbf
29.01.62 Kornwestheim
25.09.72 Nürnberg Rbf
03.06.84 Hagen-Eckesey
10.06.01 Kornwestheim
12.08.02 Ausmusterung
19.08.02 Zerlegung Opladen

150 057-8 Krupp 4244, AEG 7921

05.12.61 Nürnberg Rbf
14.02.62 Kornwestheim
01.10.72 Nürnberg Rbf
03.06.84 Hagen-Eckesey
10.06.01 Kornwestheim
15.05.03 z-Stellung
21.05.03 wieder im Dienst
28.07.03 Ausmusterung
xx.xx.03 Zerlegung Ehrang

150 058-6 Krupp 4245, AEG 7922

13.12.61 Würzburg
01.03.62 Kornwestheim
01.10.72 Nürnberg Rbf
03.06.84 Hagen-Eckesey
06.04.01 z-Stellung
10.06.01 Kornwestheim z
20.07.01 Ausmusterung
xx.08.01 Zerlegung Opladen

150 059-4 Krupp 4246, AEG 7923

28.12.61 Nürnberg Rbf
14.02.62 Kornwestheim
06.10.72 Nürnberg Rbf
01.06.75 Bebra
25.09.83 Nürnberg Rbf
23.05.84 AW
08.06.84 Hagen-Eckesey
13.12.99 z-Stellung
30.12.99 Ausmusterung
13.11.01 Zerlegung Opladen

150 060-2 Krupp 4247, AEG 7924

05.01.62 Würzburg
17.02.62 Kornwestheim
01.10.72 Nürnberg Rbf
01.06.75 Bebra
27.09.83 Nürnberg Rbf
01.06.84 Hagen-Eckesey
10.06.01 Kornwestheim
24.12.03 Ausmusterung
08.02.04 Zerlegung Opladen

150 061-0 Krupp 4402, AEG 8064

11.10.62 Nürnberg Rbf
20.11.62 Würzburg
28.05.67 Kornwestheim
31.05.81 Stuttgart
20.12.93 Nürnberg Rbf
01.09.99 Kornwestheim
27.01.03 Ausmusterung
13.03.03 Zerlegung Opladen

150 062-8 Krupp 4403, AEG 8065

25.10.62 Würzburg
28.05.67 Kornwestheim
31.05.81 Stuttgart
27.12.93 Nürnberg Rbf
21.09.98 z-Stellung
01.09.99 Kornwestheim z
30.03.00 Ausmusterung
05.04.00 Zerlegung Opladen

150 063-6 Krupp 4404, AEG 8066

22.10.62 Würzburg
25.07.73 Nürnberg Rbf
01.06.75 Bebra
25.09.88 Nürnberg Rbf
14.05.98 z-Stellung (Unfall)
30.09.98 Ausmusterung
09.07.99 Zerlegung Opladen

150 064-4 Krupp 4405, AEG 8067

03.11.62 Würzburg
25.07.73 Nürnberg Rbf
01.06.75 Bebra
25.09.88 Nürnberg Rbf
01.09.99 Kornwestheim
06.12.01 z-Stellung
08.12.01 Ausmusterung
20.12.01 Zerlegung Opladen

150 065-1 Krupp 4406, AEG 8068

30.11.62 Würzburg
25.07.73 Nürnberg Rbf
01.06.75 Bebra
25.09.88 Nürnberg Rbf
01.09.99 Kornwestheim
03.11.03 Ausmusterung
xx.12.03 Zerlegung Ehrang

150 066-9 Krupp 4407, AEG 8069

14.11.62 Würzburg
25.07.73 Nürnberg Rbf
01.06.75 Bebra
25.09.88 Nürnberg Rbf
01.09.99 Hagen-Eckesey
17.02.00 z-Stellung
30.03.00 Ausmusterung
xx.07.00 Zerlegung Opladen

150 067-7 Krupp 4408, AEG 8070

22.11.62 Würzburg
25.07.73 Nürnberg Rbf
01.06.75 Bebra
25.09.88 Nürnberg Rbf
01.09.99 Kornwestheim
15.12.03 Ausmusterung
xx.04.04 Zerlegung Opladen

150 068-5 Krupp 4409, AEG 8071

03.12.62 Kornwestheim
28.09.75 Bebra
25.09.88 Nürnberg Rbf
01.09.99 Kornwestheim
09.03.01 z-Stellung
13.03.01 Ausmusterung
23.03.01 Zerlegung Opladen

150 069-3 Krupp 4410, AEG 8072

12.12.62 Kornwestheim
28.09.75 Bebra (am 23.05.86 Brand)
26.06.86 z-Stellung
05.03.87 Ausmusterung
xx.xx.87 Zerlegung durch Fa. Dück in München

150 070-1 Krupp 4411, AEG 8073

20.12.62 Würzburg
20.02.64 Kornwestheim
26.09.75 Bebra
25.09.88 Nürnberg Rbf
01.09.99 Kornwestheim
19.01.02 z-Stellung
20.01.02 Ausmusterung
18.01.02 Zerlegung Opladen

△ **Bild 253** • Die am 29. Juli 1997 bereits sechs Jahre alte orientrote Farbgebung von **150 052** zeigt sich in hervorragendem Zustand, als die Lok die Mainbrücke bei Mainz-Bischofsheim verlässt. Bei der drei Wochen zuvor abgeschlossenen Hauptuntersuchung im Werk Dessau dürfte der Lokkasten poliert worden sein. AUFN.: ANDREAS DUMJAHN

▽ **Bild 254** • Die chromoxidgrüne **150 055** des Bw Stuttgart 1 präsentiert sich am 20. Oktober 1990 noch weitgehend im Ursprungszustand, als sie mit dem Gag 57629 (Heilbronn Rbf – Arnegg) bei Kuchen auf dem Weg nach Ulm Rbf ist, wo der Zug von einer 215 übernommen wird. Nach Abschluss ihrer nächsten Hauptuntersuchung im Raw Dessau im April 1993 büßte sie u. a. ihre Regenrinnen und die umlaufenden Griffstangen ein, gleichzeitig wurden an den Seitenwänden die Schiebe- gegen Festfenster und die Mehrfachdüsen-Lüftungsgitter gegen Klatte-Lüftungsgitter getauscht – und natürlich zeigte sich die Lokomotive fortan im damals aktuellen orientroten Farbschema. AUFNAHME: PETER RAPPOLD

◁ **Bild 255**
Viele Jahre verkehrte am frühen Nachmittag ein Lokzug aus zwei bis vier Lokomotiven der Baureihe 150 von Kornwestheim nach Karlsruhe Rbf, welcher der Zuführung der Zugloks zur Bespannung der Ölzüge ab den Raffinerien in Karlsruhe-Knielingen diente. Am 21. Juli 1989 hat die Nürnberger **150 075** bei Vaihingen (Enz) Nord drei Kornwestheimer Schwestern im Schlepp.

Aufnahme:
Werner Brutzer

◁ **Bild 256**
Mit einem Güterzug nach Salzburg-Gnigl passiert **150 074** am 16. Dezember 1988 die zwischen Ostermünchen und Großkarolinenfeld gelegene Blockstelle Hilperting. Die Blockstelle wurde nach 59 Dienstjahren im Frühjahr 2000 außer Betreb genommen.

Aufnahme:
Zeno Pillmann

◁ **Bild 257**
Über die 839 m lange Mainzer Südbrücke wechselt **150 079** mit dem Güterzug 62140 am 15. Juli 1990 von der rechten auf die linke Rheinseite und wird in wenigen Augenblicken den Bahnhof Mainz Süd durchfahren.

Aufnahme:
Andreas Dumjahn

Bild 258 ▷
Am 27. Juli 1990 überquert **150 083** (Bw Nürnberg 2) mit einem kurzen Reisezug, bestehend aus einem n-Wagen und einem Behelfspackwagen die Wörnitzbrücke in Harburg (Schwaben) zwischen Donauwörth und Nördlingen.

Aufnahme: Georg Wagner

150 071-9 Krupp 4412, AEG 8074
04.01.63 Würzburg
12.02.64 Kornwestheim
10.01.72 Bebra
25.09.88 Nürnberg Rbf
01.09.99 Kornwestheim
10.02.03 Ausmusterung
07.04.03 Zerlegung Opladen

150 072-7 Krupp 4413, AEG 8075
26.10.62 Würzburg
24.09.64 Kornwestheim
26.01.72 Bebra
25.09.88 Nürnberg Rbf
01.09.99 Kornwestheim
04.07.01 Ausmusterung
18.07.01 Zerlegung Opladen

150 073-5 Krupp 4414, AEG 8076
30.11.62 Würzburg
21.05.63 Bebra
22.05.64 Kornwestheim
17.10.65 Bebra
25.09.88 Nürnberg Rbf
18.05.99 z-Stellung
30.09.99 Ausmusterung
25.09.99 Zerlegung Opladen

150 074-3 Krupp 4415, AEG 8077
21.12.62 Würzburg
21.05.63 Bebra
21.06.64 Kornwestheim
21.07.65 Bebra
25.09.88 Nürnberg Rbf
11.10.93 z-Stellung
28.12.93 Ausmusterung
xx.xx.94 Zerlegung Menteroda

150 075-0 Krupp 4416, AEG 8078
11.01.63 Würzburg
26.05.63 Bebra
25.09.88 Nürnberg Rbf
01.09.99 Kornwestheim
09.07.01 Ausmusterung
xx.08.01 Zerlegung Opladen

150 076-8 Krupp 4417, AEG 8079
25.01.63 Würzburg
21.05.63 Bebra
25.09.88 Nürnberg Rbf
30.03.99 Ausmusterung
xx.06.99 Zerlegung Opladen

150 077-6 Krupp 4418, AEG 8080
24.01.63 Würzburg
26.05.63 Bebra
25.09.88 Nürnberg Rbf
01.09.99 Kornwestheim
22.07.01 z-Stellung
23.07.01 Ausmusterung
09.08.01 Zerlegung Opladen

150 078-4 Krupp 4419, AEG 8081
31.01.63 Würzburg
30.05.63 Bebra
25.09.88 Nürnberg Rbf
01.09.99 Kornwestheim
20.11.01 Ausmusterung
29.11.01 Zerlegung Opladen

150 079-2 Krupp 4420, AEG 8082
14.02.63 Würzburg
26.05.63 Bebra
25.09.88 Nürnberg Rbf
01.09.99 Kornwestheim
31.12.03 Ausmusterung
xx.04.04 Zerlegung Opladen

150 080-0 Krupp 4421, AEG 8083
19.02.63 Würzburg
26.05.63 Bebra
25.09.88 Nürnberg Rbf
25.02.98 z-Stellung (Unfall am 09.12.97 mit 110 421 bei Hannover-Anderten)
30.03.98 Ausmusterung
xx.xx.98 Zerlegung durch Fa. Bender

150 081-8 Krupp 4422, AEG 8084
21.02.63 Würzburg
27.05.63 Bebra
25.09.88 Nürnberg Rbf
01.09.99 Kornwestheim
10.09.00 z-Stellung
20.11.00 Ausmusterung
xx.11.00 Zerlegung Opladen

150 082-6 Krupp 4423, AEG 8085
28.02.63 Würzburg
27.05.63 Bebra
25.09.88 Nürnberg Rbf
14.05.98 z-Stellung (Unfall)
30.09.98 Ausmusterung
08.06.99 Zerlegung Opladen

150 083-4 Krupp 4424, AEG 8086
19.03.63 Würzburg
23.05.63 Bebra
25.09.88 Nürnberg Rbf
29.05.99 Kornwestheim
06.04.01 Ausmusterung
xx.xx.01 Zerlegung Opladen

150 084-2 Krupp 4425, AEG 8087
07.03.63 Würzburg
23.05.63 Bebra
25.09.88 Nürnberg Rbf
01.09.99 Hagen-Eckesey
10.07.00 z-Stellung
10.08.00 Ausmusterung
xx.xx.00 Zerlegung Opladen

150 085-9 Krupp 4426, AEG 8088
15.03.63 Würzburg
30.03.63 Bebra
25.09.88 Nürnberg Rbf

△ **Bild 259 •** Ihre langsame Fließgeschwindigkeit macht die Altmühl zu einem beliebten Bootswanderfluss. Für das Einlegen von Pausen sind entlang des Flusses entsprechende Möglichkeiten geschaffen worden. Nur kurz stört **150 094** (Bh Nürnberg Rbf) am 3. August 1995 mit einem Kesselwagenzug von den Raffinerien um Ingolstadt die Pause der Wassersportler. AUFNAHME: GEORG WAGNER

	01.09.99	Kornwestheim
	13.11.00	z-Stellung
	20.11.00	Ausmusterung
	xx.11.00	Zerlegung Opladen
150 086-7	**Krupp 4427, AEG 8089**	
	22.03.63	Würzburg
	20.04.63	Bebra
	25.09.88	Nürnberg Rbf
	29.05.99	Kornwestheim
	31.12.03	Ausmusterung
	xx.04.04	Zerlegung Opladen
150 087-5	**Krupp 4428, AEG 8090**	
	29.03.63	Würzburg
	20.04.63	Bebra
	25.09.88	Nürnberg Rbf
	29.05.99	Kornwestheim
	30.03.00	z-Stellung
	20.06.00	Ausmusterung
	05.06.00	Zerlegung Opladen
150 088-3	**Krupp 4429, AEG 8091**	
	05.04.63	Würzburg
	28.04.63	Bebra
	25.09.88	Nürnberg Rbf
	29.05.99	Kornwestheim
	01.09.99	z-Stellung
	20.04.00	Ausmusterung
	xx.08.00	Zerlegung Opladen
150 089-1	**Krupp 4430, AEG 8092**	
	17.04.63	Würzburg
	28.04.63	Bebra
	25.09.88	Nürnberg Rbf
	29.05.99	Kornwestheim
	10.02.03	Ausmusterung
	03.04.03	Zerlegung Opladen
150 090-9	**Krupp 4431, AEG 8093**	
	25.04.63	Würzburg
	28.04.63	Bebra
	25.09.88	Nürnberg Rbf
	29.05.99	Kornwestheim
	27.01.03	Ausmusterung
	14.03.03	Zerlegung Opladen
150 091-7	**Krupp 4432, AEG 8094**	
	26.04.63	Würzburg
	18.05.63	Bebra
	25.09.88	Nürnberg Rbf
	29.05.99	Kornwestheim
	03.11.01	Ausmusterung, danach DB Museum
150 092-5	**Krupp 4433, AEG 8095**	
	08.05.63	Bebra
	25.09.88	Nürnberg Rbf
	29.05.99	Kornwestheim
	14.02.03	Ausmusterung
	11.04.03	Zerlegung Opladen
150 093-3	**Krupp 4439, AEG 8096**	
	23.10.63	Bebra
	25.09.88	Nürnberg Rbf
	29.05.99	Kornwestheim
	28.01.02	Ausmusterung
	22.02.02	Zerlegung Opladen
150 094-1	**Krupp 4440, AEG 8097**	
	31.10.63	Bebra
	25.09.88	Nürnberg Rbf
	30.06.99	Ausmusterung
	07.10.99	Zerlegung Opladen
150 095-8	**Krupp 4441, AEG 8098**	
	08.11.63	Bebra
	25.09.88	Nürnberg Rbf
	29.05.99	Kornwestheim
	31.01.03	Ausmusterung
	12.03.03	Zerlegung Opladen
150 096-6	**Krupp 4442, AEG 8099**	
	14.11.63	Bebra
	25.09.88	Nürnberg Rbf
	27.12.93	z-Stellung
	28.12.93	Ausmusterung
	xx.xx.94	Zerlegung Menteroda
150 097-4	**Krupp 4443, AEG 8100**	
	20.11.63	Bebra
	25.09.88	Nürnberg Rbf

Bild 260 ▷ Nur samstags war im Fahrplanjahr 1999/2000 bei RC 54057 (Kornwestheim – Ulm) planmäßig das Mitführen einer zweiten Lok der Baureihe 150 vorgesehen. Am 11. September 1999 durchfährt **150 093** mit dem Zug und der abgebügelten 150 079 im Schlepp Stuttgart-Münster an der Güterumgehungsbahn Kornwestheim – Stuttgart-Untertürkheim.

Aufnahme: Norman Kampmann

	01.07.95	Hagen-Eckesey
	10.06.01	Kornwestheim
	15.08.03	Ausmusterung
	xx.12.03	Zerlegung Ehrang
150 098-2	**Krupp 4444, AEG 8101**	
	25.11.63	Bebra
	25.09.88	Nürnberg Rbf
	01.07.95	Hagen-Eckesey
	10.06.01	Kornwestheim
	16.12.02	Ausmusterung
	28.01.03	Zerlegung Opladen
150 099-0	**Krupp 4445, AEG 8167**	
	26.11.63	Bebra
	25.09.88	Nürnberg Rbf
	29.05.99	Kornwestheim
	27.01.03	z-Stellung
	30.06.03	Ausmusterung
	xx.xx.03	Zerlegung Ehrang
150 100-6	**Krupp 4446, AEG 8168**	
	04.12.63	Bebra
	25.09.88	Nürnberg Rbf
	23.05.95	Hagen-Eckesey
	10.06.01	Kornwestheim
	19.12.02	Ausmusterung
	21.03.03	Zerlegung Opladen
150 101-4	**Krupp 4447, AEG 8169**	
	11.12.63	Bebra
	25.09.88	Nürnberg Rbf
	23.05.95	Hagen-Eckesey
	10.06.01	Kornwestheim
	19.12.02	Ausmusterung
	10.02.03	Zerlegung Opladen

▽ **Bild 261•** Als Umgehungsbahn des Knotens Würzburg elektrifizierte die DB bis Sommer 1971 die eingleisige Werntalbahn Gemünden (Main) – Waigolshausen (und den sich anschließenden Abschnitt weiter bis nach Bamberg). Am 31. Juli 1986 durchfährt **150 087** (Bw Bebra) bei Reuchelheim das Werntal. Aufnahme: Georg Wagner

150 102-2 Krupp 4448, AEG 8170
18.12.63 Bebra
25.09.88 Nürnberg Rbf
23.05.95 Hagen-Eckesey
10.06.01 Kornwestheim
07.02.03 Ausmusterung
14.04.03 Zerlegung Opladen

150 103-0 Krupp 4449, AEG 8171
23.12.63 Bebra
25.09.88 Nürnberg Rbf
23.05.95 Hagen-Eckesey
10.06.01 Kornwestheim
10.02.03 Ausmusterung
05.04.03 Zerlegung Opladen

150 104-8 Krupp 4450, AEG 8172
14.01.64 Bebra
25.09.88 Nürnberg Rbf
23.05.95 Hagen-Eckesey
10.06.01 Kornwestheim
01.10.02 Ausmusterung
14.10.02 Zerlegung Opladen

150 105-5 Krupp 4451, AEG 8173
13.01.64 Würzburg
26.09.71 Bebra
25.09.88 Nürnberg Rbf
23.05.95 Hagen-Eckesey
01.02.99 z-Stellung
20.02.99 Ausmusterung
28.01.00 Zerlegung Opladen

150 106-3 Krupp 4452, AEG 8174
23.01.64 Würzburg
26.09.71 Bebra
04.06.84 Hagen-Eckesey
05.12.99 z-Stellung
30.12.99 Ausmusterung
xx.04.00 Zerlegung Opladen

150 107-1 Krupp 4453, AEG 8175
21.02.64 Würzburg
25.07.73 Nürnberg Rbf
03.06.84 Hagen-Eckesey
10.06.01 Kornwestheim
09.06.02 z-Stellung (Unfall)
09.07.02 Ausmusterung
xx.08.02 Zerlegung Ehrang

150 108-9 Krupp 4700, AEG 8327
30.04.65 Hagen-Eckesey
10.06.01 Kornwestheim
19.12.02 Ausmusterung
13.02.03 Zerlegung Opladen

150 109-7 Krupp 4701, AEG 8328
30.04.65 Hagen-Eckesey
10.06.01 Kornwestheim
16.12.02 Ausmusterung
23.01.03 Zerlegung Opladen

150 110-5 Krupp 4702, AEG 8329
30.04.65 Hagen-Eckesey
10.06.01 Kornwestheim
17.07.01 Ausmusterung
20.08.01 Zerlegung Opladen

150 111-3 Krupp 4703, AEG 8330
04.05.65 Hagen-Eckesey
10.06.01 Kornwestheim
16.12.02 Ausmusterung
31.01.03 Zerlegung Opladen

150 112-1 Krupp 4704, AEG 8331
11.05.65 Hagen-Eckesey
10.06.01 Kornwestheim
11.11.02 Ausmusterung
18.11.02 Zerlegung Opladen

150 113-9 Krupp 4705, AEG 8332
26.05.65 Kornwestheim
31.05.81 Stuttgart
20.12.93 Nürnberg Rbf
30.05.95 Hagen-Eckesey
10.06.01 Kornwestheim
21.05.02 Ausmusterung
22.05.02 Zerlegung Opladen

150 114-7 Krupp 4706, AEG 8333
10.05.65 Anlieferung
auf IVA München:
14.06.-10.10.65
14.10.65 Abnahme, Kornwestheim
31.05.81 Stuttgart
20.12.93 Nürnberg Rbf
01.09.99 Kornwestheim
28.06.02 Ausmusterung
08.07.02 Zerlegung Opladen

150 115-4 Krupp 4707, AEG 8334
26.05.65 Kornwestheim
31.05.81 Stuttgart
20.12.93 Nürnberg Rbf
01.09.99 Kornwestheim
31.01.03 Ausmusterung
13.03.03 Zerlegung Opladen

150 116-2 Krupp 4708, AEG 8335
09.06.65 Kornwestheim
31.05.81 Stuttgart
20.12.93 Nürnberg Rbf
01.09.99 Kornwestheim
29.10.02 z-Stellung
19.12.02 Ausmusterung
28.01.03 Zerlegung Opladen

150 117-0 Krupp 4709, AEG 8336
15.06.65 Kornwestheim
31.05.81 Stuttgart
28.12.93 Ausmusterung
xx.xx.94 Zerlegung Menteroda

150 118-8 Krupp 4710, AEG 8337
24.06.65 Kornwestheim
31.05.81 Stuttgart
28.12.93 Ausmusterung
xx.xx.94 Zerlegung Menteroda

150 119-6 Krupp 4711, AEG 8338
26.06.65 Kornwestheim
18.05.81 AW
11.06.81 Stuttgart
17.08.93 Nürnberg Rbf
22.09.93 Stuttgart
29.05.95 Hagen-Eckesey
10.06.01 Kornwestheim
15.09.01 z-Stellung
16.09.01 Ausmusterung
28.09.01 Zerlegung Opladen

150 120-4 Krupp 4712, AEG 8339
13.07.65 Kornwestheim
01.06.73 Hagen-Eckesey
04.05.01 Ausmusterung
xx.xx.01 Zerlegung Opladen

150 121-2 Krupp 4713, AEG 8340
09.07.65 Kornwestheim
01.06.73 Hagen-Eckesey
10.06.01 Kornwestheim
20.07.01 Ausmusterung
23.08.01 Zerlegung Opladen

150 122-0 Krupp 4714, AEG 8341
19.07.65 Kornwestheim
01.06.73 Hagen-Eckesey
30.06.00 Z-Stellung
10.08.00 Ausmusterung
xx.02.01 Zerlegung Opladen

150 123-8 Krupp 4715, AEG 8342
26.07.65 Kornwestheim
20.11.72 Hagen-Eckesey
30.03.99 Ausmusterung
19.10.99 Zerlegung Opladen

150 124-6 Krupp 4716, AEG 8343
04.08.65 Kornwestheim
19.11.72 Hagen-Eckesey
10.06.01 Kornwestheim
25.07.03 Ausmusterung
xx.xx.03 Zerlegung Ehrang

150 125-3 Krupp 4717, AEG 8344
21.09.65 Hagen-Eckesey
10.06.01 Kornwestheim
14.02.03 z-Stellung
21.05.03 wieder im Dienst
31.12.03 Ausmusterung
xx.04.04 Zerlegung Opladen

150 126-1 Krupp 4718, AEG 8345
27.09.65 Hagen-Eckesey
10.06.01 Kornwestheim
10.02.03 Ausmusterung
xx.05.03 Zerlegung Ehrang

150 127-9 Krupp 4719, AEG 8346
11.10.65 Hagen-Eckesey
04.06.76 Nürnberg Rbf
06.06.76 Hagen-Eckesey
10.06.01 Kornwestheim

Bild 262 ▷
Nein, hier werden keine Fernverkehrsreisenden von einer 150 befördert (vgl. Bilder 193, 249 und 268). Am 29. Juli 1997 ist **150 115** nur für die Bespannung des Leerreisezuges 32102 eingeteilt, der aus einer reinrassigen IR-Garnitur gebildet ist (Kelsterbach).

Aufnahme: Andreas Dumjahn

19.12.02 Ausmusterung
24.01.03 Zerlegung Opladen

150 128-7 Krupp 4720, AEG 8347
05.06.67 Kornwestheim
24.11.72 Hagen-Eckesey
04.05.01 Ausmusterung
xx.05.01 Zerlegung Opladen

150 129-5 Krupp 4721, AEG 8348
14.06.67 Kornwestheim
10.12.72 Hagen-Eckesey
12.03.01 z-Stellung
04.05.01 Ausmusterung
xx.05.01 Zerlegung Opladen

150 130-3 Krupp 4722, AEG 8349
20.06.67 Kornwestheim
16.01.69 Hagen-Eckesey
19.05.99 z-Stellung
20.02.00 Ausmusterung
05.02.00 Zerlegung Opladen

150 131-1 Krupp 4723, AEG 8350
28.06.67 Hagen-Eckesey
17.12.99 z-Stellung
30.12.99 Ausmusterung
23.02.00 Zerlegung Opladen

150 132-9 Krupp 4724, AEG 8351
07.07.67 Hagen-Eckesey
30.03.99 Ausmusterung
02.08.99 Zerlegung Opladen

150 133-7 Krupp 4725, AEG 8352
18.07.67 Hagen-Eckesey
30.01.00 z-Stellung
20.02.00 Ausmusterung
xx.xx.00 Zerlegung Opladen

150 134-5 Krupp 4726, AEG 8353
26.07.67 Hagen-Eckesey
06.11.99 z-Stellung
30.12.99 Ausmusterung
18.04.00 Zerlegung Opladen

150 135-2 Krupp 4727, AEG 8354
03.08.67 Hagen-Eckesey
31.01.00 z-Stellung
20.02.00 Ausmusterung
xx.04.00 Zerlegung Opladen

150 136-0 Krupp 4728, AEG 8355
18.09.67 Hagen-Eckesey
27.01.99 Z-Stellung
30.04.99 Ausmusterung
03.11.99 Zerlegung Opladen

Bild 263 ▷
Am 26. Oktober 1985 hat **150 120** des Bw Hagen 1 einen Lokzug bestehend aus einer 151, zwei 150 und drei 140 im Schlepp. Bei Langenprozelten im Maintal steht der Fuhre der Anstieg in den Spessart noch bevor.

Aufnahme: Dr. Rolf Brüning

150 137-8 Krupp 4729, AEG 8356
04.10.67 Hagen-Eckesey
08.03.01 z-Stellung
10.06.01 Kornwestheim (z)
20.07.01 Ausmusterung
27.09.01 Zerlegung Opladen

150 138-6 Krupp 4730, AEG 8357
13.10.67 Hagen-Eckesey
10.06.00 z-Stellung
20.06.00 Ausmusterung
06.07.00 Zerlegung Opladen

150 139-4 Krupp 4731, AEG 8358
27.10.67 Hagen-Eckesey
10.06.01 Kornwestheim
28.10.03 z-Stellung
03.11.03 Ausmusterung
xx.12.03 Zerlegung Ehrang

150 140-2 Krupp 4926, AEG 8627
14.01.69 Kornwestheim
28.02.72 Hagen-Eckesey
30.05.99 Kornwestheim
02.08.02 Ausmusterung
14.08.02 Zerlegung Opladen

150 141-0 Krupp 4927, AEG 8628
21.01.69 Kornwestheim
16.06.72 Hagen-Eckesey
30.05.99 Kornwestheim
19.02.01 z-Stellung
20.02.01 Ausmusterung
xx.03.01 Zerlegung Opladen

150 142-8 Krupp 4928, AEG 8629
24.02.69 Kornwestheim
11.12.72 Hagen-Eckesey
30.05.99 Kornwestheim
17.04.03 Ausmusterung
02.12.03 Zerlegung Opladen

150 143-6 Krupp 4929, AEG 8630
10.03.69 Kornwestheim
08.01.73 Hagen-Eckesey
26.09.75 Kornwestheim
31.05.81 Stuttgart
29.05.95 Hagen-Eckesey
08.05.98 z-Stellung (nach Unfall)
30.09.98 Ausmusterung
17.03.99 Zerlegung Opladen

150 144-4 Krupp 4930, AEG 8631
20.03.69 Kornwestheim
08.01.73 Hagen-Eckesey
25.09.75 Kornwestheim
31.05.81 Stuttgart
10.12.97 Kornwestheim
10.08.00 z-Stellung
20.08.00 Ausmusterung
30.10.00 Zerlegung Opladen

150 145-1 Krupp 4931, AEG 8632
14.04.69 Kornwestheim
08.01.73 Hagen-Eckesey
28.09.75 Kornwestheim
31.05.81 Stuttgart
10.12.97 Kornwestheim
29.09.00 z-Stellung
20.11.00 Ausmusterung
xx.12.00 Zerlegung Opladen

150 146-9 Krupp 4932, AEG 8633
14.04.69 Kornwestheim
08.01.73 Hagen-Eckesey
01.02.75 Kornwestheim
31.05.81 Stuttgart
10.12.97 Kornwestheim
06.04.01 Ausmusterung
xx.05.01 Zerlegung Opladen

150 147-7 Krupp 4933, AEG 8634
13.05.69 Kornwestheim
16.01.73 Hagen-Eckesey
01.12.74 Kornwestheim
31.05.81 Stuttgart
10.12.97 Kornwestheim
09.07.00 z-Stellung
10.08.00 Ausmusterung
21.07.00 Zerlegung Opladen

150 148-5 Krupp 4934, AEG 8635
23.07.69 Kornwestheim
05.02.73 Hagen-Eckesey
06.11.74 Kornwestheim
31.05.81 Stuttgart
10.12.97 Kornwestheim
10.06.00 z-Stellung
20.06.00 Ausmusterung
06.07.00 Zerlegung Opladen

150 149-3 Krupp 4935, AEG 8636
02.06.69 Kornwestheim
16.02.73 Hagen-Eckesey
19.10.74 Kornwestheim
31.05.81 Stuttgart
10.12.97 Kornwestheim
22.10.00 z-Stellung
20.11.00 Ausmusterung
xx.11.00 Zerlegung Opladen

150 150-1 Krupp 4936, AEG 8637
25.06.69 Kornwestheim
23.02.73 Hagen-Eckesey
29.09.74 Kornwestheim
31.05.81 Stuttgart
10.12.97 Kornwestheim
26.03.01 z-Stellung
28.03.01 Ausmusterung
xx.04.01 Zerlegung Opladen

150 151-9 Krupp 4937, AEG 8638
08.07.69 Kornwestheim
09.03.73 Hagen-Eckesey
29.09.74 Kornwestheim
31.05.81 Stuttgart
10.12.97 Kornwestheim
18.01.00 z-Stellung
20.02.00 Ausmusterung
xx.04.00 Zerlegung Opladen

150 152-7 Krupp 4942, AEG 8639
22.07.69 Kornwestheim
26.03.73 Hagen-Eckesey
29.09.74 Kornwestheim
31.05.81 Stuttgart
10.12.97 Kornwestheim
10.06.00 z-Stellung
20.06.00 Ausmusterung
xx.10.00 Zerlegung Opladen

150 153-5 Krupp 4943, AEG 8640
29.07.69 Kornwestheim
28.05.73 Hagen-Eckesey
29.09.74 Kornwestheim
31.05.81 Stuttgart
10.12.97 Kornwestheim
07.02.03 Ausmusterung
xx.05.03 Zerlegung Ehrang

150 154-3 Krupp 4944, AEG 8641
24.09.69 Kornwestheim
01.08.73 Hagen-Eckesey
13.09.74 Kornwestheim
31.05.81 Stuttgart
10.12.97 Kornwestheim
01.09.01 z-Stellung
02.09.01 Ausmusterung
24.09.01 Zerlegung Opladen

150 155-0 Krupp 4945, AEG 8642
14.10.69 Kornwestheim
01.06.73 Hagen-Eckesey
26.05.74 Kornwestheim
31.05.81 Stuttgart
10.12.97 Kornwestheim
29.10.00 Z-Stellung
20.11.00 Ausmusterung
xx.11.00 Zerlegung Opladen

150 156-8 Krupp 5113, AEG 8736
21.01.72 Kornwestheim
31.05.81 Stuttgart
10.12.97 Kornwestheim
10.02.03 Ausmusterung
xx.06.03 Zerlegung Ehrang

150 157-6 Krupp 5114, AEG 8737
03.12.71 Kornwestheim
31.05.81 Stuttgart
10.12.97 Kornwestheim
08.10.03 Ausmusterung
xx.xx.04 Zerlegung Ehrang

150 158-4 Krupp 5115, AEG 8738
13.12.71 Kornwestheim
31.05.81 Stuttgart
10.12.97 Kornwestheim
05.11.03 Ausmusterung
xx.xx.04 Zerlegung Ehrang

△ **Bild 264** • Viele Jahre lang schlugen einige Durchgangsgüterzüge der Relation Mannheim –Kornwestheim den Weg durch das Neckartal ein. Erst mit der Inbetriebnahme der Neubaustrecke Mannheim – Stuttgart Mitte 1991 ergaben sich für den Güterverkehr auf der Bestandsstrecke über Bruchsal – Bretten zusätzliche freie Trassen. Auch **150 154** hat am 21. Februar 1990 noch den Umweg über Heilbronn genommen und wird in Kürze den Bahnhof Besigheim (Neckar) durchfahren. AUFNAHME: PETER RAPPOLD

▽ **Bild 265** • Die Kornwestheimer **150 151** befährt am 29. Dezember 1980 mit dem Eilzug E 722 die Strecke Freilassing – Berchtesgaden bei Hammerau. AUFNAHME: FRANK LÜDECKE

◁ **Bild 266**
Der N 7988 bestand planmäßig aus einer Lok der Baureihe 150 und einem einzelnen Silberling, so auch am 28. Juli 1988 mit der Stuttgarter **150 182** als Zuglok. Wenige hundert Meter hinter dem Bahnhof Gundelsheim (Neckar) passiert die bereits wieder stark beschleunigte Fuhre das Schloss Horneck.

Aufnahme: Andreas Dumjahn

◁ **Bild 267**
Am Abend des 3. Mai 1978 durchfährt die Kornwestheimer **150 148** den Haltepunkt Stetten-Beinstein im Remstal. Der Streckenabschnitt von Stuttgart über Waiblingen nach Schorndorf wurde bis 1981 für den S-Bahn-Betrieb angepasst.

Aufnahme: Andreas Illgen

◁ **Bild 268**
Am 22. Mai 1998 ist die Kornwestheimer **150 180** als Hilfslok eingesprungen und schleppt nun mit maximal 100 km/h einen Interregio und dessen Zuglok 120 138 nach Stuttgart. Bei Salach (Fils) fährt der Zug am Gleisanschluss der damals noch existenten Papierfabrik vorüber.

Aufnahme: Peter Rappold

150 159-2 **Krupp 5116, AEG 8739**
15.12.71 Kornwestheim
31.05.81 Stuttgart
10.12.97 Kornwestheim
29.07.03 Ausmusterung
xx.xx.04 Zerlegung Ehrang

150 160-0 **Krupp 5117, AEG 8740**
23.12.71 Kornwestheim
31.05.81 Stuttgart
10.12.97 Kornwestheim
10.02.03 z-Stellung
27.05.03 wieder im Dienst
15.12.03 Ausmusterung
xx.03.04 Zerlegung Ehrang

150 161-8 **Krupp 5118, AEG 8741**
30.12.71 Kornwestheim
31.05.81 Stuttgart
10.12.97 Kornwestheim
23.06.03 z-Stellung
29.07.03 Ausmusterung
xx.04.04 Zerlegung Opladen

150 162-6 **Krupp 5119, AEG 8742**
17.01.72 Kornwestheim
31.05.81 Stuttgart
10.12.97 Kornwestheim
10.09.02 z-Stellung
15.10.02 Ausmusterung
xx.02.04 Zerlegung Ehrang

150 163-4 **Krupp 5120, AEG 8743**
04.02.72 Kornwestheim
31.05.81 Stuttgart
10.12.97 Kornwestheim
01.10.02 Ausmusterung
15.10.02 Zerlegung Opladen

150 164-2 **Krupp 5121, AEG 8744**
08.05.72 Kornwestheim
31.05.81 Stuttgart
10.12.97 Kornwestheim
31.01.03 Ausmusterung
11.03.03 Zerlegung Opladen

150 165-9 **Krupp 5233, AEG 8787**
14.08.72 Kornwestheim
31.05.81 Stuttgart
10.12.97 Kornwestheim
10.02.03 Ausmusterung
xx.05.03 Zerlegung Ehrang

150 166-7 **Krupp 5234, AEG 8788**
25.08.72 Kornwestheim
31.05.81 Stuttgart
10.12.97 Kornwestheim
25.07.03 z-Stellung
06.08.03 wieder im Dienst
31.12.03 Ausmusterung
05.03.04 Zerlegung Opladen

150 167-5 **Krupp 5235, AEG 8789**
14.09.72 Kornwestheim
31.05.81 Stuttgart
10.12.97 Kornwestheim
12.01.98 z-Stellung (Unfall)
30.09.98 Ausmusterung
09.03.99 Zerlegung Opladen

150 168-3 **Krupp 5236, AEG 8790**
20.09.72 Kornwestheim
31.05.81 Stuttgart
10.12.97 Kornwestheim
31.12.03 Ausmusterung
xx.03.04 Zerlegung Ehrang

150 169-1 **Krupp 5237, AEG 8791**
05.10.72 Kornwestheim
31.05.81 Stuttgart
10.12.97 Kornwestheim
31.12.03 Ausmusterung
xx.xx.04 Zerlegung Ehrang

150 170-9 **Krupp 5238, AEG 8792**
25.10.72 Kornwestheim
31.05.81 Stuttgart
10.12.97 Kornwestheim
19.06.99 z-Stellung
30.09.99 Ausmusterung
10.11.99 Zerlegung Opladen

150 171-7 **Krupp 5239, AEG 8793**
10.11.72 Kornwestheim
31.05.81 Stuttgart
10.12.97 Kornwestheim
15.06.99 z-Stellung
10.08.99 Ausmusterung
16.10.99 Zerlegung Opladen

150 172-5 **Krupp 5240, AEG 8794**
14.12.72 Kornwestheim
31.05.81 Stuttgart
10.12.97 Kornwestheim
05.06.99 z-Stellung
10.08.99 Ausmusterung
xx.01.00 Zerlegung Opladen

150 173-3 **Krupp 5241, AEG 8795**
30.11.72 Kornwestheim
31.05.81 Stuttgart
10.12.97 Kornwestheim
05.02.03 z-Stellung
10.02.03 Ausmusterung
xx.06.03 Zerlegung Ehrang

150 174-1 **Krupp 5242, AEG 8796**
19.12.72 Kornwestheim
31.05.81 Stuttgart
10.12.97 Kornwestheim
21.12.03 Ausmusterung
16.03.04 Zerlegung Opladen

150 175-8 **Krupp 5243, AEG 8797**
04.01.73 Kornwestheim
31.05.81 Stuttgart
10.12.97 Kornwestheim
23.08.99 z-Stellung
30.09.99 Ausmusterung
17.02.00 Zerlegung Opladen

150 176-6 **Krupp 5244, AEG 8798**
23.01.73 Kornwestheim
31.05.81 Stuttgart
10.12.97 Kornwestheim
05.06.99 z-Stellung
10.08.99 Ausmusterung
29.10.99 Zerlegung Opladen

150 177-4 **Krupp 5245, AEG 8799**
16.02.73 Kornwestheim
31.05.81 Stuttgart
10.12.97 Kornwestheim
27.09.02 z-Stellung
19.12.02 Ausmusterung
27.01.03 Zerlegung Opladen

150 178-2 **Krupp 5246, AEG 8800**
16.03.73 Kornwestheim
31.05.81 Stuttgart
10.12.97 Kornwestheim
20.12.99 z-Stellung
30.12.99 Ausmusterung
xx.04.00 Zerlegung Opladen

150 179-0 **Krupp 5247, AEG 8801**
19.04.73 Kornwestheim
31.05.81 Stuttgart
10.12.97 Kornwestheim
13.12.99 z-Stellung
30.12.99 Ausmusterung
xx.06.00 Zerlegung Opladen

150 180-8 **Krupp 5248, AEG 8802**
18.05.73 Kornwestheim
31.05.81 Stuttgart
10.12.97 Kornwestheim
30.12.99 Ausmusterung
xx.05.00 Zerlegung Opladen

150 181-6 **Krupp 5249, AEG 8803**
11.07.73 Kornwestheim
31.05.81 Stuttgart
10.12.97 Kornwestheim
26.03.00 z-Stellung
20.04.00 Ausmusterung
xx.06.00 Zerlegung Opladen

150 182-4 **Krauss-Maffei 19616, SSW**
10.10.72 Kornwestheim
31.05.81 Stuttgart
10.12.97 Kornwestheim
25.02.03 Ausmusterung
xx.05.03 Zerlegung Ehrang

150 183-2 **Krauss-Maffei 19617, SSW**
10.10.72 Kornwestheim
31.05.81 Stuttgart
10.12.97 Kornwestheim
15.05.00 z-Stellung
20.06.00 Ausmusterung
xx.06.00 Zerlegung Opladen

150 184-0 Krauss-Maffei 19618, SSW

23.10.72	Kornwestheim
31.05.81	Stuttgart
10.12.97	Kornwestheim
05.06.99	z-Stellung
10.08.99	Ausmusterung
xx.08.00	Zerlegung Opladen

150 185-7 Krauss-Maffei 19619, SSW

13.11.72	Kornwestheim
31.05.81	Stuttgart
10.12.97	Kornwestheim
14.02.03	z-Stellung
05.09.03	Ausmusterung
xx.03.04	Zerlegung Ehrang

150 186-5 Krauss-Maffei 19620, SSW

15.11.72	Kornwestheim
31.05.81	Stuttgart
10.12.97	Kornwestheim
02.07.03	Ausmusterung, anschließend Abgabe an DB-Museum

150 187-3 Krauss-Maffei 19621, SSW

30.11.72	Kornwestheim
31.05.81	Stuttgart
10.12.97	Kornwestheim
01.07.99	z-Stellung
30.09.99	Ausmusterung
04.01.00	Zerlegung Opladen

150 188-1 Krauss-Maffei 19622, SSW

20.12.72	Kornwestheim
31.05.81	Stuttgart
10.12.97	Kornwestheim
23.08.99	z-Stellung
30.09.99	Ausmusterung
xx.04.00	Zerlegung Opladen

150 189-9 Krauss-Maffei 19623, SSW

28.12.72	Kornwestheim
31.05.81	Stuttgart
10.12.97	Kornwestheim
10.06.99	z-Stellung
30.09.99	Ausmusterung
16.08.00	Zerlegung Opladen

150 190-7 Krauss-Maffei 19624, SSW

12.01.73	Kornwestheim
31.05.81	Stuttgart
10.12.97	Kornwestheim
19.09.99	z-Stellung
30.10.99	Ausmusterung
xx.11.00	Zerlegung Opladen

150 191-5 Krauss-Maffei 19625, SSW

02.02.73	Kornwestheim
31.05.81	Stuttgart
10.12.97	Kornwestheim
20.08.00	z-Stellung
20.11.00	Ausmusterung
xx.11.00	Zerlegung Opladen

150 192-3 Krauss-Maffei 19626, SSW

14.02.73	Kornwestheim
31.05.81	Stuttgart
10.12.97	Kornwestheim
26.10.00	z-Stellung
20.11.00	Ausmusterung
xx.11.00	Zerlegung Opladen

150 193-1 Krauss-Maffei 19627, SSW

02.03.73	Kornwestheim
31.05.81	Stuttgart
10.12.97	Kornwestheim
24.10.99	z-Stellung
30.10.99	Ausmusterung
03.11.00	Zerlegung Opladen

150 194-9 Krauss-Maffei 19628, SSW

16.03.73	Kornwestheim
31.05.81	Stuttgart
10.12.97	Kornwestheim
21.10.00	z-Stellung
20.11.00	Ausmusterung
xx.12.00	Zerlegung Opladen

Aus diesen Beheimatungsdaten ergibt sich die in der Tabelle auf S. 139 dargestellte Beheimatungsübersicht für sämtliche Betriebsjahre der Baureihe 150.

△ **Bild 269** • Am 14. Mai 1982 zieht **150 190** (Bw Kornwestheim) diese stilrein aus vierachsigen Umbauwagen gebildete Zuggarnitur über die Strecke Würzburg – Lauda – Heilbronn – Stuttgart. Der Zug hat soeben den Haltepunkt Hirschlanden zwischen Lauda und Osterburken verlassen. Aufnahme: Georg Wagner

△ **Bild 270** • Am 30. April 1994 trägt **150 192** des Bh Stuttgart als eine der letzten Loks ihrer Baureihe noch immer das alte Bundesbahn-Logo auf der Stirnfront. Mit einem Güterzug durchfährt sie den Bahnhof Darmstadt Süd mit seinem markanten Empfangsgebäude. Aufnahme: Ulrich Wehmeyer

Beheimatungsübersicht (jeweils zum Jahresende)

Jahr:	**1957**	**58**	**59**	**60**	**61**	**62**	**63**	**64**	**65**	**66**	**67**	**68**	**69**	**70**	**71**	**72**	**73**
Hagen-Eckesey	-	-	-	-	-	-	-	-	8	8	17	17	18	18	18	25	41
Bebra	-	-	-	-	-	-	31	30	32	32	32	32	32	32	34	36	36
Kornwestheim	-	-	-	-	-	8	10	13	23	23	28	28	43	43	48	56	52
Stuttgart	-	-	-	-	-	-	-	-	-	-	-	-	-	-	-	-	-
Aschaffenburg	19	-	-	-	-	-	-	-	-	-	-	-	-	-	-	-	-
Bamberg	-	-	-	-	7	-	-	-	-	-	-	-	-	-	-	-	-
Nürnberg Rbf	-	19	19	25	28	32	29	28	28	-	-	-	-	-	-	15	30
Würzburg	13	22	22	23	24	33	33	36	36	64	62	62	62	62	60	50	35
Summe:	**32**	**41**	**41**	**48**	**59**	**73**	**103**	**107**	**127**	**127**	**139**	**139**	**155**	**155**	**160**	**182**	**194**

Jahr:	**1974**	**75**	**76**	**77**	**78**	**79**	**80**	**81**	**82**	**83**	**84**	**85**	**86**	**87**	**88**	**89**	**90**
Hagen-Eckesey	32	28	28	28	28	28	28	28	28	28	37	37	37	45	45	45	45
Bebra	36	46	46	46	46	46	46	46	46	44	43	43	43	42	-	-	-
Kornwestheim	61	62	62	62	62	62	62	-	-	-	-	-	-	-	-	-	-
Stuttgart	-	-	-	-	-	-	-	62	62	62	62	62	62	62	62	62	62
Aschaffenburg	-	-	-	-	-	-	-	-	-	-	-	-	-	-	-	-	-
Bamberg	-	-	-	-	-	-	-	-	-	-	-	-	-	-	-	-	-
Nürnberg Rbf	65	58	58	58	58	58	58	58	58	60	52	52	52	44	86	86	86
Würzburg	-	-	-	-	-	-	-	-	-	-	-	-	-	-	-	-	-
Summe:	**194**	**194**	**194**	**194**	**194**	**194**	**194**	**194**	**194**	**194**	**194**	**194**	**194**	**193**	**193**	**193**	**193**

Jahr:	**1991**	**92**	**93**	**94**	**95**	**96**	**97**	**98**	**99**	**2000**	**01**	**02**
Hagen-Eckesey	44	44	44	44	55	55	55	54	45	33	-	-
Bebra	-	-	-	-	-	-	-	-	-	-	-	-
Kornwestheim	-	-	-	-	-	-	51	51	77+1z	60	69	45
Stuttgart	62	62	53	53	51	51	-	-	-	-	-	-
Aschaffenburg	-	-	-	-	-	-	-	-	-	-	-	-
Bamberg	-	-	-	-	-	-	-	-	-	-	-	-
Nürnberg Rbf	86	86	71	71	62	62	62	57	-	-	-	-
Würzburg	-	-	-	-	-	-	-	-	-	-	-	-
Summe:	**192**	**192**	**168**	**168**	**168**	**168**	**168**	**162**	**122+1z**	**93**	**69**	**45**

Die Heimat-Bahnbetriebswerke

△ **Bild 271** • Die Hagener E 50 wurden zunächst vor allem von Altenhundem aus eingesetzt. Die dortigen Bw-Anlagen wurden jedoch nicht mehr mit einer Oberleitung ausgestattet (44 623 und eine noch neue E 50 im Sommer 1965). Aufnahme: Sammlung Günter Mitze/Eisenbahnstiftung

△ **Bild 272** • Am 14. Dezember 1965 steht die Schließung des Bw Altenhundem bevor (diese erfolgte am 31.12.1965). Obwohl der elektrische Betrieb zwischen Hagen und Siegen bereits seit Sommer läuft, sind neben **E 50 126** mit 44 1545 und einer weiteren 44 noch zwei Dampfloks anzutreffen. Aufnahme: Gerhard Moll/Eisenbahnstiftung

Als die Einheitselloks ab 1956 in Dienst gestellt wurden, erfolgte ihre Verteilung – wie bei ihren Vorgängerinnen üblich – auf eine Vielzahl von Betriebswerken, die regional zum Teil verhältnismäßig dicht zusammen lagen. So verfügten vorübergehend vier Betriebswerke der BD Nürnberg über Loks der Baureihe E 50 (Aschaffenburg, Bamberg, Nürnberg Rbf und Würzburg). Dies änderte sich aber schnell. Schon bald wurde die Ellokunterhaltung in einigen Betriebswerken wieder aufgegeben (z. B. Neu-Ulm). Die Unterhaltung der Loks lässt sich in wenigen großen Betriebswerken wegen effektiverer Ersatzteilhaltung und Disposition kostengünstiger durchführen als in vielen kleinen Werken. Im Folgenden werden alle Betriebswerke mit (zeitweiser) E 50-Beheimatung vorgestellt. Dabei werden die Direktionen in geographischer Reihenfolge von Nord nach Süd behandelt.

Zur vereinfachten Darstellung werden in den Bestandstabellen folgende Bw-Abkürzungen verwendet: **Aschaff** – Bw Aschaffenburg, **Bamb** – Bw Bamberg, **H-Eck** – Bw Hagen-Eckesey, **Kornw** – Bw Kornwestheim, **Nbg** – Bw Nürnberg Rbf, (**Neu** – fabrikneu ab Werk), **Stuttg** – Bw Stuttgart und **Würzb** – Bw Würzburg.

BD Wuppertal/Essen

Bw Hagen-Eckesey

Im Laufe der Einsatzzeit der Baureihe 150 wechselte das Bw mehrfach seine Bezeichnung: Bw Hagen-Eckesey (bis 31.12.1982), Bw Hagen 1 (1.1.83 – 31.12.93), Bh Hagen (ab 1.1.94), Werk Hagen (ab 1.1.1998).

Als die Ellokunterhaltung im Bw Hagen-Eckesey aufgenommen wurde, gehörte es noch zur BD Wuppertal. Erst mit der schrittweisen Auflösung der Direktion in den Jahren 1974 und 1975 gelangte das Bw am 1. Februar 1974 zur BD Essen.

Die ersten Elloks wurden benötigt, als ab dem Sommerfahrplan 1964 (ab dem 29. Mai 1964) die Züge auf den Strecken Opladen – Wuppertal – Hagen – Hamm sowie Hagen – Witten – Dortmund elektrisch bespannt wurden. Als Erstausstattung erhielt das Bw Hagen-Eckesey 22 Loks der Baureihe E 40, vier der Baureihe E 40^{11} sowie 35 E 41. Durch weitere Umbeheimatungen und Neulieferungen stieg dieser Bestand bis zum Jahresende 1964 auf insgesamt 71 Loks der drei Baureihen an. Das Bw Hagen-Eckesey beherbergte seinerzeit noch zahlreiche Dampfloks, darunter 26 Maschinen der Baureihe 03^{10} (für die es zum Auslauf-Bw wurde) sowie acht Loks der Baureihe 78. Auch hatte die Dieseltraktion schon mit 26 V 60 und fünf V 100 Einzug gehalten, zusätzlich gab es hier zahlreiche Kleinloks. Das Bw Hagen-Eckesey war damit das größte Bw der BD Wuppertal und ab 1974 das größte Bw der BD Essen.

Eine Ausweitung ihres Einsatzbereiches erfuhren die Hagener Elloks, als am 28. Mai 1965 die durchgehende elektrische Zugförderung auf der Verbindung Hagen – Gießen – Frankfurt (M) aufgenommen wurde. Wegen der Steigungen im Siegerland erhielt das Bw Hagen-Eckesey acht E 50 fabrikneu zugewiesen (E 50 108–112, 125–127). Weitere zehn Loks folgten noch in den Jahren von 1967 bis 1969:

31.12.1969 (18)

150 108	109	110	111	112
125	126	127	130	131
132	133	134	135	136
137	138	139		

Nicht unerwähnt bleiben soll, dass das Bw Hagen-Eckesey kurzzeitig auch Vorkriegs-Elloks der Baureihe 119 (E 19) besaß. Zwi-

△ **Bild 273** • Auch im Heimat-Bw Hagen-Eckesey wirkt die neue E-Traktion am 15. August 1966 noch wie ein Fremdkörper. Unter der großen Bekohlungsanlage vor der Lokleitung steht das ungleiche Paar aus 03 1043 und der am 30. April 1965 fabrikneu nach Hagen gekommenen **E 50 108**. Für die Schnellzugloks der Baureihe 03^{10} sollten es die letzten Betriebswochen sein, denn am 25. September 1966 endete der Einsatz dieser Loks bei der DB. Aufnahme: Gerhard Moll/Eisenbahnstiftung

Bestandszahlen an Loks der Baureihe E 50/150 im Bw Hagen-Eckesey (jeweils zum Jahresende)

1965-1966	1967-1968	1969-1971	1972	1973	1974	1975-1983	1984-1986	1987-1990	1991-1994	1995-1997	1998	1999	2000
8	17	18	25	41	32	28	37	45	44	55	54	45	33

Die Baureihe E 50/150 in Hagen

	aus	von – bis	nach		aus	von – bis	nach		aus	von – bis	nach
150 019	Nbg	02.09.99 – 20.02.00	+	**150 103**	Nbg	23.05.95 – 09.06.01	Kornw	**150 132**	Neu	07.07.67 – 30.03.99	+
150 035	Nbg	01.09.99 – 30.03.00	+	**150 104**	Nbg	23.05.95 – 09.06.01	Kornw	**150 133**	Neu	18.07.67 – 20.02.00	+
150 037	Nbg	01.09.99 – 30.03.00	+	**150 105**	Nbg	23.05.95 – 20.02.99	+	**150 134**	Neu	26.07.67 – 30.12.99	+
150 045	Nbg	16.07.87 – 10.08.99	+	**150 106**	Bebra	04.06.84 – 30.12.99	+	**150 135**	Neu	03.08.67 – 20.02.00	+
150 046	Nbg	15.07.87 – 30.03.00	+	**150 107**	Nbg	03.06.84 – 09.06.01	Kornw	**150 136**	Neu	18.09.67 – 30.04.99	+
150 047	Nbg	16.07.87 – 30.12.99	+	**150 108**	Neu	30.04.65 – 09.06.01	Kornw	**150 137**	Neu	04.10.67 – 10.06.01	Kornw z
150 048	Nbg	16.07.87 – 28.06.91	+	**150 109**	Neu	30.04.65 – 09.06.01	Kornw	**150 138**	Neu	13.10.67 – 20.06.00	+
150 049	Nbg	16.07.87 – 20.02.99	+	**150 110**	Neu	30.04.65 – 09.06.01	Kornw	**150 139**	Neu	27.10.67 – 09.06.01	Kornw
150 050	Nbg	16.07.87 – 12.02.01	+	**150 111**	Neu	04.05.65 – 09.06.01	Kornw	**150 140**	Kornw	28.02.72 – 29.05.99	Kornw
150 051	Nbg	16.07.87 – 09.06.01	Kornw	**150 112**	Neu	11.05.65 – 09.06.01	Kornw	**150 141**	Kornw	16.06.72 – 29.05.99	Kornw
150 052	Nbg	16.07.87 – 09.06.01	Kornw	**150 113**	Nbg	30.05.95 – 09.06.01	Kornw	**150 142**	Kornw	11.12.72 – 29.05.99	Kornw
150 053	Nbg	03.06.84 – 30.03.00	+	**150 119**	Stuttg	29.05.95 – 09.06.01	Kornw	**150 143**	Kornw	08.01.73 – 25.09.75	Kornw
150 054	Nbg	02.06.84 – 09.06.01	Kornw	**150 120**	Kornw	01.06.73 – 04.05.01	+		Stuttg	29.05.95 – 30.09.98	+
150 056	Nbg	03.06.84 – 09.06.01	Kornw	**150 121**	Kornw	01.06.73 – 09.06.01	Kornw	**150 144**	Kornw	08.01.73 – 24.09.75	Kornw
150 057	Nbg	03.06.84 – 09.06.01	Kornw	**150 122**	Kornw	01.06.73 – 10.08.00	+	**150 145**	Kornw	08.01.73 – 27.09.75	Kornw
150 058	Nbg	03.06.84 – 09.06.01	Kornw	**150 123**	Kornw	20.11.72 – 30.03.99	+	**150 146**	Kornw	08.01.73 – 31.01.75	Kornw
150 059	Nbg	08.06.84 – 30.12.99	+	**150 124**	Kornw	19.11.72 – 09.06.01	Kornw	**150 147**	Kornw	16.01.73 – 30.11.74	Kornw
150 060	Nbg	01.06.84 – 09.06.01	Kornw	**150 125**	Neu	21.09.65 – 09.06.01	Kornw	**150 148**	Kornw	05.02.73 – 05.11.74	Kornw
150 066	Nbg	01.09.99 – 30.03.00	+	**150 126**	Neu	27.09.65 – 09.06.01	Kornw	**150 149**	Kornw	16.02.73 – 18.10.74	Kornw
150 084	Nbg	01.09.99 – 10.08.00	+	**150 127**	Neu	11.10.65 – 03.06.76	Nbg	**150 150**	Kornw	23.02.73 – 28.09.74	Kornw
150 097	Nbg	01.07.95 – 09.06.01	Kornw		Nbg	06.06.76 – 09.06.01	Kornw	**150 151**	Kornw	09.03.73 – 28.09.74	Kornw
150 098	Nbg	01.07.95 – 09.06.01	Kornw	**150 128**	Kornw	24.11.72 – 04.05.01	+	**150 152**	Kornw	26.03.73 – 28.09.74	Kornw
150 100	Nbg	23.05.95 – 09.06.01	Kornw	**150 129**	Kornw	10.12.72 – 04.05.01	+	**150 153**	Kornw	28.05.73 – 28.09.74	Kornw
150 101	Nbg	23.05.95 – 09.06.01	Kornw	**150 130**	Kornw	16.01.69 – 20.02.00	+	**150 154**	Kornw	01.08.73 – 12.09.74	Kornw
150 102	Nbg	23.05.95 – 09.06.01	Kornw	**150 131**	Neu	28.06.67 – 30.12.99	+	**150 155**	Kornw	01.06.73 – 25.05.74	Kornw

△ **Bild 274** • Mit dem Niedergang der Kohleförderung und der Montanindustrie im Ruhrgebiet wurden viele Gleisanlagen überflüssig. Auch im Bahnhof Oberwengern zwischen Witten und dem Rangierbahnhof Hagen-Vorhalle zeigt sich am 6. Juli 1991 bereits eine Schotterwüste. Im Hintergrund fährt **150 050** (Bw Hagen 1) mit einem Stahlzug vorbei und passiert auch das Stellwerk Ow, das noch 1991 funktionslos wurde und später einer Feuerwehrübung zum Opfer fiel. AUFNAHME: JOSEF HÖGEMANN

schen dem 9. Januar und dem 20. August 1968 trafen alle vier Loks dieser Baureihe in Hagen ein. Hier gab es jedoch nur wenige passende Leistungen für die „edlen Renner". Auch hatte das Personal Probleme im Umgang mit den ungewohnten Maschinen, so dass sie bis zum 25. Mai 1970 an ihr altes Heimat-Bw (Nürnberg Hbf) zurückgegeben wurden.

Ab 1971 gab das Bw Hagen-Eckesey stufenweise seinen kompletten Bestand an Loks der Baureihen 139 und 140 ab. Ersatzweise erhielt es ab 1972 weitere schwere Güterzugelloks (23 zusätzliche 150 und 16 fabrikneue 151). Am Jahresende 1973 beherbergte das Bw Hagen-Eckesey 199 Elloks, darunter 41 Stück der Baureihe 150 (150 108–112, 120–155).

Der 150-Bestand wurde allerdings bis Ende 1975 durch Abgabe von Loks an das Bw Kornwestheim auf 28 Stück reduziert. Sie wurden in Hagen durch neu abgelieferte 151 ersetzt. Diese Baureihe war universeller einsetzbar, nicht nur wegen ihrer Höchstgeschwindigkeit von 120 km/h und ihrer Dauerleistung von 5.982 kW, sondern auch aufgrund der Doppeltraktions-

◁ **Bild 275**
Der Güterzugpendel zwischen den Stahlstandorten Rheinhausen und Bochum-Präsident zählte viele Jahre zu den Stammaufgaben Hagener 150. Am 10. Mai 1991 befährt **150 058** mit einem Zug aus Richtung Bochum kommend bei Essen Nord die Rheinische Güterbahn via Mülheim-Styrum. Im Jahr 2002 kam das Aus für diese zweigleisige, elektrifizierte und zuletzt dem Güterverkehr vorbehaltene Hauptstrecke.

AUFNAHME: MICHAEL BEITELSMANN

Bild 276 ▷ Am 31. Januar 1996 kommt es an der Güterumgehungsbahn Hannover in Höhe des Continental-Fabrikgebäudes zwischen Hannover-Ahlem und Hannover-Linden zu einer Begegnung von **150 101** des Bh Hagen mit einem Kohlenzug und der in Richtung Seelze fahrenden 140 736.

Aufnahme: Jürgen Hörstel

Bild 277 ▷ **150 100** hat am 9. Juni 1993 aus Richtung Oberhausen-Osterfeld kommend den Übergabebahnhof der RAG Bahn und Hafen Vertriebsgesellschaft in Gladbeck erreicht. Die Lok wird hier einen Kesselwagenzug mit Phenol von der Phenolchemie (Hüls AG) abholen. Zwei Gleise weiter stehen von der RAG nicht mehr benötigte Loks abgestellt.

Aufnahme: Christoph Borr

Bild 278 ▷ Die letzten Planleistungen absolvierten Hagener 150 bis 2001 u. a. vor Kokszügen zwischen Dortmund-Eving und Bremen Rbf. Mit einer Fuhre Koks aus der Dortmunder Kokerei Kaiserstuhl für die Bremer Stahlwerke befährt **150 051** bei Lengerich (Westf) am 27. Mai 2000 die „Rollbahn".

Aufnahme: Josef Högemann

einrichtung. Letztere ermöglichte die Bespannung schwerster Ganzzüge mit zwei 151. Die Auslieferung der Baureihe 151 wurde im Oktober 1977 abgeschlossen, zu diesem Zeitpunkt beheimatete das Bw Hagen-Eckesey 94 Loks dieser Baureihe.

Von den 28 Hagener 150 wurden im Sommerfahrplan 1977 nur 17 im Plandienst eingesetzt. Dies geschah durch die Außenstelle Altenhundem. Bemerkenswert waren viele Langläufe zwischen dem Ruhrgebiet und dem Raum München sowie bis nach Regensburg und Salzburg, bei denen die Loks teilweise fast 24 Stunden vor dem Zug blieben. Dank dieser Langläufe wurden durchschnittliche Laufleistungen von 867 km/Tag erzielt.

Im Juni 1984 sorgte ein Tausch von acht Loks der Baureihe 151 an das Bw Nürnberg 2, gegen acht Loks der Baureihe 150 für Veränderungen im Bestand des Bw Hagen 1.

31.12.1984 (37)

150 053	054	056	057	058
059	060	106	107	108
109	110	111	112	120
121	122	123	124	125
126	127	128	129	130
131	132	133	134	135
136	137	138	139	140
141	142			

Im Juli 1987 führte der wachsende Bedarf an schnellfahrenden und leistungsstarken Güterzugelloks für den Intercargo-Verkehr beim Bw Nürnberg 2 dazu, dass die Hagener Loks 151 017–024 nach Nürnberg kamen, während Hagen als Ersatz die Loks 150 045–052 erhielt.

Die Hagener 150 wurde im Winterfahrplan 1987/88 kaum noch in festen Umläufen eingesetzt. Der Umlaufplan umfasste nur sechs Plantage mit durchschnittlich nur 434 km/Tag. Darin waren u. a. fünf Zugpaare (Gag 58744 bis 58753) für den Transport von Flüssigeisen zwischen Rheinhausen und Bochum-Präsident, drei Zugpaare (Gag 57235, 57240, 57242 bis 57245) für Kokstransporte von Westerholt zur Klöckner-Hütte in Bremen, ein Zugpaar (Gag 57254/255) für den Kohletransport vom Ruhrgebiet nach Bremen-Vegesack sowie Füllleistungen im Ruhrgebiet und im Raum Bremen enthalten. Der Großteil der 150 stand jedoch der Disposition durch die OBL Essen zur Verfügung. Hierbei kamen die Loks häufig sogar bis Passau und Salzburg im Süden sowie Hamburg im Norden.

Als im Mai 1994 der elektrische Lückenschluss zwischen Eichenberg und Nordhausen erfolgte, gelangten Hagener 150 fortan bis Erfurt und Leipzig. Zwischen 1995 und 1997 erreichte der Hagener 150-Bestand seinen Höhepunkt:

31.12.1997 (55)

150 045	046	047	049	050
051	052	053	054	056
057	058	059	060	097
098	100	101	102	103
104	105	106	107	108
109	110	111	112	113
119	120	121	122	123
124	125	126	127	128
129	130	131	132	133
134	135	136	137	138
139	140	141	142	143

Ab dem 27. September 1998 wurden von diesen Loks wieder 15 Exemplare in zwei Umlaufplänen eingesetzt. Wendepunkte im elftägigen Hauptplan EA (Mo ø 318 km, Di-Fr ø 531 km, Sa ø 276 km, So ø 108 km) waren regional u. a.:

- Betzdorf, Bochum-Präsident, Dillenburg, Dortmund-Eving, Dortm.-Obereving, Duisburg-Wedau, Finnentrop, Gremberg, Hagen-Vorhalle, Hagen-Kabel, Hamm Rbf, Hohenlimburg, Kreuztal, Letmathe, Oberhausen-Osterfeld Süd, Plettenberg, Schwerte, Wanne-Eickel sowie Schiebedienste ab Altenhundem nach Welschen-Ennest.

Überregionale Ziele lauteten u. a.:

- Bebra, Freilassing, Gießen, Kassel Rbf, Kornwestheim, Mittersendling, Mühlacker, München Nord, München-Riem, Nürnberg Rbf, Rosenheim, Salzburg-Gnigl und Schaffhausen.

Darüber hinaus wurden vier Loks im Programmverkehr (Kohle-/Stahlzüge) eingesetzt (Laufplan EB, Mo ø 485 km, Di-Fr ø 524 km, Sa ø 262 km, So ø 0 km). Wendepunkte waren in diesem Plan:

- Bottrop Süd, Bremen Rbf, Dortmund-Eving, Duisburg-Ruhrort Hafen, Emmerich, Hagen Gbf, Hagen-Vorhalle, Hamm Rbf, Lünen Süd, Oberhausen-Osterfeld Süd, Oberhausen West, Mark Elverlingsen, Unna, Wanne-Eickel und Witten.

Ab Dezember 2000 waren nur noch drei Loks im Plandienst anzutreffen, wobei die mit internationalen Zügen zwischen Hagen-Vorhalle/Oberhausen West und dem Grenzbahnhof Emmerich eingesetzte 150 bereits zeitnah von der niederlande-tauglichen Baureihe 241 abgelöst wurde.

Damit verblieben im letzten von Hagener 150 gefahrenen Laufplan TT (Programmverkehr, Mo ø 564 km, Di-Fr ø 583 km, Sa ø 487 km, So ø 154 km) noch Aufgaben für zwei Loks, die bis zum 9. Juni 2001 Bestand hatten. Zu diesem Stichtag endete der Einsatz der Baureihe 150 beim Werk Hagen und der Bestand wurde durch Ausmusterung (29 Loks) und Abgabe nach Kornwestheim (26 Loks) bis zum 10. Juni 2001 komplett abgebaut.

Der Laufplan TT beinhaltete ohne Leerfahrten folgende Zugleistungen (Abkürzung: EBPR – Bochum-Präsident):

Tag 1

KCL 62359	EBPR 3:11-5.22 Ddf.-Reisholz, Di-Sa,
KCL 62357	EBPR 6:29-7:42 Ddf.-Reisholz, Mo,
KCL 62401	Do.-Oberev. 7:09-12:11 Bremen Rbf, So,
KCL 62364	Ddf.-Reisholz 7:18-9:11 EBPR, Sa,
KCL 62352	Ddf.-Reisholz 7:21-9:11 EBPR, Di-Fr,
KCL 62358	Ddf.-Reisholz 8:50-10:28 EBPR, Mo,
KCL 62403	Do.-Eving 13:10-19:01 Bremen Rbf, Sa,
KCL 62405	Do.-Eving 20:08-0:44 Bremen Rbf, Mo-Fr,
KCL 62404	Bremen Rbf 20:44-1:19 Do.-Eving, Sa.

Tag 2

KCL 62400	Bremen Rbf 7:30-12:13 Do.-Eving, Mo-Fr,
KCL 62402	Bremen Rbf 11:47-15:52 Do.-Eving, Sa,
KCL 62403	Do.-Eving 13:10-19:01 Bremen Rbf, Mo-Fr,
KCL 62404	Bremen Rbf 20:44-1:19 Do.-Eving, Mo-Fr.

▽ **Bild 279** • Am 7. April 1990 passiert **150 054** (Bw Hagen 1) mit ihrem Ganzzug im Bahnhof Plettenberg an der Ruhr-Sieg-Strecke die aus Plettenberg-Oberstadt eingetroffene 365 621. Aufnahme: Wolf Dietmar Loos

△ **Bild 280** • Wochenbeginn im Bw Bebra: Am Morgen des 9. August 1965 haben bereits einige Elloks den Ringlokschuppen verlassen. Gegen Mittag zeigen sich dort noch **E 50 097**, E 40 1557, **E 50 081** und etwas versteckt auch E 50 099 in ihrer verlängerten Wochenendruhe. AUFNAHMEN (2): DR. GÜNTHER SCHEINGRABER/EK-VERLAG

BD Kassel/Frankfurt (M)

Bestandszahlen an Loks der Baureihe E 50/150 im Bw Bebra (jeweils zum Jahresende)								
1963	1964	1965-1970	1971	1972-1974	1975-1982	1983	1984-1986	1987
31	30	32	34	36	46	44	43	42

Bw Bebra

Das Bw Bebra gehörte bis zum 1. Januar 1975 zur BD Kassel und gelangte erst zum angegebenen Zeitpunkt durch die Auflösung der BD Kassel zur BD Frankfurt (Main).

Der Bahnhof Bebra konnte erstmals am 9. März 1963 von Fulda her mit elektrischer Traktion erreicht werden. Doch erst knapp drei Monate später, am 26. Mai 1963, wurden die den Knoten Bebra passierenden Züge in nennenswerter Anzahl von Elloks bespannt. Zu diesem Zeitpunkt wurde der elektrische Betrieb von Bebra nach Hannover aufgenommen. Gleichzeitig wurde die Lücke zwischen Gemünden (Main) und Elm geschlossen, so dass auch von Bebra bis Würzburg (und damit durchgehend bis Passau) elektrisch gefahren werden konnte. Im Bw Bebra vollzog sich nun der Strukturwandel: Die ölgefeuerten Dampfloks der Baureihen 01^{10} und 44 wichen Elloks der Baureihen E 40, E 41 und E 50. Anders als zu Dampfzeiten waren im Bw Bebra nun keine Schnellzugloks mehr beheimatet.

In den Monaten von März bis Mai 1963 trafen im Bw Bebra aus dem Bw Würzburg kommend die Loks E 50 073–091 ein, E 50 092 kam sogar fabrikneu hierher. Die schweren Güterzu-Elloks wurden hauptsächlich zwischen Würzburg/Frankfurt (M) und Göttingen eingesetzt. Als ab September 1963 der Güterverkehr elektrisch bis zu den Güterbahnhöfen Seelze und Lehrte stattfinden konnte, kamen Bebraner E 40 teilweise auch bis dorthin. Doch es dauerte noch rund fünf Jahre, bis auch E 50 in größerem Umfang über Göttingen hinaus in Richtung Norden eingesetzt wurden. Lange Zeit vertrat die DB den Standpunkt, dass der Einsatz der schweren und teuren Loks nur dort wirtschaftlich sei, wo die Leistungsfähigkeit der E 50 auch benötigt wurde. Später ergaben Berechnungen, dass ein rationeller Lokeinsatz dann gegeben ist, wenn die Züge möglichst wenig umspannen müssen und damit kürzere Fahrzeiten erreichen.

Ab September 1964 wurde die Strecke Kassel – Eichenberg elektrisch befahren.

△ **Bild 281** • Haupteinsatzstrecke der E 50 des Bw Bebra war die Nord-Süd-Strecke zwischen Göttingen und Würzburg. **E 50 085** ist am Montag, den 9. August 1965 bereits wieder im Einsatz und durchfährt Burghaun.

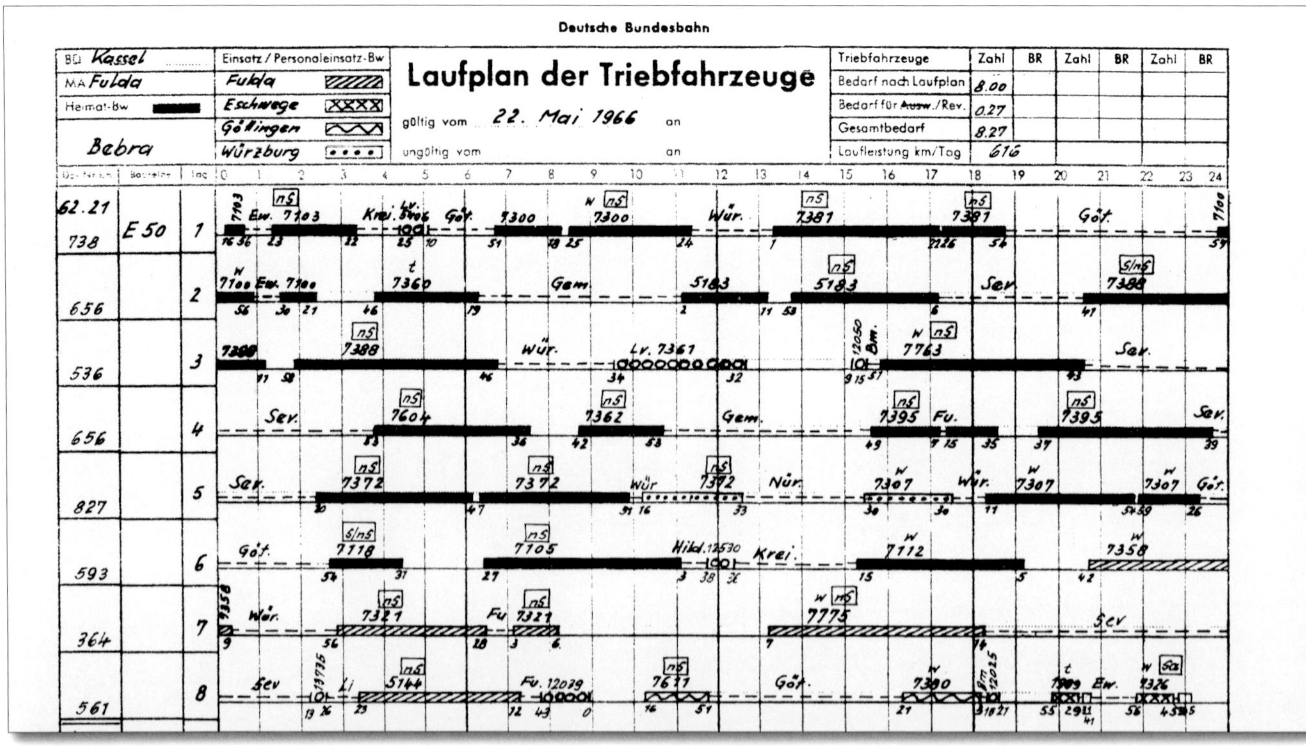

△ **Bild 282 •** Laufplan des Bw Bebra, gültig ab 22. Mai 1966, für acht Loks der Baureihe E 50: Die aufgeführten Personal-Bw Fulda, Eschwege, Göttingen und Würzburg geben einen Überblick über den Einsatzbereich. Allerdings kamen die E 50 auch über Göttingen hinaus bis Seelze Rbf (Ser). Dort wurde für die Weiterfahrt der Züge nach Hamburg oder Bremen auf E 40 umgespannt. Den größten Langlauf hatten die E 50 im Plantag 5, an dem sie von Seelze bis Nürnberg vor demselben Zug (7372) blieben. Da sie noch am gleichen Tag nach Göttingen zurückfuhren, schafften sie am Plantag 5 insgesamt 827 km. ABBILDUNG: SAMMLUNG KLAUS HOPF

Da das Bw Kassel keine eigenen Elloks erhielt, war das Bw Bebra für die Zugförderung auf dieser Strecke zuständig. Der E 50-Bestand umfasste Ende 1964 30 Maschinen (E 50 075–104). Die E 50 073 und E 50 074 leisteten vorübergehend Dienst im Bw Kornwestheim.

Die Aufnahme des elektrischen Betriebs zwischen Bebra und Kassel am 24. September 1966 und zwischen Kassel und Gießen am 20. März 1967 erschloss den Bebraner Loks neue Einsatzgebiete. Wegen der zunehmenden Zahl an Langläufen stieg auch ihre Laufleistung an.

Am 11. Dezember 1970 wurde die Strecke Hamm/Unna – Altenbeken – Kassel auf elektrischen Betrieb umgestellt. Da das Bw Bebra auch auf dieser Strecke maßgeblich an der Zugförderung beteiligt war, stieg der Lokbedarf des Bw Bebra vorübergehend auf über 100 Elloks. Zum Bestand vom 31. Dezember 1973, bei dem mit 107 Elloks (14 Loks der Baureihe 139, 26 der Baureihe 140, 31 der Baureihe 141 und 36 der Baureihe 150) der Höchststand vorlag, gehörten die Loks 150 071–106.

Eine deutliche Bestandsveränderung trat 1975 ein. Da die 14 Bebraner Loks der Baureihe 139 mit ihrer elektrischen Bremse für den Betrieb auf der neu elektrifizierten Schwarzwaldbahn benötigt wurden, gab das Bw die entsprechenden 139 an das Bw Offenburg ab, wobei es als Ersatz sieben Loks der Baureihe 150 vom Bw Nürnberg Rbf (150 059, 060, 063–067) und drei vom Bw Kornwestheim (150 068–070) erhielt. Damit war der Verlust nur zum Teil ausgeglichen. Allerdings hatten die Loks des Bw Bebra nun auch weniger zu fahren, da ein Teil der Leistungen von neuen 151 der Bw Nürnberg Rbf und Hagen-Eckesey übernommen wurde.

Die Baureihe E 50/150 in Bebra

	aus	von	bis	nach		aus	von	bis	nach
150 059	Nbg	01.06.75	24.09.83	Nbg	**150 083**	Würzb	23.05.63	24.09.88	Nbg
150 060	Nbg	01.06.75	26.09.83	Nbg	**150 084**	Würzb	23.05.63	24.09.88	Nbg
150 063	Nbg	01.06.75	24.09.88	Nbg	**150 085**	Würzb	30.03.63	24.09.88	Nbg
150 064	Nbg	01.06.75	24.09.88	Nbg	**150 086**	Würzb	20.04.63	24.09.88	Nbg
150 065	Nbg	01.06.75	24.09.88	Nbg	**150 087**	Würzb	20.04.63	24.09.88	Nbg
150 066	Nbg	01.06.75	24.09.88	Nbg	**150 088**	Würzb	28.04.63	24.09.88	Nbg
150 067	Nbg	01.06.75	24.09.88	Nbg	**150 089**	Würzb	28.04.63	24.09.88	Nbg
150 068	Kornw	28.09.75	24.09.88	Nbg	**150 090**	Würzb	28.04.63	24.09.88	Nbg
150 069	Kornw	28.09.75	05.03.87	+	**150 091**	Würzb	18.05.63	24.09.88	Nbg
150 070	Kornw	26.09.75	24.09.88	Nbg	**150 092**	Neu	08.05.63	24.09.88	Nbg
150 071	Kornw	10.01.72	24.09.88	Nbg	**150 093**	Neu	23.10.63	24.09.88	Nbg
150 072	Kornw	26.01.72	24.09.88	Nbg	**150 094**	Neu	31.10.63	24.09.88	Nbg
150 073	Würzb	21.05.63	21.05.64	Kornw	**150 095**	Neu	08.11.63	24.09.88	Nbg
	Kornw	17.10.65	24.09.88	Nbg	**150 096**	Neu	14.11.63	24.09.88	Nbg
150 074	Würzb	21.05.63	20.06.64	Kornw	**150 097**	Neu	20.11.63	24.09.88	Nbg
	Kornw	21.07.65	24.09.88	Nbg	**150 098**	Neu	25.11.63	24.09.88	Nbg
150 075	Würzb	26.05.63	24.09.88	Nbg	**150 099**	Neu	26.11.63	24.09.88	Nbg
150 076	Würzb	21.05.63	24.09.88	Nbg	**150 100**	Neu	04.12.63	24.09.88	Nbg
150 077	Würzb	26.05.63	24.09.88	Nbg	**150 101**	Neu	11.12.63	24.09.88	Nbg
150 078	Würzb	30.05.63	24.09.88	Nbg	**150 102**	Neu	18.12.63	24.09.88	Nbg
150 079	Würzb	26.05.63	24.09.88	Nbg	**150 103**	Neu	23.12.63	24.09.88	Nbg
150 080	Würzb	26.05.63	24.09.88	Nbg	**150 104**	Neu	14.01.64	24.09.88	Nbg
150 081	Würzb	27.05.63	24.09.88	Nbg	**150 105**	Würzb	26.09.71	24.09.88	Nbg
150 082	Würzb	27.05.63	24.09.88	Nbg	**150 106**	Würzb	26.09.71	03.06.84	H-Eck

31.12.1975 (46)

150 059	060	063	064	065
066	067	068	069	070
071	072	073	074	075
076	077	078	079	080
081	082	083	084	085
086	087	088	089	090
091	092	093	094	095
096	097	098	099	100
101	102	103	104	105
106				

△ **Bild 283** • Zwischen Adelhaidsdorf und Celle fließt die Neue Aue (Arm der Burgdorfer Aue) auf einer Länge von 3,5 km parallel zur KBS 360 Lehrte – Celle. An der 1935 in Betrieb genommenen Blockstelle Weißmoor hat **150 093** (Bw Bebra) am 16. Mai 1985 auch 120 005 und 120 002 als Wagenloks im Schlepp. Aufnahme: Jürgen Hörstel

Gegenüber früheren Jahren kamen die 150 nun häufiger vor Reisezugleistungen zum Einsatz. So waren im Winterfahrplan 1976/77 im 34-tägigen Laufplan folgende Personenzüge enthalten:

Reisezüge mit BR 150, Bw Bebra, 1976/77

N 4142	Ffm Hbf 16:45-17:28 Friedberg, Mo-Fr,
N 4147	Friedberg 16:53-17:35 Frankfurt (M), So,
N 4192	Gießen 17:45-18:18 Marburg, Di-Fr,
N 4197	Kassel 14:38-16:55 Gießen, Di-Fr,
N 4875	Fulda 16:54-17:20 Schlüchtern, Mo-Fr,
N 5282	Ulm 16:38-17:45 Göppingen, Mo-Fr,
N 5928	Bebra 5:18-6:33 Kassel Hbf, Mo-Fr,
N 5938	Bebra 12:42-13:48 Kassel Hbf, Mo-Fr,
N 7065	Dillenburg 9:02-9:50 Gießen, nS.

In den folgenden Jahren traten keine gravierenden Veränderungen bei den Einsätzen auf. Entferntere Wendepunkte im Güterverkehr waren im Winterfahrplan 1985/86 im 25-tägigen Laufplan u. a. Basel Bad Rbf, Braunschweig, Bremen Rbf, Gremberg, Hamm Rbf, Kornwestheim, Lauda, Maschen, Passau, Schweinfurt und Ulm. Auch im Reisezugdienst waren Bebraner 150 nach wie vor aktiv:

Reisezüge mit BR 150, Bw Bebra, 1985/86

E 3660	Bebra 6:02-6:50 Eichenberg, Mo,
E 3662	Bebra 7:14-7:58 Eichenberg, Mo-Fr,
E 3664	Bebra 12:01-12:43 Eichenberg, Mo-Fr,
E 3667	Eichenberg 13:13-13:56 Bebra, Mo-Fr,
E 3677	Eichenberg 7:06-7:52 Bebra, Mo,
E 3679	Eichenberg 8:08-8:52 Bebra, Mo-Fr,

△ **Bild 284** • Ab dem Winterfahrplan 1983/84 erreichten 150 des Bw Bebra planmäßig sogar Haltingen und Basel Bad Rbf. Am 26. April 1987 begegnet **150 103** bei Lahr (Schwarzwald) dem sich auf einer Sonderfahrt befindlichen 798 660. Aufnahme: Günther Dillig

△ **Bild 285** • Die erst wenige Monate alte **E 50 093** hat gemeinsam mit einer E 94 am 9. Juni 1964 den Knoten Gemünden (Main) aus Richtung Aschaffenburg erreicht. Das Ziel des aus OOt-Selbstentladewagen gebildeten Zuges dürfte Donawitz, Garching, München oder Nürnberg gewesen sein. Auf dem Nebengleis wartet 44 834 auf die Ausfahrt in Richtung der noch nicht elektrifizierten Werntalbahn nach Waigoldshausen. AUFNAHME: DR. GÜNTHER SCHEINGRABER/EK-VERLAG

E 3681	Göttingen 5:58-6:58 Bebra, Mo-Fr,
N 5876	Lauda 6:32-7:15 Würzburg Hbf, Mo,
N 5885	Würzburg Hbf 13:35-14:18 Lauda, Mo,
N 5935	Kassel Hbf 12:37-13:39 Bebra, Mo-Fr,
N 5937	Kassel Hbf 13:48-14:48 Bebra, Sa+So,
N 5942	Bebra 16:11-17:15 Kassel Hbf, Mo-Fr,
N 6804	Schweinf. Hbf 6:09-6:43 Würz. Hbf, Di-Fr,
N 7825	Bebra 7:30-8:18 Fulda, Mo-Fr.

Zum Beginn des Sommerfahrplans 1986 lösten zwei 150 des Bw Bebra die im Übergabezug-Dienst in Basel eingesetzten Loks der Baureihe 194 ab.

Am 5. März 1987 wurde die Bebraner 150 069 nach einem Schaltwerksbrand ausgemustert. Damit schied sie als erste Lok ihrer Baureihe aus dem Bestand aus.

Die Bebraner 150 wurden überwiegend vor Durchgangs- und Nahgüterzügen auf den Strecken Seelze/Lehrte – Nürnberg, Kassel – Frankfurt (M) – Kornwestheim und Bebra – Kassel – Hamm eingesetzt. Der letzte vom Bw Bebra aufgestellte 150-Laufplan sah im Sommerfahrplan 1988 noch den Einsatz von 27 Planloks vor. Die interessantesten Leistungen waren dabei:

Auszug Leistungen mit BR 150, Bw Bebra, So 1988

E 3876	Bebra 13:37-14:26 Kassel Hbf, Mo-Fr,
N 5524	Aalen 10:25-11:12 Crailsheim, Mo,
N 5716	Basel B. Bf 6:28-6:42 Efr.-Kirchen, Mo-Sa,
N 5719	Efr.-Kirchen7:07-7:20 Basel B. Bf, Mo-Sa,
E 14247	Nürnberg Hbf 3:25-5:50 Passau, Di-Fr.
TEEM 40722	Basel B. Rbf 10:23-21:39 Maschen, Mo-Sa,
TEEM 40725	Maschen 17:13-5:00 Basel Bad Rbf, Di-Fr,
TEEM 40728	Basel B. Rbf 23:03-10:00 Maschen, Mo-Fr,
Dg 53711	Maschen 0:01-11:31 Basel Bad Rbf, So,
ICG 55400	Ffm Ost 21:49-4:14 Maschen, Mo-Fr,
ICG 55830	Mü. Süd 20:52-4:55 Köln Eifeltor, Mo-Fr.

◁ **Bild 286**
Direkt vom Bahnsteig aus konnte in Bebra das Ein- und Ausrücken der Elloks aus bzw. in den Ringlokschuppen 2 beobachtet werden. Im Januar 1984 wird **150 099** von der örtlichen Kleinlok auf die Drehscheibe ihres Heimat-Bw gezogen.

AUFNAHME: DR. KLAUS-PETER LORENZ

Bild 287 ▷ Zu den ersten E 50 des Bw Kornwestheim zählte **E 50 059**, die im Februar 1962 mit vier weiteren Loks vom Bw Nürnberg Rbf ins Schwäbische umbeheimatet wurde. Am 24. Juni 1962 durchfährt sie mit einem Güterzug den zwischen Stuttgart und Bruchsal gelegenen Bahnhof Bretten.

AUFNAHME: HELMUT RÖTH, EISENBAHNSTIFTUNG

BD Stuttgart

Elektrifizierte Strecken gibt es in der Direktion Stuttgart bereits seit 1933, denn am 1. Juni jenes Jahres wurde der elektrische Betrieb zwischen Augsburg und Stuttgart aufgenommen. Im Oktober 1934 folgte die „Elektrisierung" der Strecke Plochingen – Tübingen. Dann setzte eine 17-jährige Pause bei den Elektrifizierungsarbeiten ein. In den Jahren von 1950 bis 1955 wurde schrittweise die Strecke Stuttgart – Heidelberg elektrifiziert. Für den Güterverkehr auf den elektrifizierten Strecken standen der BD Stuttgart in erster Linie Loks der Baureihen E 93 und E 94 zur Verfügung.

Bw/Werk Kornwestheim

Das Bw Kornwestheim war seit der Elektrifizierung der Strecke Stuttgart – Augsburg (– München) im Jahr 1933 für die Beförderung der Güterzüge auf dieser Strecke zuständig. Für diese Aufgabe bekam es im selben Jahr 13 Loks der Baureihe E 93 fabrikneu zugewiesen. Zusätzlich standen ihm vier Loks der Baureihe E 91 zur Verfügung. Als die Auslieferung der Baureihe E 94 erfolgte, erhielt das Bw Kornwestheim in den Jahren 1942 bis 1944 auch von diesen schweren Güterzugelloks 14 Exemplare zugeteilt. An diesem Lokbestand änderte sich bis 1962 nicht viel. Allerdings traten in den ersten Nachkriegsjahren einige Schwankungen auf, da viele Loks vorübergehend an das Bw Ulm abgegeben wurden.

Am 17. Januar 1962 erhielt das Bw Kornwestheim mit E 50 001 seine erste Einheitsellok. Die aus Nürnberg gekommene Lok kehrte nach viermonatigem Einsatz in Baden-Württemberg wieder dorthin zurück.

△ **Bild 288** • Am 7. März 1966 ist **E 50 118** noch kein Jahr alt, als die fabrikneu nach Kornwestheim gekommene Lok in ihrem Heimat-Betriebswerk rangiert. AUFNAHME: WALTER HANOLD/ARCHIV JÖRG SAUTER

Ebenfalls im Januar 1962 traf E 50 055 vom Bw Bamberg ein, der im März 1962 fünf E 50 (E 50 056–060) aus Nürnberg folgten. Die ersten fabrikneuen E 50 erhielt das Bw Kornwestheim mit E 50 068 und 069 im Dezember 1962. Bis 1973 wurde der Bestand ausgebaut, wobei die meisten Loks aus Neulieferungen stammten. Einige exemplarische Bestände:

31.12.1962 (8)

E 50055	056	057	058	059
060	068	069		

31.12.1965 (23)

E 50055	056	057	058	059
060	068	069	070	071
072	113	114	115	116
117	118	119	120	121
122	123	124		

31.12.1969 (43)

150 055	056	057	058	059
060	061	062	068	069
070	071	072	113	114
115	116	117	118	119
120	121	122	123	124
128	129	140	141	142
143	144	145	146	147
148	149	150	151	152
153	154	155		

31.12.1973 (52)

150 055	061	062	068	069
070	113	114	115	116
117	118	119	156-194	

Durch die Einheitselloks wurden die Altbauelloks freigesetzt. Die letzten Loks der Baureihe E 91/191 verließen Kornwestheim 1968, die der Baureihe E 94/194 im Jahr

Die Baureihe E 50/150 in Kornwestheim I

	aus	ab	bis	nach
150 001	Nbg	17.01.62	07.05.62	Nbg
	Nbg	02.09.99	30.10.99	+
150 006	Nbg	02.07.64	22.09.64	Nbg
	Nbg	01.09.99	20.08.01	+
150 025	Nbg	01.09.99	31.12.03	+
150 026	Nbg	01.09.99	08.04.03	+
150 030	Nbg	01.09.99	16.06.03	+
150 031	Nbg	01.09.99	31.12.02	+
150 032	Würzb	26.01.63	10.03.64	Würzb
150 033	Würzb	26.01.63	19.02.64	Würzb
	Nbg	01.09.99	20.01.03	+
150 038	Nbg	01.09.99	30.10.99	+
150 040	Nbg	01.09.99	20.12.01	+
150 043	Nbg	01.09.99	31.12.03	+
150 051	H-Eck	10.06.01	29.04.02	+
150 052	H-Eck	10.06.01	16.06.03	+
150 054	H-Eck	10.06.01	25.11.02	+
150 055	Bamb	20.01.62	30.05.81	Stuttg
	Nbg	01.09.99	13.03.01	+
150 056	Nbg	29.01.62	24.09.72	Nbg
	H-Eck	10.06.01	12.08.02	+
150 057	Nbg	14.02.62	30.09.72	Nbg
	H-Eck	10.06.01	28.07.03	+
150 058	Würzb	01.03.62	30.09.72	Nbg
	H-Eck z	10.06.01	20.07.01	+
150 059	Nbg	14.02.62	05.10.72	Nbg
150 060	Würzb	17.02.62	30.09.72	Nbg
	H-Eck	10.06.01	24.12.03	+
150 061	Würzb	28.05.67	30.05.81	Stuttg
	Nbg	01.09.99	27.01.03	+
150 062	Würzb	28.05.67	30.05.81	Stuttg
	Nbg z	01.09.99	30.03.00	+
150 064	Nbg	01.09.99	08.12.01	+
150 065	Nbg	01.09.99	03.11.03	+
150 067	Nbg	01.09.99	15.12.03	+
150 068	Neu	03.12.62	27.09.75	Bebra
	Nbg	01.09.99	13.03.01	+
150 069	Neu	12.12.62	27.09.75	Bebra
150 070	Würzb	20.02.64	25.09.75	Bebra
	Nbg	01.09.99	20.01.02	+
150 071	Würzb	12.02.64	09.01.72	Bebra
	Nbg	01.09.99	10.02.03	+
150 072	Würzb	24.09.64	25.01.72	Bebra
	Nbg	01.09.99	04.07.01	+
150 073	Bebra	22.05.64	17.10.65	Bebra
150 074	Bebra	21.06.64	20.07.65	Bebra
150 075	Nbg	01.09.99	09.07.01	+
150 077	Nbg	01.09.99	23.07.01	+
150 078	Nbg	01.09.99	20.11.01	+
150 079	Nbg	01.09.99	31.12.03	+
150 081	Nbg	01.09.99	20.11.00	+
150 083	Nbg	29.05.99	06.04.01	+
150 085	Nbg	01.09.99	20.11.00	+
150 086	Nbg	29.05.99	31.12.03	+
150 087	Nbg	29.05.99	20.06.00	+
150 088	Nbg	29.05.99	20.04.00	+
150 089	Nbg	29.05.99	10.02.03	+
150 090	Nbg	29.05.99	27.01.03	+
150 091[1]	Nbg	29.05.99	03.11.01	+
150 092	Nbg	29.05.99	14.02.03	+
150 093	Nbg	29.05.99	28.01.02	+
150 095	Nbg	29.05.99	31.01.03	+
150 097	H-Eck	10.06.01	15.08.03	+
150 098	H-Eck	10.06.01	19.12.02	+
150 099	Nbg	29.05.99	30.06.03	+

	aus	ab	bis	nach
150 100	H-Eck	10.06.01	05.03.03	+
150 101	H-Eck	10.06.01	19.12.02	+
150 102	H-Eck	10.06.01	05.02.03	+
150 103	H-Eck	10.06.01	10.02.03	+
150 104	H-Eck	10.06.01	01.10.02	+
150 107	H-Eck	10.06.01	09.07.02	+
150 108	H-Eck	10.06.01	19.12.02	+
150 109	H-Eck	10.06.01	19.12.02	+
150 110	H-Eck	10.06.01	17.07.01	+
150 111	H-Eck	10.06.01	16.12.02	+
150 112	H-Eck	10.06.01	11.11.02	+
150 113	Neu	26.05.65	30.05.81	Stuttg
	H-Eck	10.06.01	21.05.02	+
150 114	Neu	14.10.65	30.05.81	Stuttg
	H-Eck	10.06.01	28.06.02	+
150 115	Neu	26.05.65	30.05.81	Stuttg
	Nbg	01.09.99	31.01.03	+
150 116	Neu	09.06.65	30.05.81	Stuttg
	Nbg	01.09.99	19.12.02	+
150 117	Neu	15.06.65	30.05.81	Stuttg
150 118	Neu	24.06.65	30.05.81	Stuttg
150 119	Neu	26.06.65	18.05.81	AW[2]
	H-Eck	10.06.01	16.09.01	+
150 120	Neu	13.07.65	31.05.73	H-Eck
150 121	Neu	09.07.65	31.05.73	H-Eck
	H-Eck	10.06.01	20.07.01	+
150 122	Neu	19.07.65	31.05.73	H-Eck
150 123	Neu	26.07.65	19.11.72	H-Eck
150 124	Neu	04.08.65	18.11.72	H-Eck
	H-Eck	10.06.01	25.07.03	+
150 125	H-Eck	10.06.01	24.12.03	+
150 126	H-Eck	10.06.01	10.02.03	+
150 127	H-Eck	10.06.01	19.12.02	+
150 128	Neu	05.06.67	23.11.72	H-Eck
150 129	Neu	14.06.67	09.12.72	H-Eck
150 130	Neu	20.06.67	15.01.69	H-Eck
150 137	H-Eck z	10.06.01	20.07.01	+
150 139	H-Eck	10.06.01	03.11.03	+
150 140	Neu	14.01.69	27.02.72	H-Eck
	H-Eck	30.05.99	02.08.02	+
150 141	Neu	21.01.69	15.06.72	H-Eck
	H-Eck	30.05.99	20.02.01	+
150 142	Neu	24.02.69	10.12.72	H-Eck
	H-Eck	30.05.99	17.04.03	+
150 143	Neu	10.03.69	07.01.73	H-Eck
	H-Eck	26.09.75	30.05.81	Stuttg
150 144	Neu	20.03.69	07.01.73	H-Eck
	H-Eck	25.09.75	30.05.81	Stuttg
	Stuttg	10.12.97	20.08.00	+
150 145	Neu	14.04.69	07.01.73	H-Eck
	H-Eck	28.09.75	30.05.81	Stuttg
	Stuttg	10.12.97	20.11.00	+
150 146	Neu	14.04.69	07.01.73	H-Eck
	H-Eck	01.02.75	30.05.81	Stuttg
	Stuttg	10.12.97	06.04.01	+
150 147	Neu	13.05.69	15.01.73	H-Eck
	H-Eck	01.12.74	30.05.81	Stuttg
	Stuttg	10.12.97	10.08.00	+
150 148	Neu	23.07.69	04.02.73	H-Eck
	H-Eck	06.11.74	30.05.81	Stuttg
	Stuttg	10.12.97	20.06.00	+
150 149	Neu	02.06.69	15.02.73	H-Eck
	H-Eck	19.10.74	30.05.81	Stuttg
	Stuttg	10.12.97	20.11.00	+
150 150	Neu	25.06.69	22.02.73	H-Eck

	aus	ab	bis	nach
150 150	H-Eck	29.09.74	30.05.81	Stuttg
	Stuttg	10.12.97	28.03.01	+
150 151	Neu	08.07.69	08.03.73	H-Eck
	H-Eck	29.09.74	30.05.81	Stuttg
	Stuttg	10.12.97	20.02.00	+
150 152	Neu	22.07.69	25.03.73	H-Eck
	H-Eck	29.09.74	30.05.81	Stuttg
	Stuttg	10.12.97	20.06.00	+
150 153	Neu	29.07.69	28.05.73	H-Eck
	H-Eck	29.09.74	30.05.81	Stuttg
	Stuttg	10.12.97	07.02.03	+
150 154	Neu	24.09.69	01.08.73	H-Eck
	H-Eck	13.09.74	30.05.81	Stuttg
	Stuttg	10.12.97	02.09.01	+
150 155	Neu	14.10.69	31.05.73	H-Eck
	H-Eck	26.05.74	30.05.81	Stuttg
	Stuttg	10.12.97	20.11.00	+
150 156	Neu	21.01.72	30.05.81	Stuttg
	Stuttg	10.12.97	10.02.03	+
150 157	Neu	03.12.71	30.05.81	Stuttg
	Stuttg	10.12.97	08.10.03	+
150 158	Neu	13.12.71	30.05.81	Stuttg
	Stuttg	10.12.97	05.11.03	+
150 159	Neu	15.12.71	30.05.81	Stuttg
	Stuttg	10.12.97	29.07.03	+
150 160	Neu	23.12.71	30.05.81	Stuttg
	Stuttg	10.12.97	15.12.03	+
150 161	Neu	30.12.71	30.05.81	Stuttg
	Stuttg	10.12.97	29.07.03	+
150 162	Neu	10.01.72	30.05.81	Stuttg
	Stuttg	10.12.97	15.10.02	+
150 163	Neu	04.02.72	30.05.81	Stuttg
	Stuttg	10.12.97	01.10.02	+
150 164	Neu	08.05.72	30.05.81	Stuttg
	Stuttg	10.12.97	31.01.03	+
150 165	Neu	14.08.72	30.05.81	Stuttg
	Stuttg	10.12.97	10.02.03	+
150 166	Neu	25.08.72	30.05.81	Stuttg
	Stuttg	10.12.97	31.12.03	+
150 167	Neu	14.09.72	30.05.81	Stuttg
	Stuttg	10.12.97	30.09.98	+
150 168	Neu	20.09.72	30.05.81	Stuttg
	Stuttg	10.12.97	31.12.03	+
150 169	Neu	05.10.72	30.05.81	Stuttg
	Stuttg	10.12.97	31.12.03	+
150 170	Neu	25.10.72	30.05.81	Stuttg
	Stuttg	10.12.97	30.09.99	+
150 171	Neu	10.11.72	30.05.81	Stuttg
	Stuttg	10.12.97	10.08.99	+
150 172	Neu	14.12.72	30.05.81	Stuttg
	Stuttg	10.12.97	10.08.99	+
150 173	Neu	30.11.72	30.05.81	Stuttg
	Stuttg	10.12.97	10.02.03	+
150 174	Neu	19.12.72	30.05.81	Stuttg
	Stuttg	10.12.97	22.12.03	+
150 175	Neu	04.01.73	30.05.81	Stuttg
	Stuttg	10.12.97	30.09.99	+
150 176	Neu	23.01.73	30.05.81	Stuttg
	Stuttg	10.12.97	10.08.99	+
150 177	Neu	16.02.73	30.05.81	Stuttg
	Stuttg	10.12.97	19.12.02	+
150 178	Neu	16.03.73	30.05.81	Stuttg
	Stuttg	10.12.97	30.12.99	+

1 – Abgabe an DB-Museum; **2** – weiter an Stuttg

Bild 289 ▷ Auf fast allen elektrifizierten Hauptstrecken im Stuttgarter Ballungsraum und darüber hinaus waren Kornwestheimer/Stuttgarter 150 phasenweise auch vor einzelnen Reisezügen zu beobachten. Insbesondere zwischen Stuttgart und Ulm sowie Heilbronn und Heidelberg waren die Loks in Nahverkehrsdiensten zu erleben. Am 11. April 1981 hat **150 183** (Bw Kornwestheim) mit dem N 7342 die Burg Zwingenberg passiert.

Aufnahme: Henning Folz

Bild 290 ▷ „Grün in Grün" zeigt sich diese Aufnahme vom 15. August 1983. Der N 5890 zählte im Sommerfahrplan 1983 ebenfalls zu den Planleistungen der Baureihe 150. An diesem Tag bringt **150 113** die reinrassige Umbauwagen-Garnitur nach Würzburg und bremst nun für den Halt in Zimmern (b. Grünsfeld) ab.

Aufnahme: Albert Schöppner, Archiv Jörg Sauter

Bestandszahlen an Loks der Baureihe E 50/150 im Bw Kornwestheim (jeweils zum Jahresende)

1962	1963	1964	1965-1966	1967-1968	1969-1970	1971	1972	1973	1974	1975-1980	1997	1998	1999	2000	2001	2002
8	10	13	23	28	43	48	56	52	61	62	51	50	77 + 1 z	60	69	46

Die Baureihe E 50/150 in Kornwestheim II

	aus	ab	bis	nach
150 179	Neu	19.04.73 –	30.05.81	Stuttg
	Stuttg	10.12.97 –	30.12.99	+
150 180	Neu	18.05.73 –	30.05.81	Stuttg
	Stuttg	10.12.97 –	30.12.99	+
150 181	Neu	11.07.73 –	30.05.81	Stuttg
	Stuttg	10.12.97 –	20.04.00	+
150 182	Neu	10.10.72 –	30.05.81	Stuttg
	Stuttg	10.12.97 –	25.02.03	+
150 183	Neu	10.10.72 –	30.05.81	Stuttg
	Stuttg	10.12.97 –	20.06.00	+
150 184	Neu	23.10.72 –	30.05.81	Stuttg
150 184	Stuttg	10.12.97 –	10.08.99	+
150 185	Neu	13.11.72 –	30.05.81	Stuttg
	Stuttg	10.12.97 –	05.09.03	+
150 186	Neu	15.11.72 –	30.05.81	Stuttg
	Stuttg	10.12.97 –	02.07.03	+
150 187	Neu	30.11.72 –	30.05.81	Stuttg
	Stuttg	10.12.97 –	30.09.99	+
150 188	Neu	20.12.72 –	30.05.81	Stuttg
	Stuttg	10.12.97 –	30.09.99	+
150 189	Neu	28.12.72 –	30.05.81	Stuttg
	Stuttg	10.12.97 –	30.09.99	+
150 190	Neu	12.01.73 –	30.05.81	Stuttg
	Stuttg	10.12.97 –	30.10.99	+
150 191	Neu	02.02.73 –	30.05.81	Stuttg
	Stuttg	10.12.97 –	20.11.00	+
150 192	Neu	14.02.73 –	30.05.81	Stuttg
	Stuttg	10.12.97 –	20.11.00	+
150 193	Neu	02.03.73 –	30.05.81	Stuttg
	Stuttg	10.12.97 –	30.10.99	+
150 194	Neu	16.03.73 –	30.05.81	Stuttg
	Stuttg	10.12.97 –	20.11.00	+

1969. Für die Baureihe E 93/193 hingegen wurde Kornwestheim zum Auslauf-Bw. Zwischen 1977 und 1984 wurden alle Maschinen ausgemustert. Wie der Stückzahl-Vergleich der Bestände von 1969 und 1973 zeigt, gab es auch eine Verschiebung von Loks der Baureihe 150. Alle Neuzugänge der Jahre von 1971 bis 1973 (150 156–194) waren ausnahmslos nach Kornwestheim gekommen. So war diese gegenüber den älteren 150 technisch veränderte Bauserie (u. a. mit elektronischer Nachlaufsteuerung) in einem Betriebswerk vereint. Kornwestheim gab dafür ältere Loks ab: 150 056–060 an Nürnberg Rbf, 150 071–072 an Bebra sowie 150 120–124, 128–129 und 140–155 an Hagen-Eckesey. Allerdings kamen 150 143–155 schon 1975 wieder nach Kornwestheim zurück, als dem Bw Hagen-Eckesey fabrikneue Loks der Baureihe 151 zugeteilt wurden.

Bis Ende der sechziger Jahre war der Bestand an 150 in Kornwestheim auf über 40 Exemplare angewachsen, sodass im Winterfahrplan 1970/71 bereits 38 Maschinen planmäßig eingesetzt werden konnten. Die Anzahl der planmäßig benötigten 150 blieb in der Folge weitgehend stabil (Sommer 1973: 35 × 150). Mit der Auslieferung der noch ausstehenden neuen 150 – als letzte wurde 150 181 am 12. Juli 1973 dem Bw Kornwestheim zugeteilt – kam es zum Winterfahrplan 1973/74 nochmals zu einer Aufstockung des Planbedarfs auf 41 Maschinen (Laufleistung ø 534 km/ Tag). In diesem Rahmen bewegte sich der Planbedarf an 150 auch in den späteren Jahren. Im letzten Fahrplanjahr vor der Abgabe aller 150 an das Bw Stuttgart erbrachten 40 Loks planmäßig eine durchschnittliche Tageslaufleistung von 588 km.

Am 31. Mai 1981 endete im Bw Kornwestheim vorübergehend die Beheimatung von Einheitselloks, indem alle Loks der Baureihe 150 an das Bw Stuttgart abgegeben wurden. Es handelte sich um 150 055, 061, 062, 113–119 und 143–194. Trotzdem blieb das Bw weiterhin Einsatzstelle für die 150.

Nach dem Ausscheiden der Baureihe 193 im Jahr 1984 beheimatete Kornwestheim nur noch Dieselloks und Turmtriebwagen. Deren Zahl war mit rund 130 Fahrzeugen beachtlich. Das änderte sich zum 10. Dezember 1997. Mit der Auflösung des Geschäftsbereiches Traktion und Werke und Aufteilung der Fahrzeuge auf die Geschäftsbereiche Fernverkehr, Nahverkehr und DB Cargo erhielt das Cargo-Werk Kornwestheim wieder Lokomotiven der Baureihe 150 und übernahm alle Stuttgarter 150.

Im Fahrplanjahr 1998/99 setzte Kornwestheim planmäßig 32 Loks ein, die vor allem auf den Relationen Mannheim – Kornwestheim – München sowie Kornwestheim – Singen und im Mineralölverkehr ab/bis Karlsruhe-Knielingen zu beobachten waren. Zwar wurden auch entferntere Ziele wie Ingolstadt, Nürnberg, Mainz-Bischofsheim und Gremberg angefahren, doch waren die schwäbischen 150 zumeist nicht so verbreitet anzutreffen wie ihre Kolleginnen der Werke Hagen und Nürnberg.

Mit Beginn des Sommerfahrplans 1999 wurde der Kornwestheimer Ellokbestand durch den Zugang von 150 083, 086–093, 095 und 099 aus Nürnberg und von 150 140–142 aus Hagen um 14 Maschinen aufgestockt. Mit der Auflösung des Nürn-

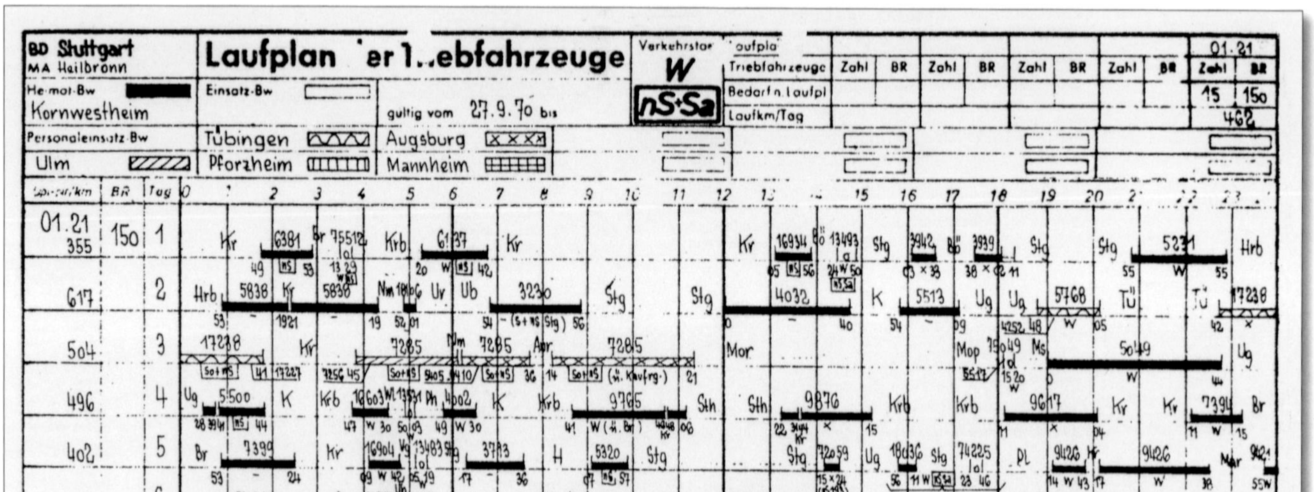

△ **Bild 291** • Der Laufplan von 1970 (gültig ab 17. September 1970) weist 15 Plantage auf, an denen die Loks durchschnittlich 462 km/Tag fuhren. Diese – im Vergleich zu anderen Bw – geringe Laufleistung lag daran, dass die Loks hauptsächlich im steigungsreichen Gebiet zwischen Karlsruhe, Würzburg und Augsburg/München eingesetzt wurden. Für Fahrten ab Karlsruhe auf der flachen Rheinschiene wurden bevorzugt 140 herangezogen. Schon die oben aufgeführten Personaleinsatz-Bw Ulm, Tübingen. Pforzheim, Augsburg und Mannheim zeigen, dass sich die Loks nicht weit von ihrer Heimat entfernten. Abbildung: Sammlung Klaus Hopf

△ **Bild 292 •** Die Wuchtigkeit der Baureihe 150 kommt auf diesem Bild aus dem Sommer 1974 gut zur Geltung. Mit unverminderter Geschwindigkeit durchfährt **150 193** den kleinen Bahnhof Ersingen zwischen Karlsruhe und Pforzheim. Erst im Vorjahr waren die letzten 150 an das Bw Kornwestheim geliefert worden. Aufnahmen (2): Günther Dillig

berger 150-Bestandes kamen zum 1. September 1999 weitere 30 Maschinen nach Kornwestheim.

31.12.1999 (78)

150 006	021	025	026	030
031	033	040	043	055
061	062 (z)	064	065	067
068	070	071	072	075
077	078	079	081	083
085	086	087	088	089
090	091	092	093	095
099	114	115	116	140
141	142	144	145	146
147	148	149	150	151
152	153	154	155	156
157	158	159	160	161
162	163	164	165	166
168	169	173	174	177
181	182	183	185	186
191	192	194		

Die zum 30. Januar 2000 neu aufgestellten Laufpläne sahen nur noch den Einsatz von 25 Loks im Hauptplan T1 vor, der neben regionalen Diensten von Kornwestheim ausgehend (u. a. bis nach Heilbronn, Mannheim, Singen, Ulm und Karlsruhe) auch von den Bh Hagen (u. a. Dortmund-Eving, Oberhausen West, Dillenburg, Hamm Rbf) und Nürnberg (u. a. nach Nürnberg Rbf, Passau, Salzburg-Gnigl sowie kürzere Leistungen in den Bereichen um Ingolstadt, Augsburg und München) übernommene Leistungen enthielt. Im dreitägigen Laufplan T2 wurden die Schweiz-fähigen 150 166, 169 und 186 vor allem mit Ölzügen aus der Raffinerie in Karlsruhe-Knielingen nach Stuttgart Hafen, Villingen (Schwarzw) und Bettwiesen (CH) eingesetzt. Der Laufplan T3 sah drei 150 vor allem für Schiebedienste auf der

△ **Bild 293 •** Der größte Auftraggeber für Zugleistungen mit der Baureihe 150 war lange Zeit die Mineralölraffinerie Oberrhein (MiRO) in Karlsruhe-Knielingen mit dem deutschlandweit größten Tanklager. Am 29. August 1978 verlässt **150 121** mit einem der zahlreichen täglichen Züge das Werkgelände. Die bis zum 29. September 1974 abgeschlossenen Elektrifizierungsarbeiten der Strecke Karlsruhe – Wörth (Rhein) enthielten auch die 2 km lange Anschlussbahn von Karlsruhe-Rheinbrücke zu den Raffinerien I und II.

△ **Bild 294** • Mit einem beladenen Kesselwagenzug aus Karlsruhe-Knielingen durchfährt **150 152** (Bw Stuttgart 1) am 14. September 1990 den Haltepunkt Ensingen zwischen Mühlacker und Bietigheim-Bissingen. Im Zuge der Inbetriebnahme der Neubaustrecke Stuttgart – Mannheim wurde das 6 km lange Streckenstück Illingen – Abzweig Sersheim-Aischbach stillgelegt und der Haltepunkt ersatzlos aufgehoben. Aufnahme: Jürgen Hörstel

Geislinger Steige vor. Er enthielt aber mit RB 18651 (Singen – Konstanz), RE 18746 (Konstanz – Singen) und RB 19384 (Ulm Hbf – Geislingen/Steige) gleichzeitig die letzten planmäßig mit der Baureihe 150 gefahrenen Reisezugleistungen.

Die Laufpläne T4 bis T6 regelten den Einsatz von je zwei 150 im Schiebedienst zwischen Laufach und Heigenbrücken sowie im Frankenwald. Dem Kaliverkehr bis/ab Gerstungen waren die jeweils zweitägigen Laufpläne T7 und T8 vorbehalten.

Da auf den engen Radien der Geislinger Steige hoher Radreifenverschleiß an den Schiebeloks auftrat, erhielten die Kornwestheimer 150 158, 174 und 182 noch im Jahr 2000 eine spezielle Spurkranzschmierung der Firma Rebs eingebaut. Zwei dieser drei Loks waren fortan bevorzugt in Geislingen tätig.

Am 10. Juni 2001 erhielt Kornwestheim auch noch die letzten 150 aus Hagen und war somit letzte Dienststelle dieser Baureihe geworden.

Mit dem Abschluss der Indienststellung der Baureihe 152 im Juli 2001 und der Inbetriebsetzung der neuen Baureihe 185 existierte für die Baureihe 150 kein größerer Hauptplan mehr, vielmehr wurden die Loks nur noch in vielen kleineren Plänen eingesetzt, die nun nach und nach ebenfalls auf andere Baureihen umgestellt werden sollten (so wurden ab dem 2. Januar 2002 19 × 150 in zehn verschiedenen Laufplänen eingesetzt). Vor allem im kilometerintensiven Kaliverkehr ab Gerstungen liefen zunehmend andere Baureihen mit.

Die nicht planmäßig benötigten 150 gelangten weiterhin deutschlandweit als Reserveloks für andere Baureihen oder mit Sonderdiensten zum Einsatz. So fanden im Jahr 2002 sogar noch Personalschulungen auf der Baureihe in Thüringen statt.

Im Sommer 2002 wurde der Kaliverkehr ab Gerstungen schließlich offiziell auf die Baureihe 145 übertragen. Den Ölverkehr nach Bettwiesen in der Schweiz übernahmen Loks der Baureihe 142 der Mittelthurgaubahn (MThB).

Mitte Januar 2003 standen noch 44 betriebsfähige Loks der Baureihe 150 zur Verfügung. Aber nur noch 14 von ihnen liefen in festen Umlaufplänen:

- Im Plan R1 wurden fünf Loks bevorzugt mit Ölzügen ab Karlsruhe-Knielingen nach Stuttgart Hafen, Villingen (Schwarzw) und Konstanz eingesetzt.
- Im Plan R 3 waren zwei Loks im Dreieck Kornwestheim – Augsburg – Nürnberg Rbf anzutreffen.
- Im Plan R 4 fuhr eine Lokomotive vor allem Ölzüge auf den Strecken von Ingolstadt nach Ingolstadt Nord und nach München Nord/Mü.-Milbertshofen.

Je zwei Loks wurden darüber hinaus als Schiebeloks auf der Geislinger Steige, der Spessart- und der Frankenwaldrampe benötigt. Die Aufgaben auf der Spessart- und Frankenwaldrampe übernahm allerdings schon am 10. Februar 2003 die Baureihe 151. Auf der Geislinger Steige hielt sich die Baureihe 150 (allerdings ebenfalls bereits im 151-Laufplan) bis zum Jahresende 2003. Es soll aber nicht unerwähnt bleiben, dass 150 139 in der vorletzten Juni-Woche 2003 kurzzeitig noch einmal nach Probstzella für den Schiebedienst auf der Frankenwaldrampe zurückkehrte.

Ab dem 10. Februar 2003 wurden nur noch sechs Loks der Baureihe 150 planmäßig benötigt. Sie liefen nur noch in Bayern und in Baden-Württemberg (Raum Mannheim, Karlsruhe, Villingen, Kornwestheim, Aalen).

Bereits im April wurden die Leistungen im Mineralölverkehr bis/ab Karlsruhe-Knielingen auf die Baureihe 185 umgestellt.

Der letzte für die 150 aufgestellte Laufplan (R1: Mo ø 130 km, Di-Fr ø 314 km, Sa ø 230 km, So ø 17 km) galt schließlich vom 15. Juni bis zum 13. Dezember 2003 und enthielt noch folgende Leistungen für zwei Loks ausschließlich in Bayern (Abkürzungen MA – Augsburg; MHEB – Herbertshofen Süd):

△ **Bild 295** • Als eine der letzten Loks ihrer Baureihe erhielt **150 169** im AW Opladen im Jahr 1999 noch eine Auslaufuntersuchung (IS 703, per 03.03.1999) und dabei auch das verkehrsrote Farbschema sowie seitlich den DB-Cargo-Schriftzug. Wie fast alle langjährigen Kornwestheimer 150 zeigt sie sich in bestem Pflegezustand, als sie im Juli 2001 im Heimatwerk das zum benachbarten Rangierbahnhof gehörende Stellwerk 4 (Baujahr 1919) passiert. Aufnahme: Jörg Dähn

△ **Bild 296** • Keinerlei Herausforderung stellt am 20. Juni 2001 bei Stuttgart-Münster dieser nur 20 Achsen umfassende Güterzug für **150 090** dar, abgebügelt wird zusätzlich noch **150 030** mitgeschleppt. Beide Loks gelangten erst in ihren letzten Betriebsjahren vom Werk Nürnberg nach Kornwestheim: 150 090 im Mai 1999 (ihre z-Stellung erfolgte am 27. Januar 2003) und 150 030 im August 1999 (z-Stellung am 12. Juni 2003). Aufnahme: Norman Kampmann

△ **Bild 297** • In den „heiligen Hallen" des Werkes Kornwestheim ruht sich am 27. Januar 2002 geballte Zugkraft aus. Immerhin bringen **150 052**, **150 182** und eine Schwesterlok zusammen rund 384 Tonnen auf die Waage. Selbst die heutigen sechsachsigen EuroDual-Zweikraftloks erreichen nicht die Dienstmasse der 150. AUFNAHME: JÖRG KLAEHSENS

Einsatzübersicht Laufplan R1, 15.06.03-13.12.03

53292	Mü. Nord Rbf 0:15-1:17 Ingolstadt, Sa,
55910	MA 2:32-2:49 MHEB, Mo-Sa
64260	Ingolstadt 2:56-4:30 Nbg.-Eibach, Di-Fr,
Tfzf	MHEB 3:12-3:24 MA, Di-Fr,
55920	MA 4:25-4:56 Gablingen, Mo-Sa,
Tfzf	Nbg.-Eibach 4:45-4:49 Nbg. Rbf, Di-Fr,
Tfzf	Gablingen 5:19-5:23 MHEB, Mo-Sa,
53265	MHEB 7:57-9:32 Mü. Nord Rbf, Mo-Fr,
55913	MHEB 8:39-9:11 MA, Sa,
50501	Ingolstadt 10:19-11:41 Mü. Nord Rbf, Sa,
Tfzf	MA 10:43-10:55 MHEB, So,
Tfzf	MA 12:00-12:09 Gablingen, Sa,
55917	MHEB 12:14-12:30 MA, So.
51434	Mü. Nord Rbf 12:52-16:39 Nbg. Rbf, Sa,
53300	Mü. Nord Rbf 12:56-14:27 Ingolst., Di-Fr,
55925	Gablingen 13:20-13:35 MA, Sa,
55912	MA 15:03-15:20 MHEB, Sa,
55915	MHEB 16:32-16:50 MA, Sa,
53311	Ingolst. 19:27-20:46 Mü. Nord Rbf, Di-Fr,
52713	Nbg. Rbf 20:51-23:11 Augsburg, Mo-Fr,
53395	Mü. Nord Rbf 21:28-21:56 Mü. Süd, Di-Fr,
Tfzf	Mü. Süd 22:19-22:33 Mü. Nord Rbf, Di-Fr.

Anschließend gelangten die verbliebenen Loks ab dem 14. Dezember nur noch dispositiv zum Einsatz. Mit den beiden vom Schiebedienst aus Geislingen (Steige) nach Kornwestheim zurückkehrenden Lokomotiven 150 079 und 150 168 endete am Spätnachmittag des 31. Dezember 2003 die Einsatzgeschichte der Baureihe 150.

Bw Stuttgart

Im Laufe der Einsatzzeit der Baureihe 150 wechselte das Bw mehrfach seine Bezeichnung: Bw Stuttgart (bis 31.12.1982), Bw Stuttgart 1 (1.1.83 – 31.12.93), Bh Stuttgart-Rosenstein (ab 1.1.94).

Stuttgart beherbergte schon ab 1933 Elloks, für rund 50 Jahre allerdings nur Reisezugloks. 1981 wurden alle Einheitselloks der BD Stuttgart im Bw Stuttgart zusammengezogen. Dadurch erhielt es am 31. Mai 1981 den 150-Bestand des Betriebswerkes Kornwestheim, immerhin 62 Maschinen: 150 055, 061-062, 113-119, 143-194. Am Einsatzbereich und am Laufplanumfang änderte sich aber kaum etwas: So. 1982: 38 × 150, Wi. 1984/1985: 41 × 150, Wi. 1985/1986: 43 × 150, So. 1986: 41 × 150, So. 1988: 41 × 150.

Von Beginn an übernahmen Kornwestheimer und später dann Stuttgarter E 50/150 auch zahlreiche Aufgaben im Reisezugdienst. Im Gegensatz zu ihren Kolleginnen in Bebra, Hagen und Nürnberg hatten sie nur wenige Güterzugläufe zu absolvieren und entsprechend häufig wurde die Bespannung von Personenzügen als Füllleistungen in die Laufpläne integriert. Beispielhaft seien die im Winterfahrplan 1984/85 von den Lokomotiven gefahrenen Leistungen genannt:

Bestandszahlen E 50/150 im Bw Stuttgart (jeweils zum Jahresende)

1981-1992	1993-1994	1995-1996
62	53	51

Reisezüge mit BR 150, Bw Stuttgart 1, 1984/85

E 3157	Ulm 22:01-22:21 Günzburg, Sa,
E 3342	Eutingen 10:57-11:43 Stuttgart, Mo-Sa,
E 3465	Stuttgart 17:14-18:22 Aalen, Mo-Fr,
E 3652	Eutingen 12:52-13:40 Stuttgart, Mo-Sa,
E 3711	Stuttgart 17:01-17:56 Horb, Mo-Fr,
N 4003	Ulm 6:21-7:52 Augsburg, Mo,
N 4090	Jettingen 5:40-6:23 Ulm, Mo-Fr,
N 4093	Ulm 17:00-17:43 Jettingen, Mo,
N 5125	Mühlacker 5:47-6:46 Stuttgart, Mo-Fr,
N 5230	Ulm 6:52-8:11 Plochingen, Mo-Fr,
N 5231	Plochingen 8:34-9:16 Geislingen, Mo-Fr,
N 5235	Plochingen 10:00-11:48 Ulm, Mo,
N 5246	Geisling. 12:12-13:15 Plochingen, Mo-Fr,
N 5253	Esslingen 12:56-14:27 Geislingen, Mo-Fr,
N 5265	Plochingen 15:20-16:48 Ulm, Mo,
N 5270	Geisling. 16:28-17:12 Plochingen, Mo-Fr,
N 5287	Göppingen 19:35-20:50 Ulm, Di-Fr,
N 5830	Stuttgart 16:53-19:09 Heidelberg, Mo-Fr,
N 5890	Lauda 12:52-13:35 Würzburg, Mo-Fr,
N 5897	Würzburg 17:10-17:53 Lauda, Mo-Fr,
N 5904	Horb 5:10-6:19 Stuttgart, Mo-Fr,
N 5907	Stuttgart 7:00-7:28 Böblingen, Mo-Fr,
N 5908	Horb 5:46-6:30 Sindelfingen, Mo-Fr,
N 5910	Horb 6:01-7:11 Stuttgart, Mo-Fr,
N 5912	Böblingen 6:57-7:00 Sindelfingen, Mo-Fr,

Bild 298 ▷
Auch nach ihrer Umbeheimatung von Kornwestheim nach Stuttgart waren die Loks der Baureihe 150 entsprechend ihrer Aufgaben und der Nähe zum Rbf Kornwestheim nur in überschaubarem Rahmen im neuen Heimat-Bw anzutreffen. Mit der Nürnberger **150 019** hat sich am 30. Juni 1991 sogar eine „Fremdlok" in das „Reisezug-Bw" verirrt. Neben ihr ist das von der BSW-Freizeitgruppe betreute „Stuttgarter Rössle" (612 506/507) abgestellt.

Aufnahme: Stefan Ponzlet

Bild 299 ▷
Im Rahmen von Schulungsfahrten hat es die Kornwestheimer **150 194** am 17. Oktober 2000 bis in die Einsatzstelle Riesa verschlagen.

Aufnahme: Jörg Dähn

Bild 300 ▷
Am 7. September 1996 ist **150 167** offiziell noch immer eine Stuttgarter Lok, als die mit grün lackierten Rändern an den Lüftungsgittern versehene Lok in den Bh Kornwestheim einrückt. Erst rund 1,5 Jahre später wurde Kornwestheim auch offiziell wieder Heimat für die Baureihe 150.

Aufnahme: Henning Folz

△ **Bild 301** • Der Mineralölzug von Karlsruhe-Knielingen nach Schwenningen-Rammelswiesen zählte auf dem elektrischen Abschnitt bis nach Villingen (Schwarzwald) bis April 2003 zu den letzten Planleistungen der Baureihe 150. Ab Hausach musste der Zug dabei in zwei Teilen über die Schwarzwaldbahn gefahren werden. Am 24. Februar 2003 hat eine unbekannte 150 bereits mit dem zweiten Zugteil bei Stockburg die Schwarzwaldhöhen erreicht. Aufnahme: Stefan Ponzlet

▽ **Bild 302** • Am 22. Dezember 2003 hatte **150 060** die Aufgabe, den KC 49581 von der BayernOil-Raffinerie bei Neustadt (Donau) über Ingolstadt, Donauwörth, Ulm und Karlsruhe bis nach Basel Bad Rbf zu bringen, hier auf der eingleisigen Strecke Neuoffingen – Regensburg bei Tapfheim. Es war eine der letzten Leistungen der Baureihe 150. Am Folgetag übernahm 150 060 ab Basel noch den TC 44600 nach Gremberg, dann wurde sie außer Dienst gestellt. Aufnahme: Stefan Gigl

Bild 303 ▷ „Präsentiert die Pantographen!" Aufgrund niedriger Temperaturen sind am 23. Dezember 2001 **150 101** und zahlreiche weitere 150 frostsicher mit gehobenem Stromabnehmer im Außenbereich des Werkes Kornwestheim abgestellt.

Aufnahme: Jörg Klaehsens

Bild 304 ▷ Die letzten Planleistungen erbrachte die Baureihe 150 ab Sommer 2003 um Augsburg, München und Ingolstadt. Am Morgen des 16. Oktober 2003 hat **150 079** Leerwagen von den Lechstahlwerken in Herbertshofen Süd abgeholt und ist nun bei Haspelmoor mit Zug 53265 auf dem Weg in Richtung München Nord Rbf.

Aufnahme: Stefan Gigl

N 6008	Bietigh.-Bissing. 5:26-7:25 Rastatt, Mo-Fr,
N 6013	Pforzheim 6:46-7:00 Mühlacker, Mo,
N 6217	Reutlingen 7:41-7:56 Tübingen, Mo,
N 6218	Tübingen 7:00-7:18 Reutlingen, Mo,
N 6279	Plochingen 18:42-19:33 Tübingen, Mo-Fr,
N 7478	Rastatt 7:45-8:06 Karlsruhe, Mo-Fr,
N 7986	Bad Friedrichshall-Jagstfeld 16:31-16:52 Neckarelz, Mo-Fr,
N 7988	Friedrichsh.-J. 16:53-17:17 Neckarelz, Mo,
N 7992	Friedrichsh.-J. 20:16-20:37 Neckarelz, Sa.

1993 wurde der 150-Bestand in Stuttgart reduziert: 150 055, 061, 062 sowie 113–116 wurden an das Bw Nürnberg 2 abgegeben, 150 117 und 150 118 ausgemustert.

Hervorzuheben ist, dass Stuttgarter 150 über lange Zeit und noch bis weit in die neunziger Jahre Züge des Autologistikverkehrs von Sindelfingen durchgehend bis nach Bremerhaven bzw. Bremen-Sebaldsbrück bespannten.

150 119 und 150 143 wurden 1995 nach Hagen abgegeben. Die restlichen 51 Maschinen kamen im Dezember 1997 nach Kornwestheim zurück. Die Auflösung des GB Traktion und Werke der DB AG stand bevor und damit die Aufteilung der Fahrzeuge auf die neuen Geschäftsbereiche Fernverkehr, Nahverkehr und DB Cargo. Da die Baureihe 150 DB Cargo zugeschlagen wurde, der Bh Stuttgart-Rosenstein hingegen DB Regio, wurden die Güterzugelloks zum Cargo-Werk Kornwestheim umstationiert.

Die Baureihe E 50/150 in Stuttgart

	aus	von	bis	nach
150 055	Kornw	31.05.81	16.08.93	Nbg
	Nbg	01.10.93	19.12.93	Nbg
150 061	Kornw	31.05.81	19.12.93	Nbg
150 062	Kornw	31.05.81	26.12.93	Nbg
150 113	Kornw	31.05.81	19.12.93	Nbg
150 114	Kornw	31.05.81	19.12.93	Nbg
150 115	Kornw	31.05.81	19.12.93	Nbg
150 116	Kornw	31.05.81	19.12.93	Nbg
150 117	Kornw	31.05.81	28.12.93	+
150 118	Kornw	31.05.81	28.12.93	+
150 119	AW	11.06.81	16.08.93	Nbg
	Nbg	22.09.93	28.05.95	H-Eck
150 143	Kornw	31.05.81	28.05.95	H-Eck
150 144–150 194				
	Kornw	31.05.81	09.12.97	Kornw

◁ **Bild 305**
Nur wenige Monate währte der Einsatz Aschaffenburger E 50 im Schiebedienst zwischen Laufach und Heigenbrücken. Am 15. Dezember 1957 warten **E 50 014** und **E 50 013** in Laufach auf neue Aufgaben, rechts steht noch der Wasserkran für die zuvor bis September 1957 im Schiebedienst eingesetzte Baureihe 95.

Aufnahme: Kurt Eckert, Sammlung EK-Verlag

BD Nürnberg

Schon vor dem Zweiten Weltkrieg waren in der Direktion Nürnberg Strecken elektrifiziert worden. Als wichtigste Verbindungen seien (München –) Augsburg – Nürnberg (elektrifiziert seit 1935) und Nürnberg – Probstzella – Saalfeld (elektrifiziert seit 1939) genannt. Daher gab es schon zu Reichsbahnzeiten Betriebswerke in der Direktion mit Ellok-Beheimatung. Es waren dies Bamberg, Nürnberg Hbf und Rbf sowie Pressig-Rothenkirchen.

Als sich nach 1945 die Verkehrsströme in Nord-Süd-Richtung verlagerten, elektrifizierte die DB u. a. die Strecken Passau – Nürnberg – Würzburg – Frankfurt (M)/Hannover und München – Ingolstadt – Treuchtlingen – Würzburg.

Dadurch benötigte die BD Nürnberg weitere Elloks. Sie wurden in den Betriebswerken Aschaffenburg, Bamberg, Nürnberg Hbf und Rbf sowie Würzburg beheimatet. Allerdings war die Beheimatung der Einheitselloks in Aschaffenburg und Bamberg nur von kurzer Dauer. Aber auch in Würzburg wurden sie ab 1974 nicht mehr unterhalten. Danach fand man sie nur noch in den beiden Nürnberger Betriebswerken, wobei das Bw Hbf über die Reisezugloks und das Bw Rbf über die Güterzugelloks verfügte.

Bw Aschaffenburg

Durch die Elektrifizierung der Strecke Würzburg – Aschaffenburg wurde auch das Bw Aschaffenburg am 26. September 1957 in das elektrische Netz der DB integriert. Für den Güterzugdienst auf dieser steigungsreichen Strecke über den Spessart erhielt es Loks der Baureihe E 50 zugewiesen, die zunächst auch für den Schubdienst zwischen Laufach und Heigenbrücken zuständig waren. Am Tag der Eröffnung des elektrischen Betriebes standen die Loks E 50 011–019 zur Verfügung. In den folgenden drei Monaten kamen noch die Maschinen E 50 001–010 sowie 150 020 hinzu. Nur E 50 018 kam fabrikneu nach Aschaffenburg, alle anderen Loks waren zuvor bereits im Bw Würzburg beheimatet gewesen. Doch die E 50 hielten sich nicht lange in Aschaffenburg: Schon ab April 1958 wurden sie gegen ältere Kolleginnen der Baureihe E 94 ausgetauscht. Bis zum August 1958 wurden E 50 001–017 an das Bw Nürnberg Rbf und E 50 018–020 an das Bw Würzburg weitergereicht.

Bw Bamberg

Da Bamberg an der Strecke Nürnberg – Probstzella – Saalfeld liegt, die schon 1939 elektrifiziert worden war, erhielt das Bw Bamberg schon zu Reichsbahn-Zeiten Elloks der Baureihe E 44. Auch nach dem Krieg reichten die Altbauelloks zunächst für den Dienst zwischen Nürnberg und Probstzella aus. Erst 1958 setzte ein Strukturwandel ein, als die ersten Loks der Baureihe E 40 Einzug in das Bw Bamberg hielten. Sie wurden in großem Maße im Nahverkehr der Region Nürnberg eingesetzt. Als 1961 dringend E 40 für die nun elektrifizierte Rheinstrecke benötigt wurden, musste das Bw Bamberg vorübergehend einige Maschinen abgeben und erhielt ersatzweise acht Loks der Baureihe E 50 (E 50 049–056). E 50 054 wurde bereits im Dezember 1961 an das Bw Nürnberg Rbf abgegeben. Bis April 1962 verließen auch alle anderen E 50 das Bw Bamberg, in dem keine dieser Loks mehr als fünf Monate verbracht hatte.

Die Baureihe E 50/150 in Aschaffenburg

	aus	von – bis	nach
150 049	Neu	13.10.61 – 15.02.62	Würzb
150 001	Würzb	03.01.58 – 28.05.58	Nbg
150 002	Würzb	24.12.57 – 21.05.58	Nbg
150 003	Würzb	14.12.57 – 27.05.58	Nbg
150 004	Würzb	28.11.57 – 25.05.58	AW[1]
150 005	AW[2]	08.10.57 – 20.05.58	Nbg
150 006	Würzb	22.11.57 – 04.06.58	Nbg
150 007	Würzb	05.10.57 – 23.05.58	Nbg
150 008	Würzb	29.09.57 – 29.04.58	Nbg
150 009	Würzb	05.10.57 – 20.05.58	AW[1]
150 010	Würzb	29.09.57 – 06.08.58	AW[1]
150011	Würzb	26.09.57 – 24.04.58	Nbg
150 012	Würzb	09.09.57 – 19.05.58	Nbg
150 013	Würzb	18.09.57 – 05.06.58	Nbg
150 014	Würzb	13.09.57 – 21.07.58	Nbg
150 015	Würzb	23.09.57 – 22.05.58	Nbg
150 016	Würzb	23.09.57 – 24.05.58	Nbg
150 017	Würzb	13.09.57 – 20.04.58	AW[1]
150 018	Neu	18.09.57 – 01.05.58	AW[3]
	Nbg	28.05.59 – 29.05.59	Würzb
150 019	Würzb	13.09.57 – 09.05.58	Würzb
150 020	Würzb	27.09.57 – 05.05.58	Würzb

1 – anschließend Nbg; **2** – zuvor Würzb; **3** – anschließend Würzb

Die Baureihe E 50/150 in Bamberg

	aus	von – bis	nach
150 049	Neu	13.10.61 – 15.02.62	Würzb
150 050	Neu	24.10.61 – 16.02.62	Würzb
150 051	Neu	17.10.61 – 08.11.61	Nbg
	Nbg	17.12.61 – 23.04.62	Ingolst
150 052	Neu	27.10.61 – 11.02.62	Nbg
150 053	Neu	31.10.61 – 09.02.62	Nbg
150 054	Neu	10.11.61 – 01.12.61	Nbg
150 055	Neu	17.11.61 – 19.01.62	Kornw
150 056	Neu	27.11.61 – 15.01.62	Nbg

△ **Bild 306** • Vor wenigen Minuten hat **E 50 004** des Bw Aschaffenburg im Frühjahr 1958 Gemünden (Main) in Richtung Würzburg verlassen und „brummt" nun mit ihrem Tatzlagerantrieb den Zug beschleunigend durch den Bahnhof Wernfeld. Bis zu einer Geschwindigkeit von ca. 65 km/h besaß die E 50 hervorragende Zugkraftwerte, im höheren Geschwindigkeitsbereich benötigte die Baureihe dagegen deutlich mehr Zeit, um „auf Touren zu kommen". Hinter dem Zug zweigt hier die eingleisige, 36 km lange Werntalbahn nach Waigolshausen ab. Aufnahme: Carl Bellingrodt/EK-Verlag

△ **Bild 307** • Nur rund sieben Monate war das Bw Aschaffenburg Heimat für **E 50 011**, die hier auf der Drehscheibe ihres Heimatwerks zu sehen ist. Auch nach der Aufgabe der Ellok-Beheimatung führte das Bw Aschaffenburg noch bis 1974 Instandhaltungsarbeiten an Elektrolokomotiven durch. Aufnahme: Carl Bellingrodt, Sammlung Dr. Brian Rampp

△ **Bild 308** • Am 16. Juni 1986 zeigen sich im Bw Nürnberg Rbf die hier beheimateten 290 395, 140 571 (Bw Oberhausen-Osterfeld Süd), 194 562 und **150 008** (v. l .n. r.). Die mit 19.600 mm längste der vier Maschinen zeigt sich stolz im Vordergrund, denn die Baureihe 150 war fast einen ganzen Meter länger als ihre Vorgängerin der Baureihe 194 (L. ü. P. 18.600 mm). Eher bescheiden wirkten dagegen die 16.490 mm Länge der Baureihe 140. Aufnahme: Frank Lüdecke

Bw Nürnberg Rbf

Die Wechsel der Bezeichnungen: Bw Nürnberg Rbf (bis 31.12.1982), Bw Nürnberg 2 (von 1.1.83 bis 31.12.93), Bh Nürnberg Rbf (ab 1.1.94), Werk Nürnberg (ab 1.1.98).

Am 25. April 1958 traf mit E 50 011 die erste E 50 vom Bw Aschaffenburg kommend im Bw Nürnberg Rbf ein, das zu jener Zeit neben zahlreichen Dampfloks der Baureihen 44, 50, 54, 55, 86, und 89^8 auch sechs E 44 und elf E 94 beheimatete. In den folgenden Monaten trafen weitere 16 E 50 vom Bw Aschaffenburg sowie zwei vom Bw Würzburg ein, so dass das Bw Nürnberg Rbf ab dem 2. Oktober 1958 über E 50 001–019 verfügte. Abgesehen von kurzen Leiheinsätzen in Aschaffenburg, Bamberg und Kornwestheim blieben diese Loks bis zum 31. Mai 1966 in Nürnberg. Allerdings bekamen sie von 1960 an Verstärkung durch E 50 020–025. In der Zeit von Dezember 1961 bis Mai 1962 waren auch E 50 051–057 sowie E 50 059 in Nürnberg zu finden, die aber bereits nach wenigen Monaten gegen E 50 026–031 getauscht wurden. Das Einsatzgebiet der Loks war in erster Linie die Strecke Nürnberg – Würzburg – Aschaffenburg, ab 1963 auch Würzburg – Bebra. Bis zum 31. Mai 1966 wurden alle E 50 an das Bw Würzburg abgegeben, das die Loks im selben Einsatzgebiet nutzte.

△ **Bild 309** • Am 6. April 1983 gab es noch etliche Altbauelloks im Bw Nürnberg Rbf zu bewundern und aufgrund einer 150 dürfte sich damals kaum ein Eisenbahnfreund hierhin verirrt haben. Neben **150 053** führt 194 568 an diesem Tag eine Reihe von weiteren 194 an. Rechts ist darüber hinaus die Würzburger „Gastlok" 144 070 zu erkennen. Aufnahme: Dr. Brian Rampp

Nach sechsjähriger Pause kehrte die Baureihe 150 nach Nürnberg zurück: 1972 die Loks 150 045–054 und 056–060, ein Jahr später 150 036–044 und 063–067. Als im Mai 1974 auch 150 001–035 in Nürnberg eintrafen, war ein Höchststand von 65 Loks erreicht. Das Bw Nürnberg Rbf war nun das einzige Bw der BD Nürnberg, das die Baureihe 150 beherbergte. Gleichzeitig verfügte es über die ersten 13 Loks der Baureihe 151 aus Neulieferungen.

Die fortlaufende Auslieferung weiterer Loks der Baureihe 151 (Ende 1977 waren 74 Maschinen in Nürnberg) hatte keinen Einfluss auf den 150-Bestand. Das Bw nutzte seine 150 und 151 in etwa für denselben Einsatzbereich. Im Sommerfahrplan 1981 wurden planmäßig 39 × 150 eingesetzt, die mit Güterzügen u. a. bis nach Bremen, Hagen-Vorhalle, Kornwestheim, Mannheim, Maschen, München-Laim, München Ost, Offenburg, Passau und Seelze gelangten. Erst in den achtziger Jahren traten wieder Veränderungen auf. Im Oktober 1983 kehrten 150 059 und 150 060 aus Bebra zurück.

Nachdem mit 150 116 und 150 118 im Sommer 1983 Personalschulungen bei den

Bw Haltingen und Offenburg stattgefunden hatten, erreichten 150 ab dem Winterfahrplan 1983/84 auch Basel (im Durchlauf bis/ab Maschen). Inzwischen wurden planmäßig sogar 47 Loks benötigt.

Leistungen Nürnberger 150 im Reisezugdienst blieben immer überschaubar, wechselten dafür aber häufig:

Reisezüge mit BR 150, Bw Nürnberg Rbf, Wi 1983/84

N 4193	Ingolstadt 16:54-17:35 Saal, Di-Fr,
N 4470	Hamb.-Harburg 19:28-20:14 Stade, Di-Fr,
N 5475	Siegen 18:57-19:30 Dillenburg, Di-Fr,
N 7542	Karlsruhe 17:08-18:08 Mannheim, Di-Fr.

Reisezüge mit BR 150, Bw Nürnberg Rbf, Wi 1984/85

N 5107	Gemünden 6:59-7:38 Würzburg, Di-Fr,
N 5466	Hamb.-Harburg 16:55-17:39 Stade, Mo-Fr,
N 6273	Würzburg 6:18-6:40 Kitzingen, Di-Fr,
N 6274	Kitzingen 7:00-7:23 Würzburg, Di-Fr,
N 6705	Kronach 6:43-7:06 Lichtenfels, Mo,
N 7825	Bebra 6:57-8:05 Fulda, Di-Fr.

Reisezüge mit BR 150, Bw Nürnberg Rbf, Wi 1985/86

N 4931	Böblingen 15:28-15:43 Herrenb., Mo-Fr,
N 4935	Böblingen 16:27-17:06 Eutingen, Mo-Fr,
N 4936	Herrenb. 15:53-16:07 Böblingen, Mo-Fr,
N 4941	Böblingen 18:00-18:39 Horb, Mo-Fr,
N 4942	Eutingen 17:23-17:51 Böblingen, Mo-Fr,
N 5380	Hannover 17:48-18:21 Celle, Mo-Fr,
N 6273	Würzburg 6:18-6:39 Kitzingen, Di-Fr,
N 6274	Kitzingen 6:55-7:17 Würzburg, Di-Fr.

Reisezüge mit BR 150, Bw Nürnberg Rbf, So 1986

D 2870	Bebra 17:03-17:55 Kassel Hbf, Di-Fr,
N 5380	Hannover 17:48-18:21 Celle, Mo-Fr,
N 5935	Kassel Hbf 12:37-13:39 Bebra, Di-Fr,
E 6424	Passau 12:12-12:48 Plattling, Mo.

Bestandszahlen an Loks der Baureihe E 50/150 im Bw Nürnberg Rbf (jeweils zum Jahresende)

1958-1959	1960	1961	1962	1963	1964-1965	1966-1971	1972	1973	1974	1975-1982
19	25	28	32	29	28	0	15	30	65	58

1983	1984-1986	1987	1988-1992	1993	1994	1995-1997	1998
60	52	44	86	71	71	62	57

Im Juni 1984 wurden acht Loks (150 053, 054, 056–060, 107) im Tausch gegen acht Loks der Baureihe 151 nach Hagen abgegeben. Am Jahresende 1985 verfügte das Bw Nürnberg Rbf über die 150 001–052. Gleichzeitig beheimatete es neben diversen Klein- und Rangierloks noch die fünf Vorserienloks der Baureihe 120, 85 Loks der Baureihe 151 sowie 45 der Baureihe 194.

Im Juli 1987 wurde erneut ein Tausch von Loks der Baureihe 150 gegen solche der Baureihe 151 vorgenommen, wobei 150 045–052 nach Hagen gingen. Dieser Tausch wurde vorgenommen, weil Nürnberg für den Einsatz im Intercargo-Verkehr eine größere Zahl schneller und leistungsfähiger Loks benötigte. Somit ließ sich der Bestand vom Jahresende 1987 leicht darstellen: 150 001–044.

Im September 1988 wurde der 150-Bestand durch die Übernahme sämtlicher Loks dieser Baureihe vom Bw Bebra fast verdoppelt (86 Loks). Im Bestand waren nun: 150 001–044, 063–068 und 070-105. Zwei der übernommenen Loks, 150 072 und 150 082, wurden im Mai 1989 an die SBB verliehen, die sie bis September 1989 im Raum Basel einsetzten.

Von den 86 Loks der Baureihe 150 wurden 1990 nur noch 46 Loks im Plandienst, verteilt auf drei Umlaufpläne, eingesetzt. Weiterhin waren die Loks überwiegend in Süddeutschland tätig, kamen aber auch noch regelmäßig in die Nordseehäfen und ins Ruhrgebiet. Als Besonderheit ist erwähnenswert, dass montags der FD 1980 zwischen Berchtesgaden und Freilassing bespannt wurde.

Ab 1991 konnten im Bw Nürnberg 2 DR-Leihloks der Baureihe 155 angetroffen werden. Diese setzten dort Lokomotiven der Baureihe 150 frei, die ab 1993 in großem Maße ausgemustert wurden. Hierzu gehörten alle Loks dieser Baureihe, die noch mit Tatzlagerantrieb ausgerüstet waren. Mit der Aufnahme des elektrischen Betriebs auf der Nebenbahn Rosenheim – Rohrdorf am 4. November 1992 ergab sich

▽ **Bild 310** • Die 150 des Bw Nürnberg 2 hatten planmäßig kaum Reisezugleistungen zu erbringen. Diese Dienste veränderten sich dazu fast jedes Fahrplanjahr und waren über ganz Westdeutschland verstreut. Am 10. April 1990 befährt **150 077** zwischen Wolfershausen und Altenbrunslar die Strecke Kassel – Gießen. Aufnahme: Georg Wagner

△ **Bild 311** • Regelmäßig waren Nürnberger 150 auch im Bw Augsburg anzutreffen. Am 12. April 1992 zeigt sich dort ein volles Haus und neben weiteren Einheitsellok-Baureihen sind mit **150 004** (Mitte) und **150 013** (Zweite von rechts) des Bw Nürnberg 2 auch zwei Vertreterinnen mit Tatzlagerantrieb anwesend, die beide im Folgejahr ausgemustert wurden.

AUFNAHME: DR. BRIAN RAMPP

ein kleines zusätzliches Aufgabenfeld für die 150.

Im Herbst 1994 kamen Nürnberger 150 auch nach Halle (Saale), Magdeburg, Köthen und Sangerhausen.

Ab 28. Mai 1995 kam zum Schubbetrieb auf der Spessartrampe Laufach – Heigenbrücken (zwei Loks) noch der im Frankenwald hinzu (Pressig-Rothenkirchen – Steinbach am Wald sowie Probstzella – Steinbach a. W., je eine Lok).

Nach den elektrischen Lückenschlüssen zwischen Bebra und Gerstungen sowie Probstzella – Camburg (Saale) im Mai 1998 kamen Nürnberger 150 auch über diese Strecken in die neuen Bundesländer.

Zu jenem Zeitpunkt lief schon die Produktion der Baureihe 152, die in Nürnberg stationiert wurde. Sie wurde ab Mai 1998 im Plandienst eingesetzt und ersetzte die Baureihe 151, welche wiederum Leistungen von den 150 übernahm.

Im Laufplan N0 wurden ab dem 11. Januar 1999 noch 21 Triebfahrzeuge benötigt (Mo ø 237 km, Di-Fr ø 609 km, Sa ø 368 km, So ø 75 km). Darin waren noch zahlreiche langlaufende Güterzüge zu be-

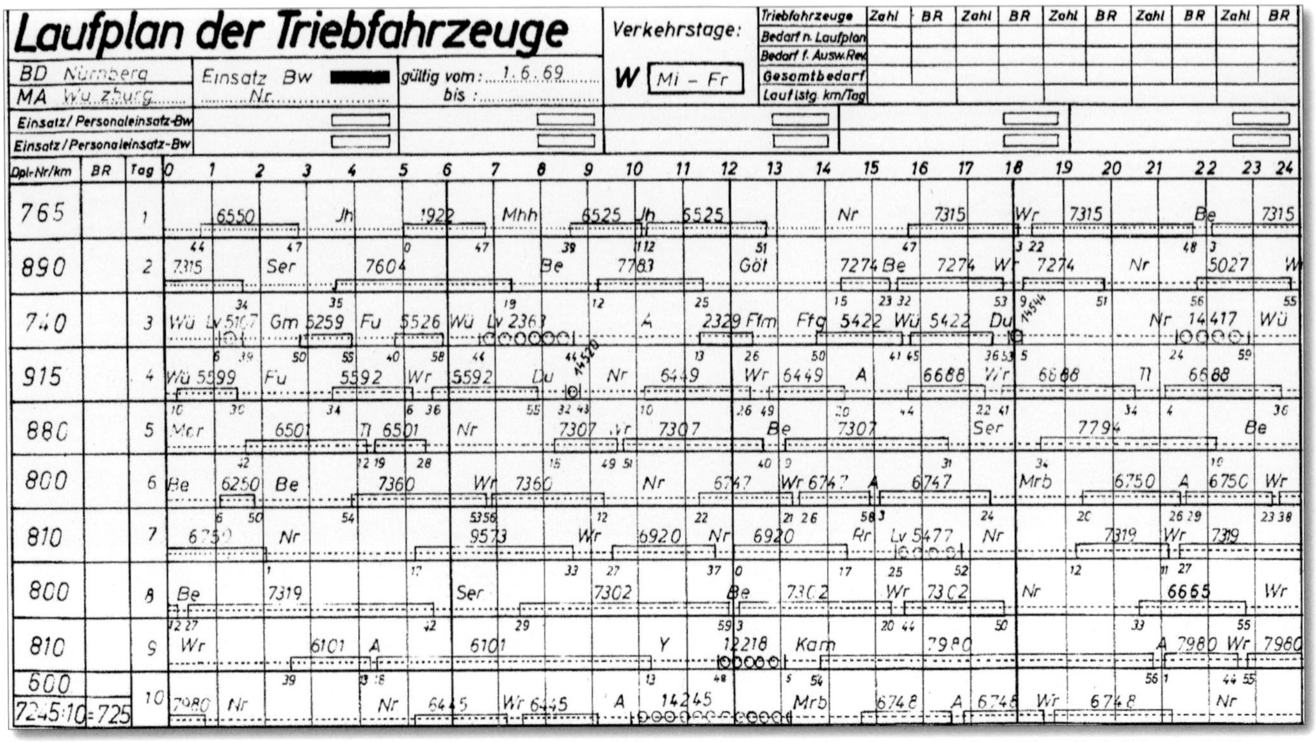

△ **Bild 312** • Dieser ab dem 1. Juni 1969 geltende Umlaufplan des Bw Nürnberg Rbf unterscheidet sich gravierend vom zuvor abgebildeten Umlaufplan des Bw Kornwestheim auf Seite 152. In Nürnberg hatten die 150 fast durchweg Langläufe im Plan, so dass an fast allen Laufplantagen mehr als 800 Kilometer pro Tag zu fahren waren.

ABBILDUNG: SAMMLUNG KLAUS HOPF

△ **Bild 313 •** Ein Großteil der Güterzüge im mittleren Rheintal auf dem Abschnitt zwischen Gremberg und Mainz-Bischofsheim war Aufgabe der Baureihen 140 und 151. Lokomotiven der Baureihe 150 waren hier zwar auch anzutreffen, aber stückzahlmäßig deutlich in der Unterzahl. Am 13. Juli 1985 ist **150 018** (Bw Nürnberg 2) auf der rechten Rheinstrecke in Richtung Heimat unterwegs und passiert soeben Lorch. AUFNAHME: DR. FRANK HALTER

▽ **Bild 314 • 150 037** des Bw Nürnberg Rbf nimmt mit ihrem Güterzug in Gemünden (Main) am 27. Februar 1979 den Weg in Richtung Aschaffenburg. Soeben überquert der Zug die Fränkische Saale. AUFNAHME: ALBERT SCHÖPPNER/ARCHIV JÖRG SAUTER

◁ **Bild 315**
Die Nürnberger 150 drangen insbesondere mit überregionalen Güterzugleistungen bis weit in das Einsatzgebiet der Kornwestheimer/Stuttgarter 150 ein. Am 20. Mai 1983 verlässt **150 045** des Bw Nürnberg 2 den 584 m langen Kirchheimer Tunnel zwischen Heilbronn und Stuttgart. Das Ziel des Zuges dürfte Kornwestheim Rbf gewesen sein.

Aufnahme: Henning Folz

spannen, wie die Auflistung der interessantesten Leistungen verdeutlicht:

Auswahl Laufplan N0 für 21 × 150, gültig ab 11.01.1999

IRC 53720 Mannheim Rbf 0:01-7:38 Seelze, Di-Sa,
IKE 52725 Köln-Eifeltor 0:17-5:14 Kassel Rbf, So,
KC 59679 Heilbronn 0:26-5:28 Ingolstadt Nord, Di-Sa,
KC 56752 Würzburg 0:37-3:22 Bebra, Di-Sa,
IRC 53600 Mü. Nord 0:54-5:34 Mannheim, Di-Sa,
IRC 53182 Kornwestheim 2:20-9:26 Gremberg, Di-Sa,
IRC 53604 Mü. Nord 2:30-7:45 Mannheim Rbf, Di-Sa,
ICG 50453 Bebra 3:47-6:35 Schweinfurt, Di-Sa,
IRC 53132 Nürnberg Rbf 4:05-13:34 Ha.-Vorhalle, Sa,
IRC 53603 Mannheim Rbf 4:21-11:51 Mü. Nord, Di-Sa,
IRC 54454 Ha.-Vorhalle 4:23-14:17 Kornwest., Di-Fr,
IRC 53134 Nürnberg Rbf 5:35-12:01 Gremberg, Di-Fr,
IRC 53934 Nürnberg Rbf 5:56-13:34 Ha.-Vorhalle, Sa,
IRC 53655 Mannheim Rbf 7:27-13:40 Nbg. Rbf, So,
IRC 53327 Seelze 7:58-15:10 Nürnberg Rbf, Di-Fr,
IRC 53375 Bebra 8:35-13:17 Nürnberg Rbf, Di-Sa,
IRC 53740 Mannheim Rbf 10:15-15:23 Bebra, Di-Fr,
IRC 53642 Seelze 13:22-18:00 Wanne-Eickel, Sa,
IRC 53434 Seelze 13:54-17:24 Oberh.-Osterfeld, Di-Sa,
IKE 52949 Nievenheim 17:15-0:02 Göttingen, Mo-Fr,
IRC 53183 Gremberg 18:04-0:04 Kornwestheim, Sa,
IRC 53185 Gremberg 21:08-3:22 Kornwest., Mo-Fr.

Neben zahlreichen regionalen Güterzugleistungen in Bayern, Baden-Württemberg, Hessen und Nordrhein-Westfalen enthielt der Plan N0 noch jeweils mehrere Güterzüge auf den längeren Streckenabschnitten Nürnberg Rbf – Regensburg – Plattling – Passau, München Nord Rbf – Salzburg-Gnigl, Nürnberg Rbf – Crailsheim – Kornwestheim und Kornwestheim – Singen – Schaffhausen.

Besonders interessant war montags bis freitags ein Ausflug einer 150 von Gremberg bis Aachen West mit TC 45162 (Mo) bzw. TC 45208 (Di-Fr) und ein anschließender Schiebedienst an diesem Zug, weiter bis zur deutsch-belgischen Grenze bei Aachen-Gemmenich.

Hinzu kamen in den Laufplänen N2 und N4 Aufgaben für zusammen vier Loks im Schiebedienst auf den Rampen im Spessart und Frankenwald.

In zwei weiteren Laufplänen kam jeweils eine 150 in Oberbayern zum Einsatz:

Laufplan N5, gültig ab 27.09.1998, nur Mo-Fr

CB 67901 Rosenheim 5:53-6:24 Rohrdorf,
CB 67902 Rohrdorf 8:00-8:56 Rosenheim,
Lz 86887 Rosenheim 12:21-12:49 Rohrdorf,
CB 67906 Rohrdorf 14:30-15:01 Rosenheim,
Lz 88845 Rosenheim 15:36-15:49 Fischbach, Di-Do,
CL 60482 Fischbach 16:30-17:11 Rohrdorf, Di-Do,
CL 60483 Rohrdorf 20:18-21:02 Fischbach, Di-Do,
Lz 86870 Fischbach 21:24-21:38 Rosenheim, Di-Do.

Laufplan N6, gültig ab 27.09.1998

TC 45803 Mü. Nord 2:22-5:04 Salzburg-Gnigl, Mi-Sa,
Lz 86924 Salzburg-Gnigl 5:26-5:33 Freilassing, Sa,
TRC 46810 Salzburg-Gnigl 6:03-6:24 Freilassing, Di-Fr,
TRC 46817 Freilassing 18:32-18:41 Salzbg. Hbf, Di-Fr,
TC 45822 Salzburg Hbf 19:38-21:58 Mü. Nord, Di-Fr.

◁ **Bild 316**
Am 15. Mai 1988 zieht die Nürnberger **150 033** einen internationalen Güterzug bei Kreiensen durch das Leinetal in Richtung Seelze. Hinter der Lok sind an diesem Tag gleich fünf Spitzdachgüterwagen der Italienischen Staatsbahn FS eingereiht. Diese Güterzugleistung würde heute vermutlich als Containerzug verkehren.

Aufnahme: Jürgen Hörstel

Die Baureihe E 50/150 in Nürnberg

	aus	ab	bis	nach
150 001	Aschaff	29.05.58	08.11.61	Bamb
	Bamb	07.12.61	16.01.62	Kornw
	Kornw	08.05.62	31.05.66	Würzb
	Würzb	26.05.74	30.06.93	z
	w. i. Dst.	07.10.93	01.09.99	Kornw
150 002	Aschaff	22.05.58	06.12.61	Bamb
	Bamb	17.12.61	31.05.66	Würzb
	AW[1]	26.06.74	28.12.93	+
150 003	Aschaff	28.05.58	31.05.66	Würzb
	Würzb	26.05.74	28.12.93	+
150 004	AW[2]	19.06.58	31.05.66	Würzb
	(BZA München 18.08.-04.09.58, 15.-18.09.58, 11.-15.05.59)			
	Würzb	26.05.74	28.12.93	+
150 005	Aschaff	21.05.58	31.05.66	Würzb
	Würzb	26.05.74	28.12.93	+
150 006	Aschaff	05.06.58	01.07.64	Kornw
	Kornw	23.09.64	31.05.66	Würzb
	AW[1]	07.02.75	31.08.99	Kornw
150 007	Aschaff	24.05.58	09.05.66	AW[3]
	Würzb	26.05.74	28.12.93	+
150 008	Aschaff	30.04.58	06.05.66	Würzb
	Würzb	26.05.74	28.12.93	+
150 009	AW[2]	04.07.58	31.05.66	Würzb
	Würzb	26.05.74	28.12.93	+
150 010	AW[2]	05.09.58	17.04.66	AW[3]
	Würzb	26.05.74	21.06.93	z
	w. i. Dst.	30.08.93	28.12.93	+
150 011	Aschaff	25.04.58	31.05.66	Würzb
	Würzb	26.05.74	28.12.93	+
150 012	Aschaff	20.05.58	31.05.66	Würzb
	Würzb	26.05.74	28.12.93	+
150 013	Aschaff	06.06.58	31.05.66	Würzb
	Würzb	26.05.74	28.12.93	+
150 014	Aschaff	22.07.58	31.05.66	Würzb
	Würzb	26.05.74	03.06.93	z
	w. i. Dst.	08.12.93	10.06.99	+
150 015	Aschaff	23.05.58	31.05.66	Würzb
	Würzb	26.05.74	28.12.93	+
150 016	Aschaff	25.05.58	31.05.66	Würzb
	Würzb	26.05.74	28.12.93	+
150 017	AW[2]	02.10.58	31.05.66	Würzb
	Würzb	26.05.74	28.12.93	+
150 018	Würzb	09.06.58	27.05.59	Aschaff
	Würzb	26.10.59	31.05.66	Würzb
	Würzb	26.05.74	28.12.93	+
150 019	Würzb	27.06.58	29.05.59	Würzb
	Würzb	26.10.59	31.05.66	Würzb
	Würzb	26.05.74	01.09.99	H-Eck
150 020	Würzb	02.03.60	31.05.66	Würzb
	Würzb	26.05.74	28.12.93	+
150 021	Würzb	11.08.60	31.05.66	Würzb
	Würzb	26.05.74	31.08.99	Kornw
150 022	AW[1]	23.08.60	31.05.66	Würzb
	Würzb	26.05.74	28.12.93	+
150 023	Würzb	22.08.60	31.05.66	Würzb
	Würzb	26.05.74	29.06.93	z
	w. i. Dst.	08.12.93	20.02.99	+
150 024	Würzb	25.08.60	31.05.66	Würzb
150 024	Würzb	26.05.74	04.06.93	z
	w. i. Dst.	08.09.93	30.01.99	+
150 025	Würzb	01.10.60	31.05.66	Würzb
	Würzb	26.05.74	31.08.99	Kornw
150 026	Würzb	29.10.62	31.05.66	Würzb
	Würzb	26.05.74	31.08.99	Kornw
150 027	Würzb	05.11.62	31.05.66	Würzb
	Würzb	26.05.74	30.01.99	+
150 028	Würzb	20.11.62	31.05.66	Würzb
	Würzb	26.05.74	20.02.99	+
150 029	Würzb	24.11.62	22.09.64	Würzb
	Würzb	26.05.74	30.09.98	+
150 030	Würzb	03.12.62	12.05.63	AW[3]
	Würzb	26.05.74	31.08.99	Kornw
150 031	Würzb	03.12.62	24.05.63	Würzb
	Würzb	26.05.74	31.08.99	Kornw
150 032	Würzb	26.05.74	10.06.99	+
150 033	Würzb	26.05.74	31.08.99	Kornw
150 034	Würzb	26.05.74	30.06.99	+
150 035	Würzb	26.05.74	31.08.99	H-Eck
150 036	Würzb	25.07.73	28.12.93	+
150 037	Würzb	25.07.73	01.11.85	z
	w. i. Dst.	01.12.85	31.08.99	H-Eck
150 038	Würzb	25.07.73	31.08.99	Kornw
150 039	Würzb	15.05.58	16.05.58	Würzb
	Würzb	25.07.73	28.12.93	+
150 040	Würzb	25.07.73	31.08.99	Kornw
150 041	Würzb	25.07.73	28.12.93	+
150 042	Würzb	25.07.73	30.06.99	+
150 043	Würzb	25.07.73	31.08.99	Kornw
150 044	Würzb	25.07.73	10.06.99	+
150 045	Würzb	01.10.72	15.07.87	H-Eck
150 046	Würzb	01.10.72	14.07.87	H-Eck
150 047	Würzb	01.10.72	15.07.87	H-Eck
150 048	Würzb	01.10.72	15.07.87	H-Eck
150 049	Würzb	01.10.72	15.07.87	H-Eck
150 050	Würzb	01.10.72	15.07.87	H-Eck
150 051	Bamb	09.11.61	16.12.61	Bamb
	Ingolst	12.05.62	19.08.62	Würzb
	Würzb	01.10.72	15.07.87	H-Eck
150 052	Bamb	12.02.62	19.08.62	Würzb
	Würzb	01.10.72	15.07.87	H-Eck
150 053	Bamb	10.02.62	19.08.62	Würzb
	AW[1]	08.11.72	02.06.84	H-Eck
150 054	Bamb	02.12.61	07.10.62	Augsburg
	Augsbg.	20.10.62	24.05.63	Würzb
	AW[1]	01.10.72	01.06.84	H-Eck
150 055	Stuttg	17.08.93	30.09.93	Stuttg
	Stuttg	20.12.93	31.08.99	Kornw
150 056	Bamb	16.01.62	28.01.62	Kornw
	Kornw	25.09.72	02.06.84	H-Eck
150 057	Neu	05.12.61	13.02.62	Kornw
	Kornw	01.10.72	02.06.84	H-Eck
150 058	Kornw	01.10.72	02.06.84	H-Eck
150 059	Neu	28.12.61	13.02.62	Kornw
	Kornw	06.10.72	31.05.75	Bebra
	Bebra	25.09.83	22.05.84	AW[4]
150 060	Kornw	01.10.72	31.05.75	Bebra
	Bebra	27.09.83	31.05.84	H-Eck
150 061	Neu	11.10.62	19.11.62	Würzb
	Stuttg	20.12.93	31.08.99	Kornw
150 062	Stuttg	27.12.93	31.08.99	Kornw
150 063	Würzb	25.07.73	31.05.75	Bebra
	Bebra	25.09.88	30.09.98	+
150 064	Würzb	25.07.73	31.05.75	Bebra
	Bebra	25.09.88	31.08.99	Kornw
150 065	Würzb	25.07.73	31.05.75	Bebra
	Bebra	25.09.88	31.08.99	Kornw
150 066	Würzb	25.07.73	31.05.75	Bebra
	Bebra	25.09.88	31.08.99	H-Eck
150 067	Würzb	25.07.73	31.05.75	Bebra
	Bebra	25.09.88	31.08.99	Kornw
150 068	Bebra	25.09.88	31.08.99	Kornw
150 070	Bebra	25.09.88	31.08.99	Kornw
150 071	Bebra	25.09.88	31.08.99	Kornw
150 072	Bebra	25.09.88	31.08.99	Kornw
150 073	Bebra	25.09.88	30.09.99	+
150 074	Bebra	25.09.88	28.12.93	+
150 075	Bebra	25.09.88	31.08.99	Kornw
150 076	Bebra	25.09.88	30.03.99	+
150 077	Bebra	25.09.88	31.08.99	Kornw
150 078	Bebra	25.09.88	31.08.99	Kornw
150 079	Bebra	25.09.88	31.08.99	Kornw
150 080	Bebra	25.09.88	30.03.98	+
150 081	Bebra	25.09.88	31.08.99	Kornw
150 082	Bebra	25.09.88	30.09.98	+
150 083	Bebra	25.09.88	28.05.99	Kornw
150 084	Bebra	25.09.88	31.08.99	H-Eck
150 085	Bebra	25.09.88	31.08.99	Kornw
150 086	Bebra	25.09.88	28.05.99	Kornw
150 087	Bebra	25.09.88	28.05.99	Kornw
150 088	Bebra	25.09.88	30.09.98	+
150 089	Bebra	25.09.88	28.05.99	Kornw
150 090	Bebra	25.09.88	31.08.99	H-Eck
150 091	Bebra	25.09.88	31.08.99	Kornw
150 092	Bebra	25.09.88	28.05.99	Kornw
150 093	Bebra	25.09.88	28.05.99	Kornw
150 094	Bebra	25.09.88	30.06.99	+
150 095	Bebra	25.09.88	28.05.99	Kornw
150 096	Bebra	25.09.88	28.12.93	+
150 097	Bebra	25.09.88	30.06.95	H-Eck
150 098	Bebra	25.09.88	30.06.95	H-Eck
150 099	Bebra	25.09.88	28.05.99	Kornw
150 100	Bebra	25.09.88	22.05.95	H-Eck
150 101	Bebra	25.09.88	22.05.95	H-Eck
150 102	Bebra	25.09.88	22.05.95	H-Eck
150 103	Bebra	25.09.88	22.05.95	H-Eck
150 104	Bebra	25.09.88	22.05.95	H-Eck
150 105	Bebra	25.09.88	22.05.95	H-Eck
150 107	Würzb	25.07.73	02.06.84	H-Eck
150 113	Stuttg	20.12.93	29.05.95	H-Eck
150 114	Stuttg	20.12.93	31.08.99	Kornw
150 115	Stuttg	20.12.93	31.08.99	Kornw
150 116	Stuttg	20.12.93	31.08.99	Kornw
150 119	Stuttg	17.08.93	21.09.93	Stuttg
150 127	H-Eck	04.06.76	05.06.76	H-Eck

1 – zuvor Würzb; **2** – zuvor Aschaff; **3** – im Anschluss Würzb; **4** – im Anschluss H-Eck;

Mit Beginn des Sommerfahrplans 1999 wurden viele Leistungen aus dem Plan N0 des Werks Nürnberg Rbf in den 29-tägigen Kornwestheimer Plan T1 übertragen und damit begonnen, Nürnberger Loks in diese Dienste „umzusetzen". Nur noch für die Aufgaben im Schiebedienst bestanden eigenständige Nürnberger 150-Laufpläne. Mit der Abgabe der Nürnberger 150 nach Kornwestheim und Hagen-Eckesey bzw. mit deren Ausmusterung endete die Beheimatung der Baureihe 150 in Nürnberg.

◁ **Bild 317**
Ab dem 23. Mai 1993 konnten DB-Elloks über Eichenberg in die östlichen Bundesländer gelangen. So verwundert es nicht, dass am 5. Oktober 1995 neben 142 227 auch **150 043** (Nürnberg Rbf) und 140 266 (Hagen-Eckesey) im Bh Nordhausen anzutreffen waren.

Aufnahme: Roland Hertwig

◁ **Bild 318**
Zu den Planleistungen der Nürnberger 150 gehörte zuletzt auch die Bedienung von Sonneberg und Neustadt (b. Coburg). Am 7. August 1998 gab es offensichtlich nicht viel zu transportieren und so rollt **150 087** mit der nur aus einem Staubsilowagen bestehenden CB 66054 (Neustadt/b. Coburg – Lichtenfels) in Rödental ein.

Aufnahme: Oliver Heckmann

◁ **Bild 319**
In einem Eintagesplan kamen Nürnberger 150 auch auf der erst 1992 elektrifizierten Nebenbahn Rosenheim – Rohrdorf zum Einsatz. Am 4. August 1998 wartet **150 006** im Zementwerk Rohrdorf auf den Abfahrauftrag, während links die frühere DB-Kleinlok 323 753 bereits die nächsten Wagen rangiert.

Aufnahme: Carsten Klatt

△ **Bild 320** • Zum Ende des Winterfahrplan 1973/74 gab das Bw Würzburg seine 150 vollständig ab, blieb aber Einsatz-Dienststelle der Loks. Am 29. Februar 1976 zeigen sich die Nürnberger **150 002** und **150 003** vor dem Rechteckschuppen auf dem Bw-Gelände – beide waren bis Mai 1974 in Würzburg zu Hause. Aufn.: A. Schöppner/Archiv J. Sauter

Bw Würzburg

Der Bahnhof Würzburg wurde bereits ab Oktober 1954 mit Fahrdraht überspannt. Das Bw Würzburg erhielt mit zwei E 44 und neun E 94 seine ersten Elloks, die zunächst nur zwischen Würzburg und Nürnberg eingesetzt wurden. Als im Jahr 1957 die Auslieferung der Baureihe E 50 begann, wurden alle fabrikneuen Maschinen dieser Baureihe mit Ausnahme der E 50 003, die für drei Monate in Neu-Ulm weilte, und 018 (Aschaffenburg) an das Bw Würzburg ausgeliefert. Gleichzeitig wurden die Loks der Baureihe E 94 wieder abgegeben, während der E 44-Bestand vergrößert wurde.

Im September 1957 wurde der elektrische Betrieb auf der Strecke Würzburg – Aschaffenburg aufgenommen. Der Dienst auf der steigungsreichen Spessartstrecke wurde von den Betriebswerken Aschaffen-

▽ **Bild 321** • Am 29. Juli 1962 rückt in das Bw Würzburg noch ein, was auch hier beheimatet ist: **E 50 032**, **E 50 042** sowie **E 50 047** werden in Kürze Sonntagsruhe halten … Aufnahme: Walter Hanold/Archiv Jörg Sauter

◁ **Bild 322**
Vermutlich mit E 692 ist **E 50 035** des Bw Würzburg am 28. Januar 1958 in Heigenbrücken zum Stehen gekommen. Hinter der Lok sind ein Behelfspackwagen MDie/MDyg sowie ein „polnischer Hecht" mit sich verjüngenden Wagenenden, aber nicht hochgezogenem Dach, zu sehen.

Aufnahme: Dr. Rolf Brüning

Die Baureihe E 50/150 in Würzburg

	aus	ab	bis	nach
150 001	Neu	04.04.57	02.01.58	Aschaff
	Nbg	01.06.66	25.05.74	Nbg
150 002	Neu	31.05.57	23.12.57	Aschaff
	Nbg	01.06.66	19.05.74	AW[1]
150 003	Neu Ulm	24.09.57	13.12.57	Aschaff
	Nbg	01.06.66	25.05.74	Nbg
150 004	Neu	15.04.57	27.11.57	Aschaff
	Nbg	01.06.66	25.05.74	Nbg
150 005	Neu	21.06.57	07.10.57	AW[2]
	Nbg	01.06.66	25.05.74	Nbg
150 006	Neu	15.06.57	21.11.57	Aschaff
	Nbg	01.06.66	12.03.72	AW[1]
150 007	Neu	26.07.57	04.10.57	Aschaff
	Nbg	28.05.66	25.05.74	Nbg
150 008	Neu	04.07.57	28.09.57	Aschaff
	Nbg	07.05.66	25.05.74	Nbg
150 009	Neu	26.07.57	04.10.57	Aschaff
	Nbg	01.06.66	25.05.74	Nbg
150 010	Neu	18.07.57	28.09.57	Aschaff
	AW[3]	07.05.66	25.05.74	Nbg
150 011	Neu	12.07.57	25.09.57	Aschaff
	Nbg	01.06.66	25.05.74	Nbg
150 012	Neu	23.07.57	08.09.57	Aschaff
	Nbg	01.06.66	25.05.74	Nbg
150 013	Neu	29.07.57	17.09.57	Aschaff
	Nbg	01.06.66	25.05.74	Nbg
150 014	Neu	08.08.57	12.09.57	Aschaff
	Nbg	01.06.66	25.05.74	Nbg
150 015	Neu	14.08.57	22.09.57	Aschaff
	Nbg	01.06.66	25.05.74	Nbg
150 016	Neu	26.08.57	22.09.57	Aschaff
	Nbg	01.06.66	25.05.74	Nbg
150 017	Neu	24.08.57	12.09.57	Aschaff
	Nbg	01.06.66	25.05.74	Nbg
150 018	AW[4]	04.06.57	08.06.58	Nbg
	Aschaff	30.05.59	25.10.59	Nbg
	Nbg	01.06.66	25.05.74	Nbg
150 019	Neu	02.09.57	12.09.57	Aschaff
	Aschaff	10.05.58	26.06.58	Nbg
	Nbg	30.05.59	25.10.59	Nbg
	Nbg	01.06.66	25.05.74	Nbg
150 020	Neu	24.09.57	26.09.57	Aschaff
	Aschaff	06.05.58	01.03.60	Nbg
	Nbg	01.06.66	25.05.74	Nbg

	aus	ab	bis	nach
150 021	Neu	27.09.57	10.08.60	Nbg
	Nbg	01.06.66	25.05.74	Nbg
150 022	Neu	02.10.57	09.08.60	AW[1]
	Nbg	01.06.66	25.05.74	Nbg
150 023	Neu	31.10.57	21.08.60	Nbg
	Nbg	01.06.66	25.05.74	Nbg
150 024	Neu	15.11.57	24.08.60	Nbg
	Nbg	01.06.66	25.05.74	Nbg
150 025	Neu	10.12.57	30.09.60	Nbg
	Nbg	01.06.66	25.05.74	Nbg
150 026	Neu	19.12.57	28.10.62	Nbg
	Nbg	01.06.66	25.05.74	Nbg
150 027	Neu	21.01.58	04.11.62	Nbg
	Nbg	01.06.66	25.05.74	Nbg
150 028	Neu	23.01.58	19.11.62	Nbg
	Nbg	01.06.66	25.05.74	Nbg
150 029	Neu	07.03.58	23.11.62	Nbg
	Nbg	23.09.64	25.05.74	Nbg
150 030	Neu	07.06.58	02.12.62	Nbg
	AW[3]	31.05.63	25.05.74	Nbg
150 031	Neu	20.10.57	25.10.60	AW[5]
	BZA Mü	19.11.60	02.12.62	Nbg
	Nbg	25.05.63	25.05.74	Nbg
150 032	Neu	18.11.57	25.01.63	Kornw
	Kornw	11.03.64	25.05.74	Nbg
150 033	Neu	31.10.57	25.01.63	Kornw
	Kornw	20.02.64	25.05.74	Nbg
150 034	Neu	08.02.58	25.05.74	Nbg
150 035	Neu	26.11.57	25.05.74	Nbg
150 036	Neu	18.12.57	24.07.73	Nbg
150 037	Neu	20.12.57	24.07.73	Nbg
150 038	Neu	26.02.58	24.07.73	Nbg
150 039	Neu	26.02.58	14.05.58	Nbg
	Nbg	17.05.58	24.07.73	Nbg
150 040	Neu	20.03.58	24.07.73	Nbg
150 041	Neu	24.06.58	24.07.73	Nbg
150 042	Neu	14.07.60	24.07.73	Nbg
150 043	Neu	26.07.60	24.07.73	Nbg
150 044	Neu	01.08.60	24.07.73	Nbg
150 045	Neu	09.08.60	30.09.72	Nbg
150 046	Neu	19.08.60	16.11.65	BZA Minden
	BZA Mi	02.12.65	30.09.72	Nbg
150 047	Neu	24.10.60	30.09.72	Nbg
150 048	Neu	21.09.60	30.09.72	Nbg

	aus	ab	bis	nach
150 049	Bamb	16.02.62	30.09.72	Nbg
150 050	Bamb	17.02.62	30.09.72	Nbg
150 051	Nbg	20.08.62	30.09.72	Nbg
150 052	Nbg	20.08.62	30.09.72	Nbg
150 053	Nbg	20.08.62	17.09.72	AW[1]
150 054	Nbg	25.05.63	30.09.72	AW[1]
150 058	Neu	13.12.61	28.02.62	Kornw
150 060	Neu	05.01.62	16.02.62	Kornw
150 061	Nbg	20.11.62	27.05.67	Kornw
150 062	Neu	25.10.62	27.05.67	Kornw
150 063	Neu	22.10.62	24.07.73	Nbg
150 064	Neu	03.11.62	24.07.73	Nbg
150 065	Neu	30.11.62	24.07.73	Nbg
150 066	Neu	14.11.62	24.07.73	Nbg
150 067	Neu	22.11.62	24.07.73	Nbg
150 070	Neu	20.12.62	19.02.64	Kornw
150 071	Neu	04.01.63	11.02.64	Kornw
150 072	Neu	26.10.62	23.09.64	Kornw
150 073	Neu	30.11.62	20.05.63	Bebra
150 074	Neu	21.12.62	20.05.63	Bebra
150 075	Neu	11.01.63	25.05.63	Bebra
150 076	Neu	25.01.63	20.05.63	Bebra
150 077	Neu	24.01.63	25.05.63	Bebra
150 078	Neu	31.01.63	29.05.63	Bebra
150 079	Neu	14.02.63	25.05.63	Bebra
150 080	Neu	19.02.63	25.05.63	Bebra
150 081	Neu	21.02.63	26.05.63	Bebra
150 082	Neu	28.02.63	26.05.63	Bebra
150 083	Neu	19.03.63	22.05.63	Bebra
150 084	Neu	07.03.63	22.05.63	Bebra
150 085	Neu	15.03.63	29.03.63	Bebra
150 086	Neu	22.03.63	19.04.63	Bebra
150 087	Neu	29.03.63	19.04.63	Bebra
150 088	Neu	05.04.63	27.04.63	Bebra
150 089	Neu	17.04.63	27.04.63	Bebra
150 090	Neu	25.04.63	27.04.63	Bebra
150 091	Neu	26.04.63	17.05.63	Bebra
150 106	Neu	23.01.64	25.09.71	Bebra
150 107	Neu	21.02.64	24.07.73	Nbg

1 – im Anschluss Nbg; **2** – im Anschluss Aschaff;
3 – zuvor Nbg; **4** – zuvor Aschaff;
5 – im Anschluss BZA München

△ **Bild 323** • Für den Dienst auf der Nord-Süd-Strecke beheimatete das Bw Gemünden (Main) etwa ein Dutzend Loks der Baureihe 44. Nach der Aufnahme des elektrischen Zugbetriebs wurden diese weitgehend von E 50 ersetzt. Am 9. Juni 1964 sind **E 50 078** (Bw Würzburg), **E 50 103** und **E 50 098** (beide Bw Bebra) im Bw abgestellt.

AUFNAHME: DR. GÜNTHER SCHEINGRABER/EK-VERLAG

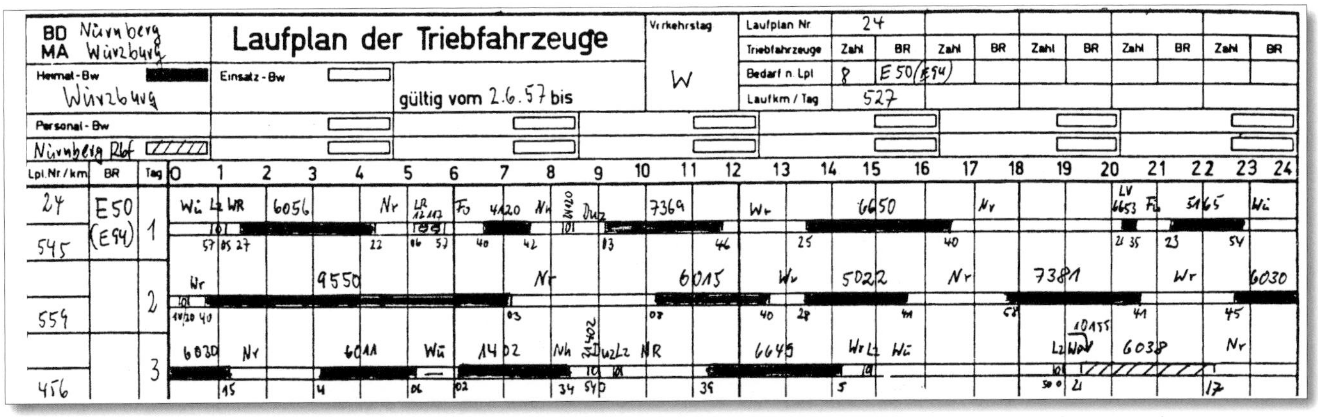

△ **Bild 324** • Der erste für die Baureihe E 50 aufgestellte und ab dem 2. Juni 1957 gültige Laufplan umfasste nur die oben aufgeführten drei Plantage. Mit diesen Diensten waren die E 50 im Güterverkehr ausschließlich zwischen Würzburg Rbf (Wr) und Nürnberg Rbf (Nr) beschäftigt und erreichten 527 km/Tag.

ABBILDUNG: SAMMLUNG KLAUS HOPF

Bild 325 ▷
Etwa um 1965 wartet **E 50 048** des Bw Würzburg in der Halle des Frankfurter Hauptbahnhofs mit einem Personenzug auf die Ausfahrt in Richtung Aschaffenburg.

AUFNAHME: HANS-JÜRGEN EGGERSTEDT, ARCHIV JÖRG SAUTER

△ **Bild 326** • Von der ursprünglichen **E 50 006** (hier im Bw München Ost) existieren nur wenige Aufnahmen. Die Lok brannte bei einem Unfall in Ingolstadt am 2. März 1972 aus und wurde mit einem neuen Lokkasten wieder aufgebaut. 1957 und von Juni 1966 bis zum Unfall war sie auch eine Würzburger Lok. AUFNAHME: FRANK LÜDECKE

Bestandszahlen an Loks der Baureihe E 50/150 im Bw Würzburg (jeweils zum Jahresende)

1957	1958	1959	1960	1961	1962-1963	1964-1965	1966	1967-1970	1971	1972	1973
13	22	22	23	24	33	36	64	62	60	50	35

burg und Würzburg gleichermaßen bestritten. Dafür gab das Bw Würzburg ab September 1957 die Loks E 50 001–020 an das Bw Aschaffenburg ab. Gleichzeitig erhielt es selbst aus Neulieferungen bis zum Juni 1958 die Loks E 50 021–041.

Eine kleine Änderung trat im Mai 1958 ein. Als das Bw Aschaffenburg seine Loks der Baureihe E 50 gegen solche der Baureihe E 94 tauschte, erhielt Würzburg die E 50 018 bis 020 von dort, während die übrigen Loks an das Bw Nürnberg Rbf gingen. Die Würzburger E 50 waren nun hauptsächlich zwischen Aschaffenburg und Nürnberg im Einsatz, wobei neben Güterzügen auch einige Reisezüge zu befördern waren. Der hochwertigste von ihnen war der nur in der Hochsaison (15. Juni bis 14. September 1958) fahrende D 1063. Der von Nürnberg nach Köln verkehrende Zug wurde auf dem Abschnitt von Nürnberg Hbf bis Würzburg Hbf von einer Würzburger E 50 gezogen.

Ab 1960 erhielt das Bw Würzburg fast alle neuen E 50, gab aber gleichzeitig einige ältere Maschinen an das Bw Nürnberg Rbf ab, so dass es keine E 50 mit Tatzlagerantrieb mehr besaß.

Durch die Elektrifizierung der Nord-Süd-Strecke von Gemünden bis Hannover im Jahr 1963 ergab sich für die Würzburger Elloks ein erweitertes Betätigungsfeld. Die Loks der Baureihe E 50 wurden nun schwerpunktmäßig zwischen Nürnberg und Göttingen eingesetzt. Am Jahresende 1963 waren 33 E 50 im Bestand: E 50 030–031, 034–054, 061–067, 070–072.

1966 wurde der gesamte E 50-Bestand der BD Nürnberg zum Zwecke eines rationelleren Lokeinsatzes im Bw Würzburg zusammengefasst, das dadurch 64 Loks dieser Baureihe beheimatete (E 50 001–054, 061–067, 105–107). In dieser Blütezeit erreichten die Loks von Würzburg aus im Norden Seelze und Kassel, im Westen Darmstadt, Mannheim und Mainz-Bischofsheim, im Süden Regensburg, Passau, Augsburg und München sowie im Osten Lichtenfels.

Ab 1969 vergrößerte sich das Einsatzgebiet im Norden bis nach Kamen und Bremen. Ab 1972 begann die Umstrukturierung des Würzburger Ellokbestandes. Innerhalb von zwei Jahren wurden alle Loks der Baureihe 150 an das Bw Nürnberg Rbf abgegeben. Damit wurde die Konzentration der Baureihe 150 auf wenige Betriebswerke fortgesetzt. Würzburg erhielt im Gegenzug verstärkt Loks der Baureihe 141. Auch hielten Altbauelloks der Baureihen 118 (ab Juni 1974) und 144 (ab Juni 1975) in Würzburg Einzug.

Weitere Beheimatungen

Außer in den oben aufgeführten Betriebswerken waren E 50 noch in Neu-Ulm (E 50 003 vom 21. Juni bis 23. September 1957) und Ingolstadt (E 50 051 vom 24. April bis 11. Mai 1962) beheimatet, was wohl in erster Linie der Personalschulung gedient haben dürfte.

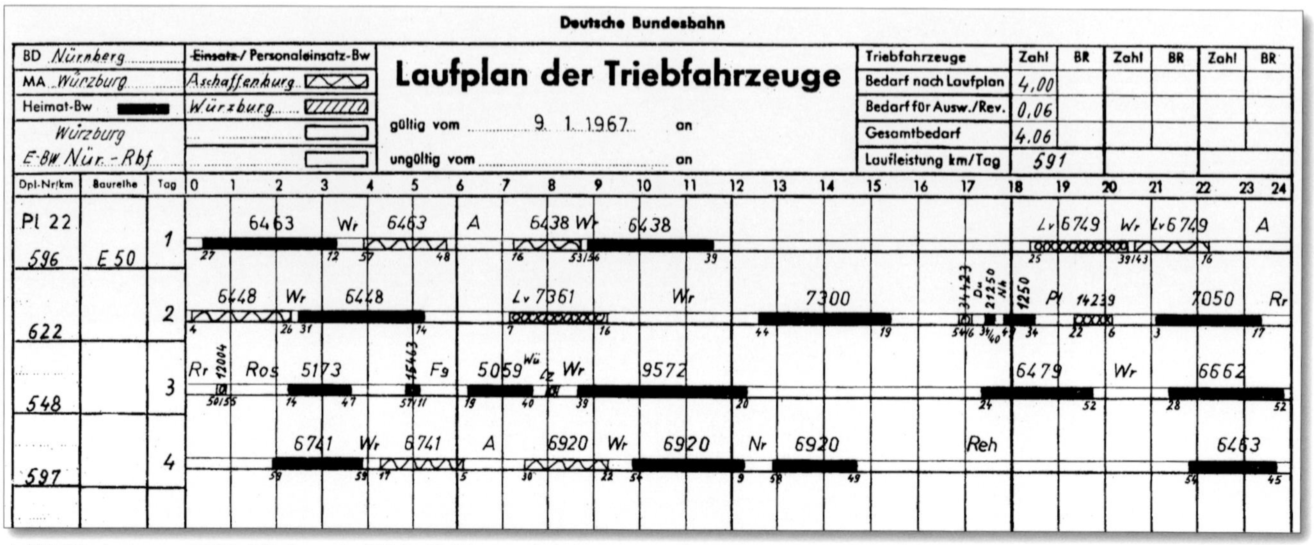

△ **Bild 327** • Auch wenn 1967 in Würzburg alle E 50 der BD Nürnberg beheimatet waren, kamen vom Bw Nürnberg Rbf (Einsatz-Bw) aus ab dem 9. Januar 1967 vier Loks hauptsächlich im Raum Aschaffenburg – Nürnberg – Regensburg zum Einsatz, wobei sie durchschnittlich 591 km/Tag zurücklegten. ABBILDUNG: SAMMLUNG KLAUS HOPF

△ **Bild 328** • Kaum eine Strecke wird enger mit der Baureihe 150 in Verbindung gebracht, als jene von Aschaffenburg nach Würzburg. Neben den Rampenstrecken im Spessart ist insbesondere auch die Streckenführung durch das Maintal zwischen Gemünden und Würzburg deutschlandweit bei Eisenbahnfreunden bekannt. Am 1. Mai 1975 rollt eine unbekannte 150 an Retzbach (Main) vorüber. Aufnhahme: Albert Schöppner/Archiv Jörg Sauter

△ **Bild 329** • Auf dieser vom Februar 1960 stammenden Aufnahme passiert **E 50 020** des Bw Würzburg mit einem Güterzug von Nürnberg in Richtung Würzburg-Zell die Anlagen ihres Heimatwerks, wo neben Lokomotiven der Baureihe E 44 auch zwei weitere E 50 vor dem Ellok-Schuppen abgestellt sind. Aufnahme: Carl Bellingrodt, Slg J. Sauter

Die Ellok-Ausbesserung

Vorbemerkungen

Für Hauptuntersuchungen und größere Reparaturen, die nicht in den Bahnbetriebswerken durchgeführt werden konnten, hatten die Elloks in Ausbesserungswerke einzurücken. Wenn sie diese nach Abschluss der Arbeiten wieder verließen, befanden sich häufig außer dem Lokkasten kaum noch Großteile in bzw. an den Lokomotiven, die sie zuvor besessen hatten. Zahlreiche Teile, wie z. B. Radsätze, Drehgestelle, Fahrmotoren, Trafo und Stromabnehmer wurden in den AW bei diesen Anlässen getauscht. Damit konnte die Standzeit der Loks im AW deutlich niedriger ausfallen als die Aufarbeitungszeit der ausgebauten Teile. Eine Hauptuntersuchung konnte auf diese Weise in maximal zwei Wochen durchgeführt werden.

Instandhaltungsstufen

Die Zuführung zu den Ausbesserungswerken konnte mehrere Gründen haben:

1. Die in der Eisenbahn-Bau- und Betriebsordnung (EBO) gesetzlich festgesetzte Zeitfrist zwischen zwei Untersuchungen war abgelaufen. Diese Frist betrug zuletzt sechs Jahre. Sie konnte zweimal um ein Jahr verlängert werden, wenn es der Fahrzeugzustand zuließ.
2. Zusätzlich hatte die DB Laufkilometer-Grenzwerte festgelegt, nach denen die Lokomotiven zur Untersuchung der sicherheitsrelevanten Teile das AW aufsuchen mussten. Diese Grenzwerte sind im Laufe der Jahre mehrfach heraufgesetzt worden, da die Bauteile der Lokomotiven immer verschleißärmer gestaltet werden.
3. Falls zwischen den Untersuchungsfristen Schäden an den Lokomotiven auftraten, die von den Betriebswerken nicht repariert werden konnten, wurden die Loks ebenfalls den Ausbesserungswerken zugeführt.

In den Ausbesserungswerken konnten folgende Instandhaltungsstufen (früher Schadgruppen) durchgeführt werden:

- **E 0**: Diese Instandhaltungsstufe wurde an Fahrzeugen durchgeführt, die zur Bedarfsausbesserung dem AW zugeführt worden waren. Dies war bei Schäden an mechanischen oder elektrischen Bauteilen (meist Unfallschäden) der Fall.
- (**E 1**: Die hier fehlende Instandhaltungsstufe E 1 umfasste alle Fristarbeiten, die in den Bahnbetriebswerken durchgeführt wurden. Diese Stufe war daher im AW nicht anzutreffen.)
- **E 2**: Diese Instandhaltungsstufe umfasste die reguläre Revision der Lokomotiven im AW. Dabei gab es bei der E 2 je nach Umfang der Arbeiten mehrere Untergruppen.

Der Ablauf der einzelnen bei einer E 2 möglichen Revision soll nachfolgend beschrieben werden:

- E 2.0 Revision des Fahrzeugaufbaus verknüpft mit einer Bremsuntersuchung Br 3,
- E 2.1 vereinfachte Revision nach der Neulieferung,
- E 2.2 Revision verknüpft mit der Erneuerung der Stromzuführungskabel vom Trafo zu den Fahrmotoren,
- E 2.4 vereinfachte Revision verknüpft mit einer Bremsuntersuchung Br 2,
- E 2.8 Auslauf-Revision vor dem letzten Unterhaltungsabschnitt.
- E 3 Wurde bei der regulären Revision zusätzlich eine Anstricherneuerung durchgeführt, sprach man von einer E 3-Untersuchung. Hierbei gab es dieselben Untergruppen wie bei der E 2, wobei E 3.1- und E 3.8-Untersuchungen natürlich nicht vorkamen, da Anstricherneuerungen bei neuen oder ausmusterungsreifen Loks nicht erforderlich waren.

◁ **Bild 330**
Im AW München-Freimann erfolgte die Abnahme der DB-Elloks. Dies geschah bei der ersten E 50 am 4. April 1957. Die Lok hatte bei der Auslieferung noch keinen weißen Zierstreifen im unteren Lokkastenbereich. Auch befanden sich alle Anschriften im grünen Bereich. Anstelle eines DB-Emblems hatte **E 50 001** noch die Eigentumsangabe „Deutsche Bundesbahn" in ausgeschriebener Form. Hier sehen wir die Lok am 4. Januar 1957 in der Werkhalle des AW.

Aufnahme: Dr. Günther Scheingraber/EK-Verlag

△ **Bild 331** • Auch am 30. März 1957 befindet sich **E 50 001** im AW München-Freimann. Wie bei neuen Baureihen üblich, fand vor der Abnahme der Lok durch die DB noch eine Probezerlegung statt. Diese ist wenige Tage vor der endgültigen Abnahme der Lok fast abgeschlossen und nur noch wenige Teile müssen wieder montiert werden, bevor die Lok auf die Strecke gehen kann. Aufnahme: Sammlung Dr. Brian Rampp

▽ **Bild 332** • Am 26. Juli 1982 weilt **150 066** des Bw Bebra zur Durchführung einer Hauptuntersuchung im AW München-Freimann. Die Lok ist bereits fertiggestellt und wird zur Durchführung einer Probefahrt von der Akku-Werklok auf die Schiebebühne gezogen. Die Fahrt verlief offensichtlich erfolgreich, denn per 27. Juli 1982 war die E 2 offiziell abgeschlossen. Aufnahme: Dr. Brian Rampp

△ **Bild 333** • Ein Blick auf das AW München-Freimann am 7. April 1982. Dieses AW hat von 1957 bis 1992 Loks der Baureihe E 50 instandgehalten. Wenige Male fanden auf dem AW-Gelände auch Feste mit Fahrzeugausstellungen statt. Diese anlässlich einer solchen Veranstaltung möglich gewordene Aufnahme vom 22. Juli 1979 zeigt neben Gastfahrzeugen aus der Schweiz und des DB-Museumsbestandes auch **150 164**. Regelmäßig wurden vom AW dagegen viele Jahre lang Besichtigungstermine für Eisenbahnfreunde angeboten, die Einblick in den Arbeitsalltag des Werkes erlaubten. Aufnahme: Frank Lüdecke

Arbeitsabläufe bei der Instandsetzung

Eine E 2.0-Untersuchung dauerte rund fünf Tage. Zunächst überprüfte ein Voraufnahmemeister vor der Werkhalle, wo ihm durch die Oberleitung noch Spannung zur Verfügung stand, die Funktionen der zugeführten Lok. Dabei wurden die Teile am Fahrzeugaufbau und der elektrischen Ausrüstung, die planmäßig nicht getauscht wurden (z. B. Zug- und Stoßeinrichtung, elektrische Schaltgeräte), auf Schäden untersucht. Auch wurde die Funktion aller Lüfter und der Sifa geprüft. Der Voraufnahmemeister entschied dann, ob Zusatzarbeiten, wie eine Anstricherneuerung oder ein außerplanmäßiger Tausch von Bauteilen, nötig waren. Danach wurde die Lok in die Halle rangiert, wo sie zunächst in einem Prüffeld Platz fand. Dort wurden zahlreiche elektrische Bauteile auf ihre Funktionen überprüft, darunter beispielsweise die Zugheizanlage, Schalter, Anzeigeinstrumente oder Batterien.

Der Voraufnahmemeister erstellte nun aufgrund der Schadmeldung des Betriebswerkes, seiner eigenen Beobachtungen und des Prüfberichtes der Prüffeldabteilung den Werkstattauftrag.

Der Fahrzeugaufbau konnte meist, wenn nicht gerade Unfallschäden zu beheben waren, in kurzer Zeit instandgesetzt werden. Um die Lok nicht länger im AW stehen zu lassen als es unbedingt notwendig war, wurden die Bauteile getauscht, deren Instandsetzung absehbar längere Zeit in Anspruch nahm. Daher wurden im AW immer bereits aufgearbeitete Bauteile, wie Drehgestelle mit Radsätzen, Fahrmotoren, Transformatoren, Lüfter, Schaltwerke, Hilfsmaschinen, Hauptschalter oder auch Stromabnehmer vorrätig gehalten.

Die dem AW zugeführte Lok musste also zunächst ihrer Tauschteile „beraubt“ werden. Dazu wurde der Lokkasten ange-

◁ **Bild 334**
Dieses Bild vom 19. April 1989 aus dem AW München-Freimann beweist, dass gelegentlich auch die Handräder zur Schaltung der Nachlaufsteuerung getauscht werden mussten. Allerdings gehörte das hier sichtbare Handrad nicht zur **150 171**, sondern zur links stehenden 139 316.

Aufnahme: Dr. Brian Rampp

Bild 335 ▷ Während einer Hauptuntersuchung werden im AW zunächst die Drehgestelle von der Lok getrennt und in einem anderen Werkbereich aufgearbeitet. Am 26. Juli 1989 ist **150 158** in München-Freimann von ihren Drehgestellen getrennt. Dadurch sind die Drehzapfen auf der Unterseite der Lok gut zu erkennen.

Bild 336 ▷ Hier findet am 26. Juli 1984 im AW München-Freimann die Aufarbeitung der Drehgestelle der **150 111** statt. Dass es sich dabei um das vordere Drehgestell handelt, erkennt man daran, dass vorn am Drehgestell-Rahmen das horizontal gefederte Kupplungsgelenklager der Drehgestell-Kupplung zu sehen ist.

Bild 337 ▷ Am Ende einer Hauptuntersuchung wurden die Loks häufig neu lackiert. Die Nürnberger **150 014** erhält allerdings am 30. Juli 1986 nur eine Lackversiegelung, so dass ihre grüne Farbgebung zunächst Bestand hatte.

AUFNAHMEN (3): DR. BRIAN RAMPP

△ **Bilder 338/339** • Bis 1973 wurde die Reparatur der Unfallschäden an Loks der Baureihe E 50 ausschließlich im AW München-Freimann vorgenommen. Danach durfte auch das AW Bremen-Sebaldsbrück solche Arbeiten ausführen. Die Bilder vom 24. November 1962 zeigen, dass die im AW Freimann weilende **E 50 013** offensichtlich einen Auffahrunfall hatte und an beiden Stirnseiten beschädigt worden ist. AUFNAHMEN (2): SAMMLUNG DR. BRIAN RAMPP

hoben, damit alle elektrischen und mechanischen Verbindungen zwischen dem Lokkasten und den Drehgestellen gelöst werden konnten. Anschließend wurden die Drehgestelle einer eigenen Aufarbeitungswerkstatt zugeführt.

Am Lokkasten konnten nun verschiedene Arbeiten durchgeführt werden:

- Revision aller elektrischen Teile, dabei gegebenenfalls Tausch einiger Teile,
- Vermessen der Drehzapfen und der Auflageflächen für die seitliche Lokomotivabstützung,
- Reparatur oder Tausch schadhafter Teile des Lokkastens,
- Durchführung einer Bremsrevision.

Der Bremsanlage wurde natürlich große Aufmerksamkeit gewidmet. Bei der Bremsrevision Br 3 mussten alle luftsteuernden Bremsapparate vom Führerbremsventil bis zu den Luftabsperrhähnen getauscht werden.

Nach dem Abschluss der Arbeiten konnte der Lokkasten auf Tauschdrehgestelle abgesenkt werden. Anschließend wurden wieder alle Verbindungsstücke zwischen den Drehgestellen und dem Lokkasten angeschlossen.

Die nunmehr komplette Maschine wurde im Stand geprüft, wobei nach Anlegen von Spannung alle Bauteile der elektrischen Ausrüstung auf ihre Funktion geprüft wurden. Selbiges galt für die Bremsausrüstung und für die Indusi.

Vor der Probefahrt wurden die Achsen gewogen. Traten bei der Messung unterschiedliche Radlasten auf, erfolgte eine Korrektur durch Verstellen der Federspannschrauben. Hiermit wurden eine höhere Laufruhe und eine bessere Spurführung der Lok erreicht.

Abschließend erfolgte die Probefahrt. Hierbei konnte die Betriebstüchtigkeit der Lok erprobt werden. Die Sifa und die Indusi wurden überprüft. Die Bremsanlage wurde durch mehrere Betriebs- und Schnellbremsungen getestet. Bei den Lokomotiven mit elektrischer Bremse wurde diese neu eingestellt. Auch wurde die Erwärmung der Achslager gemessen. Sofern sich keine Beanstandungen ergaben, konnte die Lok anschließend wieder dem Betriebsdienst übergeben werden.

Dank des beschriebenen Tauschverfahrens von Hauptbauteilen konnte die Aufenthaltsdauer der Elloks im AW gegenüber den Vorkriegslokomotiven um ca. 80 % vermindert werden. Wegen der dadurch höheren Verfügbarkeit der Lokomotiven konnte der Reservebestand beträchtlich vermindert werden.

1996 wurden neue Bezeichnungen für die Instandhaltungsstufen eingeführt, wobei unterschieden wurde, ob die Arbeiten in Betriebshöfen des Geschäftsbereiches Traktion oder in Ausbesserungswerken des Geschäftsbereiches Werke erfolgte.

Die wichtigsten Instandhaltungsstufen waren:

Alte Bezeichn.	Neue Bezeichn.	Bemerkung
B 0.1/E 0.1	IS 0.2	Kleinreparatur
B 0.3/E 0.3	IS 0.3	Hauptbauteiltausch
337	IS 0.5	Unterflurbehandlung
B 0.9/E 0.9	IS 0.9	Unfallinstandsetzung
N	IS 2.0	Nachschau
F 1	IS 5.1	Fristarbeit
F 2	IS 5.2	Fristarbeit
F 3	IS 5.3	Fristarbeit
F 4	IS 5.4	Fristarbeit
F 5	IS 5.5	Fristarbeit
B 2.0/E 2.0	IS 7.0	Revision
B 3.0/E 3.0	IS 7.04	Revision mit Anstrich
--	IS 8.03/04	Anstrich

Nach nur drei Jahren wurden zum Jahresbeginn 1999 die Untersuchungsbezeichnungen erneut geändert. Nun hießen die Untersuchungen wie folgt, wobei IS generell „Instandhaltungsstufe“ bedeutet (in Klammern die bis 1996 gebräuchlichen Untersuchungsbezeichnungen):

IS 020 Kleine Reparatur im Umfang bis 1.000 DM (B 0 bzw. E 0),
IS 030 Reparatur im Umfang über 1.000 DM (B 0 bzw. E 0)
IS 090 Unfallausbesserung (B 0.9 bzw. E 0.9)
IS 600 Untersuchung ohne Neuanstrich (B 2 bzw. E 2)
IS 660 Auslaufuntersuchung ohne Neuanstrich (B 2.8 bzw. E 2.8)
IS 693 Untersuchung mit Unfallausbesserung ohne kompletten Neuanstrich (B 2.9 bzw. E 2.9)
IS 703 Untersuchung mit Neuanstrich (B 3 bzw. E 3)
IS 793 Untersuchung mit Unfallausbesserung und Neuanstrich (B 3.9 bzw. E 3.9)
IS 803 Untersuchung mit Totalerneuerung und Neuanstrich (früher: U 4)
IS 925 Sonderarbeiten, wie z.B. Einbau eines Zusatzgerätes (Beispiel: EBuLa).

Die im Heimatwerk der Triebfahrzeuge durchzuführenden Fristarbeiten I 1 bis I 4 hießen jetzt IN (Inspektion/Nachschau) 510–540, kleine Nachschauen – die u. a. in mehreren Einsatz- und Wendedienststellen ausgeführt werden können – IN 200.

Seit Februar 1999 sind die B 1- bzw. E 1-Untersuchungen grundsätzlich nicht mehr gestattet. Diese Untersuchungen durften seit 1987 im Heimat-Werk durchgeführt werden, wenn die Loks nach acht Jahren noch nicht den Laufkilometergrenzwert erreicht hatten. Seit Februar 1999 muss wieder jedes Fahrzeug grundsätzlich spätestens nach acht Jahren einer neuen Hauptuntersuchung unterzogen werden, unabhängig davon, wie viele Kilometer es seit der letzten HU gelaufen ist.

△ **Bild 340 • 150 069** konnte im AW München-Freimann nach einem Schaltwerksbrand am 23. Mai 1986 bei Neustadt (Weinstr) nicht mehr repariert werden. Sie stand zunächst auf den Schrottgleisen und wurde als erste Lok der Baureihe E 50 am 5. März 1987 ausgemustert. Anschließend diente sie noch als Ersatzteilspender, so hat sie am 29. Juli 1987 schon ihre Stromabnehmer und Leuchten eingebüßt.

△ **Bild 341** • Anschließend wurde 150 069 auch als erste Lok ihrer Baureihe verschrottet, wobei die unbeschädigten Ersatzteile aufbewahrt wurden (Aufnahme vom 18. Mai 1989). Aufnahme: Frank Lüdecke

Die Ausbesserungswerke

Für die Ausbesserung der Einheitselloks war zunächst nur das Ausbesserungswerk München-Freimann zuständig. Dieses AW hatte schon seit seiner Gründung im Jahr 1927 Elloks ausgebessert. Allerdings dominierte in dem Werk knapp 30 Jahre lang die Arbeit an Dampflokomotiven. Erst durch die Beendigung seiner Ausbesserungsarbeiten an der Dampftraktion im Jahr 1954 und an Güterwagen im Jahr 1955 wurde das AW München-Freimann ein reines Ellok-Ausbesserungswerk. Bis 1958 war es für die Unterhaltung aller DB-Elloks verantwortlich. Dann musste es sich diese Aufgabe mit dem AW Opladen teilen. Dieses 24 Jahre ältere Werk war aber bis 1963 auch noch mit anderen Ausbesserungsarbeiten beschäftigt: Verbrennungstriebwagen, Dieselloks und Kleinloks (bis 1963), Reisezugwagen (bis 1961) und Gü-

△ **Bild 342** • Ob – und wenn ja, in welcher Einheits-Ellok – die ausgebaute Stirnfront von **150 069** (unten im Bild) noch Verwendung gefunden hat, ist nicht bekannt. Aufnahmen (2): Dr. Brian Rampp

△ **Bild 343** • Ab 1973 wurden schwere Unfallschäden häufig im AW Bremen-Sebaldsbrück repariert. So weilen am 11. Juni 1986 gleich zwei Loks der Baureihe 150 zur Ausbesserung im AW. Vorne **150 092** des Bw Bebra und hinten **150 037** des Bw Nürnberg Rbf.

terwagen (bis 1962). Nachdem das AW Opladen 1957 kurzzeitig die Unterhaltung der ET 30 übernommen hatte, folgten schließlich ab 1958 die ersten Elloks.

Als das AW Opladen im Jahr 1963 (fast) reines Ellok-AW wurde, war es für alle Neubau-Elloks der Bahnbetriebswerke nördlich der Main-Linie (Bereiche der BD Hamburg, Hannover, Essen, Köln und Saarbrücken) verantwortlich. Eine Ausnahme stellte allerdings die Baureihe E 50 dar. Deren Ausbesserungsarbeiten sowie auch jene an allen Altbau-Elloks oblag weiterhin dem AW München-Freimann, das darüber hinaus auch alle Neubau-Elloks der Bahnbetriebswerke südlich der Main-Linie betreute Diese Zuordnung wurde aber je nach Arbeitsaufkommen der Werke bisweilen durchbrochen. So führte das AW Opladen beispielsweise im Zeitraum zwischen März 1969 und Juni 1976 insgesamt 52 Hauptuntersuchungen an Loks der Baureihe 150 durch, die im Bw Hagen-Eckesey beheimatet waren.

Unfallausbesserungen an Lokrahmen und -kasten wurden ab Mitte 1973 auch vom AW Bremen vorgenommen.

Durch die Wiedervereinigung Deutschlands stand ab 1990 auch das Reichsbahn-Ausbesserungswerk Dessau für die gesamtdeutsche Unterhaltung von Elektrolokomotiven zur Verfügung. Das 1929 eröffnete Ausbesserungswerk war ebenfalls seit seiner Gründung für Elloks zuständig – später kam auch die Betreuung von Diesellokomotiven hinzu. Der Zweite Weltkrieg und die anschließende Demontage von Werkanlagen sowie der Oberleitungsanlagen auf den Strecken der sowjetischen Besatzungszone schränkten den Betrieb bis 1954 beträchtlich ein. Ab 1966 übernahm das Werk die Ausbesserung der dieselelektrischen Lokomotiven der DR aus sowjetischer Produktion.

Ab September 1991 wurde stufenweise die Unterhaltung der DB-Elloks nach Dessau verlagert. Als erste Lok ihrer Baureihe erhielt 150 001 im dortigen Werk eine Hauptuntersuchung (Abschluss der HU

△ **Bild 344** • Hier sind die auf dem oberen Bild gezeigten Lokomotiven aus der entgegengesetzten Perspektive zu sehen. Die beschädigten Stirnfronten sind sorgfältig abgetrennt worden. Aufnahmen (2): Jürgen Hörstel

△ **Bild 345** • Am 11. März 1987 haben die Loks **150 037** und **150 092** (Mitte) im AW Bremen-Sebaldsbrück inzwischen neue Führerstände erhalten und sind frisch lackiert worden. Aufnahme: Jürgen Hörstel

△ **Bild 346** • Seit 1991 führte auch das Raw Dessau größere Instandsetzungsarbeiten/Hauptuntersuchungen an der Baureihe 150 aus. Am 5. September 1991 stehen dort **150 001** der DB, 250 146 der DR sowie hinten **150 137** der DB einträchtig nebeneinander. Am Baureihenerstling finden bereits Endarbeiten statt, die Hauptuntersuchung mit Neulackierung in Orientrot wurde am 13. September 1991 abgeschlossen. Aufnahme: Michael Krolop

△ **Bild 347** • Das Werk Dessau übernahm die Instandhaltung der Baureihe 150 vom AW München-Freimann schrittweise. Am 25. März 1996 sind Elloks aus west- und ostdeutscher Fertigung bunt gemischt in den Arbeitsständen zu erkennen, darunter vorne rechts auch **150 111**. AUFNAHME: DR. BRIAN RAMPP

am 13. September 1991). Anschließend durchliefen in Dessau noch 96 Schwestermaschinen diesen Untersuchungszyklus, der mit dem Abschluss einer Hauptuntersuchung an 150 163 per 12. Mai 1998 sein Ende fand.

Bereits am 27. April 1995 endete im AW München-Freimann die Ellok-Unterhaltung. Die letzte Hauptuntersuchung an einer Lok der Baureihe 150 war dort allerdings schon am 17. Februar 1992 (150 066) abgeschlossen worden.

Am 1. Januar 1998 wurde die Zuständigkeit der Triebfahrzeugwerke (AW) neu geordnet. Dabei wurde die Bauartverantwortung eingeführt, d. h. jede Baureihe wurde fortan nur noch von einem Instandhaltungswerk betreut. Für die Baureihen 139, 140, 141 und 150 war nun das Werk Opladen verantwortlich. Im Zeitraum zwischen Mai 1998 und Mai 1999 erhielten hier noch 45 Loks der Baureihe 150 eine Hauptuntersuchung. 150 166 (Abnahme am 6. Mai 1999) war die letzte von ihnen.

▽ **Bild 348** • Am 5. März 1998 befindet sich **150 065** des Bh Nürnberg 2 im Ausbesserungswerk Opladen und hat im Zuge einer E 3.0 (Revision mit Anstricherneuerung/Neulack) auch ihren orientroten Anstrich gegen verkehrsroten Neulack getauscht. Zeitgleich weilt auch die Museumslok E 18 08 im Werk. AUFNAHME: HANS HILGER

△ **Bild 349** • Am 14. Februar 1991 warten **150 038** und **150 033** im Raw Dessau darauf, dass die Ausführung ihrer Hauptuntersuchungen beginnt. Aufnahme: Michael Krolop

▽ **Bild 350** • Lange Zeit war das AW Opladen nicht für die Unterhaltung der Baureihe 150 zuständig. Das änderte sich mit der Schließung des AW München-Freimann und der Verlagerung der Aufgaben vom Werk Dessau nach Opladen, so dass die Baureihe 150 ab 1998 ausschließlich im AW Opladen unterhalten wurde. **150 001** steht im März 1998 im dortigen Werk. Aufnahme: Hans Hilger

Die E 50 im Schiebedienst

Über einen längeren Zeitraum hinweg war die Baureihe 150 die klassische Schiebelok für Steigungsstrecken bei der Deutschen Bundesbahn, das galt auch noch in späteren Jahren bei der DB AG. Insbesondere nach dem Ausscheiden der letzten Lokomotiven der Baureihe 194 übernahmen die moderneren Nachfolger deren Aufgaben im Schiebedienst auf den Rampenstrecken Laufach – Heigenbrücken und Geislingen (Steige) West – Amstetten. Letztendlich sollten die Schiebedienste auf der Geislinger Steige sogar den Abschluss der Einsatzgeschichte der Baureihe 150 bilden.

Wann ein Zug nachgeschoben werden muss, hängt von verschiedenen Faktoren ab. Heutige moderne Drehstromlokomotiven können häufig deutlich höhere Anhängelasten über Steigungsstrecken befördern als es die zu Einsatzzeiten der Baureihe 150 allgegenwärtigen Wechselstromloks vermochten. Nicht nur die Leistung und das Reibungsgewicht einer Lok allein bestimmen die zulässige Grenzlast, vielmehr ist auch ausschlaggebend, wie sehr die Maschine thermisch belastbar ist –was bedeutet, dass sie unter widrigsten Bedingungen nicht überhitzt und Schaden nimmt. Der maximal zulässige Oberstrom der Fahrleitung darf durch Zug- ud Schiebelok nicht überschritten werden. Auch wird das Maximum durch die Belastbarkeit der Zughaken begrenzt. Durch moderne Kupplungen gelten hier heutzutage zumindest in Ganzzugverbänden allerdings deutlich höhere Belastungsgrenzen.

Spessartrampe

Ihre ersten Einsätze als Schiebeloks absolvierten Loks der Baureihe E 50 im Spessart. Der Abschnitt Laufach – Heigenbrücken der Strecke Aschaffenburg – Würzburg wies eine maximale Neigung von 22 ‰ auf. Hier war es nötig, dass schwere Züge vom Bahnhof Laufach über eine Strecke von 5,8 km bis zu einer Überleitstelle vor dem Schwarzkopftunnel nachgeschoben wurden. Zu Dampfzeiten waren hier schwere Mallet-Loks der Baureihe 96, später auch Loks der Baureihen 94^{5-17} und 95 im Einsatz. Als am 26. September 1957 der elektrische Betrieb zwischen Aschaffenburg und Würzburg aufgenommen wurde, übernahmen Loks der Baureihe E 50 die Nachfolge. Probeweise erfolgten diese Einsätze bereits ab dem 9. September 1957, also rund zwei Wochen vor der offiziellen Inbetriebnahme des elektrischen Betriebs. Hierfür sowie für den Streckendienst nach Würzburg waren E 50 001–020 im Bw Aschaffenburg beheimatet worden. Allerdings war dies zunächst nur ein kurzes Intermezzo. Als am 15. Januar 1958 der elektrische Betrieb zwischen Aschaffenburg und Frankfurt (M) Hbf aufgenommen wurde, mussten die Güterzüge nicht mehr in Aschaffenburg umspannen. Daher wurde der E 50-Bestand des Bw Aschaffenburg im Mai 1958 aufgelöst.

Die neuen Elloks wurden nun von den Betriebswerken Würzburg und Nürnberg Rbf aus eingesetzt. Das Bw Aschaffenburg erhielt ersatzweise Loks der Baureihe E 94 zugeteilt, die auch den Schiebedienst auf der Spessartrampe übernahmen. Nach knapp 30 Jahren schieden die E 94 (nun Baureihe 194) durch Ausmusterung aus. Ab dem 24. September 1987 waren daher wieder E 50 (nun 150) als Schiebeloks auf der Spessartrampe tätig. Dies geschah bis zum 10. Februar 2003, als die Baureihe 150 wegen Ausmusterung für ihre Nachfolgerin in Form der Baureihe 151 das Feld räumen musste. Der Schiebedienst endete am 15. Juni 2017, denn seither gibt es eine Neubaustrecke zur Umfahrung des Schwarzkopftunnels, die eine etwas geringere Neigung hat.

Als Beispiel für die Schiebetätigkeit der Baureihe 150 auf der Spessartrampe soll das Fahrplanjahr 2000/2001 dienen. Damals erbrachten zwei Loks im Laufplan T8 (gültig vom 5. November 2000 bis zum 9. Juni 2001) im Schiebedienst zwischen Laufach und der Betriebsstelle Heigenbrücken West (unmittelbar vor der Einfahrt in den Schwarzkopftunnel) dienstags bis freitags ø 343 km/Tag. Bei einer Streckenlänge von 5,7 km entspricht dies einer An-

◁ **Bild 351**
Nachdem sie als Zuglok eines Güterzuges aus Richtung Gremberg in Aachen West eingetroffen ist, leistet **150 060** am 21. Mai 1992 anschließend noch Schiebedienst hinter „ihrem" Zug bis kurz vor die deutsch-belgische Grenze am Gemmenicher Tunnel an der dem Güterverkehr vorbehaltenen Strecke ins belgische Montzen und weiter in Richtung Antwerpen. Für den Einsatz von Elloks im Schiebedienst wurde der 4,76 km lange Streckenabschnitt zur Landesgrenze elektrifiziert und am 26. Mai 1968 entsprechend in Betrieb genommen.

Aufnahme: Werner Consten

△ **Bild 352** • Noch vor der Aufnahme des durchgehenden elektrischen Zugbetriebes Aschaffenburg – Würzburg am 26. September 1957 nahm die DB den elektrischen Schiebebetrieb auf der Spessartrampe Laufach – Heigenbrücken auf (**E 50 017** am 9. Oktober 1957 als Schiebelok „3" bei Block Eisenwerk). AUFN: CARL BELLINGRODT/EK-VERLAG

Grenzlastentabelle Laufach – Heigenbrücken[1]

Baureihe	**103**	**110**	**111**	**118**	**140**	**141**	**150**	**151**	**194**	**1042**[2]
Anteil Rollenachslager 80 % (t)	721	711	711	486	711	546	1.091	1.021	1.051	601
Anteil Rolenachslager 100 % (t)	721	721	721	496	721	561	1.101	1.031	1.071	601

1 – Stand 1977; **2** – ÖBB-Reihe

▽ **Bild 353** • Die zunächst noch teilweise mit Dampflokomotiven bespannten Güterzüge erhielten häufig bereits ab Aschaffenburg eine elektrische Schiebelok. Erneut ist es am 9. Oktober 1957 **E 50 017**, die oberhalb von Block Hain im Gegengleis einen Durchgangsgüterzug nachschiebt.
AUFNAHME: CARL BELLINGRODT, SAMMLUNG NORMAN KAMPMANN

◁ **Bild 354**
Seit der Aufnahme des elektrischen Zugbetriebs zwischen Aschaffenburg und Frankfurt (M) am 15. Januar 1958 gelangte auch die Baureihe E 18 bis in die Mainmetropole. Auf der Spessartramp benötigten mit E 18 bespannte Schnellzüge ab einem Zuggewicht von 450 t planmäßig eine Schiebelokomotive. Im Frühjahr 1958 überquert ein von einer E 50 nachgeschobener Schnellzug den großen Damm unmittelbar vor der Einfahrt in den Schwarzkopftunnel.

◁ **Bild 355**
Am 9. Februar 1958 sind die beiden an diesem Tag in Laufach aktiven Schiebeloks **E 50 012** und **E 50 014** noch im nahen Bw Aschaffenburg beheimatet. Bis August 1958 wurden allerdings alle dort stationierten E 50 an andere Bw abgegeben.

Aufnahmen (2):
Dr. Rolf Brüning

◁ **Bild 356**
Am 9. September 1957, dem ersten Tag des elektrischen Zugbetriebs auf der Spessartrampe Laufach – Heigenbrücken, fährt ein Lokzug bestehend aus vier E 50 talwärts gen Laufach. Am Zugschluss ist die bereits deutlich vom Betrieb gezeichnete **E 50 012** zu erkennen.

Aufnahme:
Carl Bellingrodt/EK-Verlag

△ **Bild 357** • Eine Besonderheit der Spessartrampe war viele Jahre das Nachschieben von Schwerlastgüterzügen ab 3.500 t Zuggewicht mit zwei Lokomotiven. Am 26. Mai 2000 haben sich **150 163** und **150 102** in Laufach an den Zugschluss eines nach Linz (Donau) verkehrenden Erzzuges gesetzt. AUFNAHME: DR. BRIAN RAMPP

zahl von täglich rund 30 Schiebeleistungen pro Lok. An den übrigen Tagen waren entsprechend des geringeren Güteraufkommens weniger Kilometer pro Lok zu absolvieren: Montags ø 101 km, samstags ø 255 km und sonntags ø 49 km.

Folgende Züge wurden im Fahrplan 2000/2001 zwischen 6:00 und 21:00 Uhr planmäßig ab Laufach nachgeschoben – angegeben ist die Abfahrtszeit in Laufach, die Fahrzeit betrug acht Minuten, die Lok kehrte als Leerfahrt nach Laufach zurück:

- **Lok 1**: **6:00** Uhr (IRC 51501, Sa), **6:40** (ICL 43303, Di-Fr), **7:08** (EUC 40305, Di-Sa), **8:57** (IRC 51613, Di-Sa), **9:42** (IRC 51511, Di-Sa), **9:42** (IRC 51615, So), **10:03** (IRC 51513, So), **10:10** (EUC 40107, Di-Sa), **11:06** (EUC 40303, Di-Sa), **11:35** (EUC 40117, Di-Fr), **11:45** (IRC 51503, Di-Sa), **12:05** (IRC 51617, Di-Fr), **13:05** (TEC 43313, Di-Fr), **13:05** (TKCL 47303, Sa), **13:37** (IRC 51505, Di-Sa), **14:09** (IRC 51619, Di-Fr), **14:09** (IRC 51621, Sa), **15:19** (TKCL 48345, Di-Fr), **17:29** (KCL 62251, Di-Sa), **18:37** (TEC 43305, Mo), **18:40** (TC 44565, Di-So), **19:13** (TE 41535, tgl.), **20:12** (TKCL 48355, Di-Sa), **20:46** (KCL 62323, Mo-Fr).
- **Lok 2**: **6:14** (TKCL 48309, Di-Sa), **9:05** (IRC 51373, Di-Sa), **10:00** (EUC 40561, Di-Sa), **11:35** (EUC 40117, Sa), **11:59** (IRC 51375, Di-Fr), **13:14** (IRC 51515, Di-Sa), **16:55** (IRC 52211, Di-Fr), **17:29** (KCL 62251, Mo), **17:37** (TEC 43305, Di-Fr), **18:55** (IRC 64501, Mo-Fr), **19:27** (KCL 62733, Mo-Fr).

Bild 358 ▷
Nur in Ausnahmefällen mussten in den letzten Betriebsjahren der Spessartrampe Reisezüge nachgeschoben werden. Am 26. Juli 2001 reichte die Leistung von 120 102 als Zuglok des IC 523 jedoch offensichtlich nicht aus, um die Rampe alleine bewältigen zu können. Somit kam **150 161** als Unterstützerin am Zugschluss zum Einsatz, hier in der Nähe der aufgelassenen Blockstelle Hain.

AUFNAHME: JÖRG KLAEHSENS

△ **Bild 359** • Die Baureihe 150 durfte auf der Geislinger Steige bei freier Durchfahrt zeitweise sogar Güterzüge mit einem Gewicht von bis zu 1.180 t ohne Schiebelok über die Rampenstrecke befördern. Dieser Wert entsprach gleichzeitig der zeitweise zulässigen Zughakengrenzlast auf diesem Abschnitt (**150 188** am 27. September 1992 bei Geislingen).

Grenzlastentabelle Geislingen (Steige) West – Amstetten (Württ)[1]

Baureihe	**103**	**110**	**111**	**140**	**141**	**150**	**151**	**193**	**194**
Geislingen West – Geislingen (t)	1.000	1.205	1.205	1.205	935	1.765	1.630	1.515	1.635
Geislingen – Amstetten/Württ (t)	630	620	620	620	460	935	875	650	875
1 – Stand 1979									

◁ **Bild 360**
Der bereits im Bild 359 gezeigte Schotterzug erforderte am 27. September 1992 jedoch die Unterstützung durch die als Schiebelok eingeteilte **150 181**, hier oberhalb der Geislinger Stadtkirche.

Aufnahmen (2): Peter Rappold

◁ **Bild 361**
Während Güterzüge ab Geislingen (Steige) West nachgeschoben werden, erfolgt das Ansetzen der Schiebelok an Reisezüge erst im Bahnhof Geislingen (Steige) – **150 189** am 21. Juli 1995 hinter EC 13.

Aufnahme: Georg Wagner

Geislinger Steige

Auch auf der Geislinger Steige war die Baureihe E 50/150 zeitweise im Schiebedienst tätig. Dieser Streckenabschnitt mit einer maximalen Neigung von 22,5 ‰ ist Teil der Strecke Stuttgart – Plochingen – Göppingen – Ulm. Zwischen den Bahnhöfen Geislingen (Steige) und Amstetten (Württ) muss auf einer Länge von 5,6 km ein Höhenunterschied von 112 m überwunden werden, um auf die Schwäbische Alb zu gelangen. Schwere Reisezüge wurden zu Dampflokzeiten und auch in späteren Jahren vom Bahnhof Geislingen (Steige) bis zum Bahnhof Amstetten (Württ) nachgeschoben. Im Bahnhofsbereich von Amstetten ließen sich die Schiebeloks zurückfallen und kehrten nach Geislingen zurück. Da der Bahnhof Geislingen für lange Güterzüge zu kurz ist und zudem in einem Bogen liegt, in dem das Anfahren geschobener Züge problematisch wäre, werden Güterzüge bereits ab dem 3 km entfernten Bahnhof Geislingen (Steige) West aus nachgeschoben. Da die Strecke Stuttgart – Ulm schon 1933 elektrifiziert

Bild 362 ▷
Im Mai 1990 übernahm die Baureihe 150 den Schiebedienst auf der Geislinger Steige von der leichteren Baureihe 140. Bereits zuvor waren 150 als Vertretung der planmäßigen Schiebeloks der Baureihen 193, 194 und schließlich 140 immer wieder zu beobachten gewesen. Am 13. April 1979 ist die Kornwestheimer **150 055** als Ersatzlok für eine 193 eingesprungen und wartet gemeinsam mit der Augsburger 194 042 auf Schiebedienste.

Aufnahme: Bernd Magiera

Bild 363 ▷
Die für den Schiebedienst genutzten Loks wurden zum Teil mit einer während der Fahrt lösbaren Kupplung ausgestattet. Dies war ein Überwurfbügel, der mittels Seilzug ausgehakt werden konnte, wenn der Nachschub beendet war. Solch eine Kupplung besaß zeitweise u. a. **150 057**, die am 30. März 1969 vor 194 038 und 193 001 in Ulm angetroffen werden konnte.

Aufnahme: Ulrich Budde

Bild 364 ▷
Das Schlusslicht (Zg 2) bei **150 176** signalisiert am 6. September 1993 das temporäre Zugende bei dieser Leistung. Der Lokführer darf bei Nachschiebeleistungen mit dem Störschalter die Indusi ausschalten, ansonsten könnte die Lok nicht ohne Zwangsbremsung die bereits wieder Halt zeigenden Hauptsignale passieren.

Aufnahme: Peter Rappold

◁ **Bild 365**
Mit nur einem leistungsfähigen Triebkopf erhält auch ein ICE 1 auf der Geislinger Steige Unterstützung. Dabei darf das zusätzliche benötigte Triebfahrzeug nur als Vorspannlok zum Einsatz kommen. Am 27. Februar 1992 erklimmen **150 164** und der noch einsatzbereite Triebkopf 401 563 gemeinsam die Geislinger Steige.

Aufnahme:
Werner Brutzer

◁ **Bild 366**
Der mit einer Scharfenbergkupplung ausgestattete 401 erfordert das Anbringen einer speziellen Abschleppkupplung an der Vorspannlok. **150 156** ist am 18. März 1992 bereits damit ausgestattet worden und setzt sich nun an die Zugspitze.

◁ **Bild 367**
Kurz darauf zeigt sich die Fuhre mit dem noch funktionisfähigen Triebkopf 401 508 und der angesetzten Vorspannlok im Bahnhof Geislingen (Steige) abfahrbereit zur Fahrt nach Amstetten, wo **150 156** bei einem weiteren Betriebshalt wieder abgekuppelt werden muss.

Aufnahmen (2):
Dr. Brian Rampp

Bild 368 ▷ Seit 2000 setzte das Werk Kornwestheim bevorzugt die mit einer zusätzlichen Spurkranzschmierung ausgerüsteten Loks 150 158, 174 und 182 im Schiebedienst auf der Geislinger Steige ein. Am 23. Mai 2001 ist **150 182** als Schiebelok im Einsatz. Während die Zuglok 152 068 den hinter der Kurve liegenden Bahnhof Geislingen (Steige) durchfährt, passiert die Schiebelok in Kürze das 1963 in Betrieb genommene Stellwerk Gf.

Aufnahme: Norman Kampmann

worden ist, wird der Schiebedienst seit dieser Zeit mit Elloks durchgeführt. Nacheinander (zum Teil auch zeitgleich) wurden hierzu die Baureihen E 91, E 93 (bis 1982) und E 94 (bis 1988) herangezogen. Ab dem 28. September 1987 übernahmen Loks der Baureihe 140 den größten Teil des Schiebebetriebs. Bei kritischen Schienenverhältnissen im Herbst (nass und rutschig) waren sie den sechsachsigen und deutlich schwereren Kolleginnen unterlegen. Daher wurde der Schiebedienst am 26. Mai 1990 auf die Baureihe 150 übertragen.

Am Osthang des Rohrbachtals weist die Geislinger Steige sehr enge Kurvenradien mit einem kleinsten Radius von 278 m auf. Dies führt insbesondere bei sechsachsigen Lokomotiven zu erhöhtem Radreifenverschleiß. Zwischen dem 2. Juni 1997 und 11. Januar 1998 wurde deshalb erneut versucht, den Schiebedienst auf vierachsige Elloks umzustellen (Baureihe 139). Auch diese Testphase konnte nicht befriedigen, weshalb am 12. Januar 1998 die Baureihe 150 zurückkehrte und bis zum Ausscheiden der kompletten Baureihe aus dem Betriebsdienst am 31. Dezember 2003 in Geislingen (Steige) im Einsatz blieb. Zur Verschleißminderung wurden 2000 die im Schiebedienst eingesetzten 150 158, 174 und 182 mit einer speziellen Spurkranzschmierung der Firma Rebs ausgestattet. Als letzte Loks ihrer Baureihe hatten 150 079 und 150 168 am Silvestertag 2003 Dienst und wurden dann von der Baureihe 151 abgelöst. Noch am selben Tag wurden alle noch vorhandenen 150 abgestellt.

Gegenüber dem Betrieb auf der Spessartrampe fällt das Aufkommen im Güterverkehr über die Geislinger Steige seit jeher deutlich geringer aus. Dementsprechend absolvierten auch die hier im Schiebedienst tätigen Loks ein geringeres Tagespensum. Zum Vergleich soll das Fahrplanjahr 2001/2002 dienen, in dem zwei Kornwestheimer 150 im Laufplan T6 (gültig vom 30. September 2001 bis zum 1. Januar 2002) dienstags bis freitags zwischen Geislingen (Steige) West und dem Scheitelpunkt bei Amstetten dienstags bis freitags ø 208 km/Lok zurücklegten. Bei einer Streckenlänge von rund neun Kilometern entsprach dies gerade einmal einem Dutzend Schiebeleistungen pro Tag. Noch geringer fiel das Aufkommen entsprechend an den übrigen Wochentagen aus: Montags ø 72 km/Lok, samstags ø 164 km/Lok und sonntags 80 km/Lok.

△ **Bild 369** • Blick auf die nachträglich an den Drehgestellen von 150 158, 174 und 182 angebrachte Schienenkopfschmieranlage der Firma Rebs.

Aufnahme: Jörg Klaehsens

Folgende Züge wurden im Fahrplanjahr 2001/2002 zwischen 8:00 und 18:00 Uhr planmäßig über die Geislinger Steige nachgeschoben – angegeben ist die Abfahrtszeit in Geislingen (Steige) West, die Fahrzeit betrug ca. elf Minuten, die Lok kehrte anschließend als Leerfahrt (Tfzf) zurück nach Geislingen (Steige) bzw. fuhr bei Bedarf direkt weiter bis nach Geislingen (Steige) West, um den nächsten Zug nachzuschieben:

- **Lok 1**:
  9:20 (EC 113, Mo+So, ab Geislingen), **10:11** (TEC 43801, So), **11:07** (TC 45645, Di-Fr), **11:10** (TEC 42905, So), **15:09** (TC 45647, So), **16:11** (IRC 51607, So), **17:06** (IRC 54509, So).
- **Lok 2**:
  10:11 (IRC 51953, Sa), **10:11** (IRC 51955, Di-Fr), **10:54** (IRC 51603, Di-Sa), **12:20** (IC 119, Di-Sa, ab Geislingen), **14:11** (FbZ 75007, Di-Sa), **15:09** (IRC 51605, Di-Sa), **16:11** (RIK 54507, Di-Sa), **17:06** (IRC 52203, Sa).

△ **Bild 370** • Erst nach der Öffnung der innerdeutschen Grenze konnte im Bahnhof Probstzella ungehindert fotografiert werden. Zu DDR-Zeiten war der damalige Grenzbahnhof beinahe hermetisch abgeriegelt. Am 15. Februar 1998 wartet **150 070** im früheren Bw-Bereich auf ihre Schiebedienste. AUFNAHME: DR. BRIAN RAMPP

Frankenwaldrampe

Im Gegensatz zu den beiden zuvor beschriebenen Rampenstrecken müssen schwere Züge auf der Strecke Nürnberg – Saalfeld bis zum Kulminationspunkt in Steinbach am Wald aus beiden Richtungen nachgeschoben werden. Der Bahnhof Probstzella am Beginn der Nordrampe liegt auf einer Höhe von 380 m ü. NN. Bis zum Scheitelpunkt der Strecke im Bahnhof Steinbach am Wald (595 m ü. NN) müssen die Züge auf einer Länge von 13 km einen Höhenunterschied von 215 m bewältigen. Die größte Neigung mit 28,870 ‰ befindet sich kurz vor Steinbach am Wald. In der Gegenrichtung müssen vom Fuße der Südrampe in Pressig-Rothenkirchen aus bis nach Steinbach am Wald auf einer Länge von 12 km 216 Höhenmeter überwunden werden, wobei die Neigungsverhältnisse hier zwischen 25 und 26 ‰ betragen. Wegen dieser Situation ist normalerweise je eine Schiebelok ab Probstzella und ab Pressig-Rothenkirchen tätig.

Der elektrische Betrieb auf der Frankenwaldbahn wurde zwar schon im Mai 1939 eröffnet, doch erst ab Herbst 1940 standen elektrische Loks (der Baureihe E 94) für den Schiebedienst zur Verfügung. 1950 wurde die Baureihe E 94 durch die ältere Baureihe E 91 abgelöst. Zwischen beiden Baureihen kam es noch zu weiteren Wechseln im Schiebedienst:

- 1957 – 1960 Baureihe E 94,
- 1960 – 1967 Baureihe E 91,
- 1967 – 1987 Baureihe E 94/194.

▽ **Bild 371** • Am 14. August 1999 führte RC 51739 am Zugschluss einen neuen Doppelstockwagen aus Görlitzer Produktion mit. Im Kontrast dazu steht die noch chromoxidgrüne Schiebelok **150 188**, die sich in Probstzella an den Zugschluss gesetzt hat. Die Lok absolvierte im Frankenwald ihre letzten Dienste, bevor sie am 23. August 1999 z-gestellt wurde. AUFNAHME: JÖRG DÄHN

Ab Mai 1987 übernahm schließlich die Baureihe 151 den Schiebedienst. Als im Sommer 1995 ein Lokengpass bei dieser Baureihe auftrat, übernahmen ab dem 28. Mai 1995 schließlich Lokomotiven der Baureihe 150 planmäßig diese Dienste im Frankenwald. Bereits zuvor waren sie dort aushilfsweise zu sehen gewesen.

Am 9. Februar 2003 waren mit 150 099 (von Probstzella aus) und 150 185 (von Pressig-Rothenkirchen aus) letztmals Vertreterinnen dieser Baureihe auf der Frankenwaldrampe planmäßig im Einsatz. Am Folgetag übernahm wieder die Baureihe 151 den Schiebebetrieb. Allerdings kehrte 150 139 in der vorletzten Juni-Woche 2003 noch einmal kurzzeitig nach Probstzella zurück.

Es soll nicht verschwiegen werden, dass es 2001 einen Versuch gab, den Schiebebetrieb auf der Frankenwaldrampe dauerhaft auf die Baureihe 155 umzustellen. Häufige Überhitzung der Fahrmotoren der Baureihe 155 führten aber zum Abbruch des vom 10. Juni bis zum 12. August 2001 dauernden Versuches.

Die beiden letzten zunächst vor der geplanten Umstellung auf die Baureihe 155 erstellte Laufpläne U4 und U5 (beide jeweils gültig ab dem 5. Februar 2001) sahen für die Baureihe 150 auf der Frankenwaldbahn folgende Schiebedienste bei Tageslicht vor, wobei die Lokomotive des Laufplans U4 zusätzlich auch Vorspannleistungen (VA) ab Kronach und Probstzella erbrachte:

Laufplan U4 (Mo: ø 195 km, Di-Fr: ø 475 km, Sa: ø 412 km, So: ø 387 km):

- (VA) TC 44803 Probstzella 9:35-10:00 Pressig-Rothenkirchen, Mo
- Tfzf 67203 Pressig-Rothenkirchen 9:20-9:29 Kronach, Di+Do,
- Tfzf 67025 Pressig-Rothenkirchen 10:05-10:14 Kronach, Mo+Mi+Fr,
- (VA) CB 61162 Kronach 10:20-11:05 Steinbach, Mo-Fr,
- (VA) TC 44803 Probstzella 9:00-9:15 Pressig-Rothenkirchen, So,
- Tfzf 68872 Pressig-Rothenkirchen 18:56-19:19 Probstzella.

- Schiebedienst ab Probstzella: **6:51** (IRC 51552, Di-Sa), **12:20** (IRC 51472, Di-Sa), **12:20** (IRC 51721, So), **12:49** (IRC 51723, Di-Sa), **13:18** (IRC 51554, Di-So), **14:27** (IRC 51558, Di-Fr), **14:27** (IRC 51474, So), **14:59** (TEC 42826, Mi+Do+Sa+So), **15:58** (IRC 51560, So), **16:37** (TC 44806, Mi+Fr+Sa+So), **17:19** (TEC 42836, Mi+Sa), **17:19** (TEC 42838, So), **18:20** (IRC 52262, Sa), **18:42** (IRC 52260, Di-Fr), **19:33** (TEC 42825, Di+Do), **19:33** (TEC 42827, Fr).

Bild 372 ▷ Schiebedienst im Frankenwald auf der ihr ganzes Lokleben im Bw Hagen-Eckesey beheimatete **150 135** am herbstlich trüben 9. Oktober 1999: Soeben ist ein von 155 203 bespannter Güterzug im früheren Grenzbahnhof Probstzella eingetroffen und die Schiebelok hat sich umgehend an den Zugschluss gesetzt. Gleich wird es losgehen …

Bild 373 ▷ Ein Blick aus dem hinteren Führerstand von 150 135 auf den kompletten Zug und die führende 155 203 bei Unterneuhüttendorf zwischen Probstzella und Ludwigsstadt. Das Streckenstück mit der größten Neigung steht den beiden Loks noch bevor.

Bild 374 ▷ Erst beim Erreichen des Bahnhofs Steinbach am Wald lässt sich die Schiebelok vom Zug zurückfallen und 155 203 setzt ihre Fahrt in Richtung Nürnberg alleine fort.

AUFNAHMEN (3): DR. BRIAN RAMPP

△ **Bild 375** • Am 17. Juni 2003 ist **150 139** für den Schiebedienst auf der Frankenwald-Nordrampe ab Probstzella eingeteilt. Neben den alltäglichen Schiebeleistungen steht an diesem Tag auch die Beförderung eines schweren Militärzuges auf dem Dienstplan, hier auf dem Trogenbachbrücke in Ludwigsstadt. Zu diesem Zeitpunkt oblag der dortige Schiebedienst planmäßig bereits der Baureihe 151. Aufnahme: Rainer Nenninger

Grenzlastentabelle Probstzella – Steinbach am Wald[1]

Baureihe	103	110	111	114	140	141	143	150	151	155	194
Regelgrenzlast (t)	520	500	500	500	520	400	465	840	780	715	780

1 – Stand 1991

Grenzlastentabelle Pressig-Rothenkirchen – Steinbach am Wald[1]

Baureihe	103	110	111	114	140	141	143	150	151	155	194
Regelgrenzlast (t)	520	500	500	500	520	400	465	840	780	715	780

1 – Stand 1991

Laufplan U5 für 2 × 150 (Mo: ø 182 km/Lok, Di-Fr: ø 312 km, Sa: ø 234 km, So: ø 234 km):
- **7:14** (IRC 51849, Mo+Sa+So), **8:45** (IRC 52263, Mo), **8:45** (IRC 51801, Di-So), **9:35** (TC 44803, Mo+So), **10:54** (IRC 51845, Mo-Fr+So), **11:37** (IRC 51739, Mo-Sa), **13:39** (IRC 52265, Sa), **18:05** (KCL 62541, Di-Do+So), **19:01** (IRC 52267, Mo-Fr), **19:33** (TEC 42823, So).

◁ **Bild 376**
Teilweise erhielten auf der Frankenwaldbahn zur Bezwingung der Rampenstrecke einige besonders schwere Züge zusätzliche Unterstützung in Form eines Nutz-Vorspanns. Am 12. Mai 2000 ist somit die Kornwestheimer **150 155** der Dresdner 155 048 und deren TC 44805 vorgespannt. Kurz vor Steinbach am Wald haben die beiden den Scheitelpunkt fast erreicht.

Aufnahme: Jörg Dähn

△ **Bild 377** • Der Güterverkehr auf der Strecke Hagen – Siegen wird vor allem durch den Transport von Produkten für die stahlverarbeitende Industrie im Siegerland geprägt. Am 17. Oktober 1995 hilft **150 125** einem reinrassig aus Teleskophaubenwagen für den Transport von Stahlbandrollen (sogenannten Coils) gebildeten Zug über die Rampe Altenhundem – Welschen-Ennest, hier am östlichen Ortsrand von Benolpe.

Ruhr-Sieg-Strecke

Auf der Ruhr-Sieg-Strecke Hagen – Finnentrop – Siegen mit ihrer 11 km langen Rampenstrecke von Altenhundem (276 m ü. NN) nach Welschen-Ennest (411 m ü. NN) kam die Baureihe E 50/150 nur unregelmäßig als Schiebelok zum Einsatz. Allerdings waren Lokomotiven des Bw Hagen-Eckesey in großem und der Bw Würzburg und Nürnberg Rbf in geringerem Umfang als Zugloks auf der für den Güterverkehr bedeutenden Verbindung zu beobachten.

Für den Schiebdienst nutzte das Bw Hagen-Eckesey zumeist E 40 1309–1314 sowie E 40 518 und 519. Diese Loks verfügten hierzu über eine spezielle Schiebefunkausrüstung, erkennbar an Topfantennen auf dem Dach und Überwurfkupplungen.

In ihren letzten Dienstjahren war die Baureihe 150 als Schiebelok zwischen Altenhundem und Welschen-Ennest nicht mehr zu erleben.

Allerdings kam zunehmend die Nachfolgebauart 151 zum Zuge, welche die Baureihe 140 schließlich ganz ablöste und die hier (mit Ausnahme einer kurzen Unterbrechung) auch heute noch als Schiebelok zum Einsatz kommt.

▽ **Bild 378** • Die Baureihe 150 war auf der Ruhr-Sieg-Strecke zwar häufig als Zug-, aber selten als Schiebelok zu beobachten. Am 29. Juni 1995 bringen zwei 150 einen langen Kohlenzug bei Benolpe die Steigung von Altenhundem nach Welschen-Ennest hinauf.

▽ **Bild 379** • Die Zuglok **150 139** (Hagen-Eckesey) wird dabei von **150 143** unterstützt, die erst kurz zuvor von Stuttgart nach Hagen umbeimatet worden war.

AUFNAHMEN (3): GEORG WAGNER

Einsätze in der Schweiz

DB-Elloks waren vor der Auslieferung der modernen Drehstromloks selten in der Schweiz zu sehen. Allerdings bestand auch erst mit der Aufnahme des elektrischen Betriebs auf dem DB-Streckenstück Basel Bad Bf – Grenze DB/SBB am 29. Oktober 1956 ein Anschluss zum bereits bis Basel elektrifizierten Streckennetz der Schweizer Bundesbahnen (SBB) und erst mit dem elektrischen Lückenschluss zwischen Karlsruhe und Bruchsal im Herbst 1957 bestand ein Anschluss der Oberrheinstrecke Karlsruhe – Offenburg – Basel an das übrige elektrifizierte süddeutsche Streckennetz der DB. Erstmals waren DB-Elloks im regulären Zugdienst auf SBB-Gleisen in den Jahren von 1961 bis 1964 aufgrund von Lokmangel anzutreffen. Zunächst wurden DB-Loks der Baureihe E 91 geliehen, die Leistungen zwischen den Rangierbahnhöfen nördlich und südlich des Rheins in Basel absolvierten. Diese Einsätze waren unproblematisch, da die genutzten SBB-Strecken auch für das Befahren von Elloks mit herkömmlichen DB-Wippen am Stromabnehmer ausgelegt sind. Auf dem Großteil des SBB-Streckennetzes (und auch bei der DB) kommt die sogenannte Bügelfahrleitung zur Anwendung, bei welcher der Fahrdraht nicht genau über der Gleismitte montiert, sondern in einem seitlichen „Zick-Zack" mit einer Abweichung von 40 cm von der Schienenmitte angeordnet ist. Mit einer Abweichung von nur bis zu 20 cm bis/ab Schienenmitte beträgt dieser Wert bei den SBB allerdings nur etwa halb soviel wie bei der DB.

Deshalb waren die ab dem 20. Juli 1961 für Güter- und Reisezüge auf den Strecken Basel – Zürich – Winterthur sowie Basel – Bern an die SBB vermieteten Loks der Baureihe E 40 zuvor einseitig (Führerstandsseite 2) mit einem schlankeren SBB-Stromabnehmer mit SBB-Wippe auszustatten, um das engere Umgrenzungsprofil einzuhalten. Am 13. Januar 1962 endete dieser erste E 40-Leiheinsatz in der Schweiz zunächst. Insgesamt fünf Loks (E 40 138, 139, 149, 150 und 1166) waren zeitweise im Nachbarland, jedoch nie mehr als vier gleichzeitig. Vom 4. Juli bis 31. Oktober 1962 vermietete die DB wieder vier E 40 an die SBB. Da gelegentlich getauscht wurde, waren nun E 40 138, 139, 149, 150, 175, 177, 236, 237 und 1166 für die SBB tätig. Auch 1963 mieteten die SBB wieder Loks der Baureihe E 40 an, nun aber weit mehr als in den Jahren zuvor. Im Sommer waren zeitweilig 14 E 40 (zzgl. vier weiterer Tauschloks für Fristarbeiten) in der Schweiz im Einsatz: E 40 017–019, 138, 139, 149–152, 177, 191, 225, 228, 251, 252, 254, 255 und 264. Sie waren auf die Depots Basel, Zürich und Bern verteilt. 1964 erfolgte der letzte große E 40-Einsatz in der Schweiz. Zwischen dem 29. März und 24. Oktober 1964 waren insgesamt 15 Loks für die SBB tätig. Es handelte sich überwiegend um dieselben Loks wie 1963, die wiederum in Basel, Zürich und Bern beheimatet wurden. Diesmal bekamen sie das SBB-Zugsicherungssystem Integra-Signum eingebaut, damit in den Loks kein Beimann mitfahren musste.

Als 1987 bei den SBB erneut ein Lokmangel auftrat, war ein erneuter Mieteinsatz von Lokomotiven der Baureihe 140 geplant. Dazu wurden mit der 140 157 Probefahrten mit Regionalzügen von

△ **Bild 380** • Am 31. Juli 1996 ist **150 166** mit einem Leerzug bereits wieder auf dem Rückweg von Bettwiesen nach Deutschland und durchfährt den Kreuzungsbahnhof Kehlhof zwischen Weinfelden und Kreuzlingen. Im Zuge des zweigleisigen Ausbaus des Abschnitts Weinfelden – Berg bis zum Jahr 2018 veränderte auch der Bahnhof sein Erscheinungsbild.
Aufnahme: Bernhard Studer

△ **Bild 381** • Im Juli 1996 ist die heutige Museumslok **150 186** zur Wochenendruhe im Depot Weinfelden eingerückt. Der fünfständige Lokschuppen besitzt heute für vier dieser Gleise einen zusätzlichen Vorbau und gehört nach Auflösung der Mittelthurgaubahn inzwischen der Sersa Group. AUFNAHME: WERNER HARDMEIER

Olten nach Biel, Bern und Arth-Goldau durchgeführt. Da die 140 die Fahrzeiten der planmäßigen Re 4/4^{II} jedoch nicht einhalten konnten, wurde nach einer anderen Lösung gesucht. Sie bestand darin, dass die SBB acht DB-Loks der Baureihe 194 anmieteten. Zwei von ihnen wurden in Depot Basel beheimatet und rund um Basel im Hafenverkehr eingesetzt. Sechs kamen in das Depot Zürich, erhielten SBB-Stromabnehmer und das SBB-Zugsicherungssystem Integra-Signum eingebaut. Sie wurden vor Brennstoff-, Kies- und Aushubzügen eingesetzt. Die erste 194 kam am 30. März 1987 in die Schweiz, die letzte verließ am 30. Oktober die Alpenrepublik. An den Schweiz-Aufenthalten waren die Loks 194 563, 564, 565, 567, 574, 575, 576 und 580 beteiligt.

Von Mai bis September 1989 waren schließlich sogar zwei Loks der Baureihe 150 für die SBB tätig. Die beiden 150 072 und 150 082 versahen allerdings – wie bereits die Baureihe E 91 im Jahr 1961 – nur Güterzugdienste im Bereich um Basel.

1996 kam es im Rahmen von Kooperationsverkehren von DB, Südostbahn (SOB) und Mittelthurgaubahn (MThB) zu einem erneuten Einsatz von Loks der Baureihe 150 in der Schweiz. Für die Bespannung von Kesselwagenzügen zwischen der Raffinerie in Karlsruhe-Knielingen und dem Werk der Tanklager Tägerschen AG im schweizerischen Bettwiesen (zum Umsetzen wurde ein Teil der Züge bis/ab Wil gefahren) rüstete die DB die drei Loks 150 166, 169 und 186 mit dem Zugsicherungssystem Integra-Signum aus. Der Einbau von Schweizer Stromabnehmern war nicht nötig, da die befahrene Route Kreuzlingen – Weinfelden – Bettwiesen – Wil mit dem DB-Stromabnehmer DBS 54 genutzt werden konnte.

Im Juni 2002 endete der Einsatz der Baureihe 150 in der Schweiz mit der Umstellung der Verkehre auf die Reihe Ae 476 (ex. DB-142) der MThB.

Die als Museumslok erhalten gebliebene 150 186 ist bis heute noch mit dem schweizerischen Sicherungssystem Integra-Signum ausgestattet.

Bild 382 ▷ Am 6. September 1996 ist **150 166** aus Bettwiesen kommend mit einem Kesselwagenzug im Eisenbahnknoten Wil eingetroffen. Nach dem Umsetzen wird sie mit ihrem Zug den Bahnhof erneut über die eingleisige Strecke der Mittelthurgaubahn nach Weinfelden/Kreuzlingen verlassen.

AUFNAHME: WERNER RBUTZER

Museumsloks der Baureihe 150

Von den 194 gebauten Exemplaren der Baureihe 150 sind bis heute nur zwei Loks erhalten geblieben.

Hierzu hat vor allem das zum Zeitpunkt der Fahrzeugausmusterungen noch aktive generelle Verkaufsverbot von DB-Triebfahrzeugen beigetragen. Zwar waren zahlreiche (neu gegründete) NE-Bahnen nach der Bahnreform und dem beginnenden Wettbewerb im Schienengüterverkehr ab Ende der neunziger Jahre auf der Suche nach geeigneten Lokomotiven für den Verkehr auf DB-Gleisen, doch die DB lehnte einen Verkauf von passendem Material – wozu die Baureihe 150 ohne Zweifel zählte – an Dritte ab. Erst in späteren Jahren wich die DB von dieser Strategie ab, weshalb zahlreiche Loks u. a. der Schwesterbaureihen 140 und 151 aus dem DB-Bestand bei privaten Betreibern erhalten blieben. Stattdessen wurden die überzähligen 150 an Schrotthändler verkauft, obwohl der Erlös für den DB-Konzern dadurch erheblich niedriger ausfiel, als bei einer Abgabe des Materials an NE-Bahnen.

E 50 091/150 091

Schon 1993 wurde 150 091 ausgewählt, als künftige Museumslok erhalten zu bleiben. Die Lok befand sich zu diesem Zeitpunkt noch weitgehend im Ursprungszustand. Bevor sie schließlich in den Bestand des DB-Museums wechseln sollte, erhielt sie allerdings zunächst noch einmal eine Hauptuntersuchung und stand dem Betriebsdienst von DB Cargo noch acht weitere Jahre zur Verfügung. Erst nach ihrem Fristablauf wurde sie am 3. November 2001 an das Museum übergeben und fand in der Außenstelle Koblenz-Lützel eine dauerhafte Bleibe. Hier wurde die Lok in den Jahren 2005/2006 aufgearbeitet und neu gestrichen. Sie ist bis heute betriebsbereit, darf aber wegen fehlender Fristen nur auf dem Museumsgelände aus eigener Kraft bewegt werden.

150 186

Nur den Mitarbeitern des Werkes Kornwestheim ist es zu verdanken, dass mit 150 186 eine zweite Lok erhalten geblieben ist. Schon vor ihrer offiziellen Ausmusterung am 2. Juli 2003 wurde die Lok ins Süddeutsche Eisenbahnmuseum Heilbronn überführt. Wegen fehlender Thyristorsteuerung war sie als nicht fahrfähiges Exponat des Museums zu besichtigen. Nach ihrer Überstellung zur Außenstelle Koblenz-Lützel des DB-Museums am 8. Oktober 2014 erhielt sie wieder eine Thyristorsteuerung eingebaut. Die seither wieder betriebsbereite, aber nicht revisionierte Lok kann damit – wie auch E 50 091 – u. a. bei den Lokparaden auf dem Museumsgelände im Betrieb erlebt werden.

Somit befinden sich beide heute noch existenten Lokomotiven der Baureihe 150 mit Stand Sommer 2023 in der Außenstelle des DB-Museums in Koblenz-Lützel. Mit den Baujahren 1963 und 1972 verkörpern sie zwei sich deutlich voneinander unterscheidende Varianten der BR 150.

Äußere Unterscheidungsmerkmale

	150 091	150 186
Chromoxidgrün	ja	nein
Verkehrsrot	nein	ja
Dachrinnen	ja	nein
Gummileisten a. d. Stirnseiten	nein	ja
Griffstangen u. d. Stirnfenstern	ja	nein
Gitterroste an den Stirnseiten	ja	nein
Aufstiegshilfen	nein	ja
Verschleißpufferträger	nein	ja
Runde Pufferteller	ja	nein
Rechteckige Pufferteller	nein	ja
Schneeräumer	nein	ja
Mehrfachdüsenlüftergitter	ja	nein
Klatte-Lüftergitter	nein	ja
Seitliche Schiebefenster	ja	nein
Seitlich ungeteilte Fenster	nein	ja
Drehgestelle gekoppelt	ja	nein
Flexicoil-Drehgestelle	nein	ja
Beschriftung: Schilder	ja	nein
Beschriftung: aufgemalt	nein	ja

◁ **Bild 383**
150 186 gelangte nach ihrer aktiven Dienstzeit zunächst ins Süddeutsche Eisenbahnmuseum Heilbronn. Zum Aufnahmezeitpunkt am 2. August 2014 stand der Wechsel der Lok ins DB-Museum Koblenz kurz bevor.

Aufnahme: Frank Lüdecke

Bild 384 ▷ Als die heutige Museumslok **E 50 091** am 29. März 1969 in ihrem damaligen Heimat-Bw Bebra fotografiert wurde, zeigt sie sich zwar bereits mit Computernummer, ansonsten aber weitgehend im Auslieferungszustand von 1963.

Aufnahmen (2): Albert Schöppner, Archiv Jörg Sauter

Bild 385 ▷ 22 Jahre später hat der harte Betriebsalltag im schweren Güterverkehr das äußere Erscheinungsbild der Lok bereits in Mitleidenschaft gezogen. Denn die in der Zwischenzeit stattgefundenen Hauptuntersuchungen hatte sie ohne Neulackierung bzw. kleinere bauliche Veränderungen überstanden. Am 30. August 1991 fährt sie bei Mainbernheim (Würzburg – Nürnberg) in Richtung Süden.

Bild 386 ▷ Als wenn fast sechs Jahrzehnte spurlos an ihr vorüber gezogen wären: Am 17. April 2022 zeigt sich die wieder als **E 50 091** beschriftete Lok in ihrer heutigen Heimat, der Museums-Außenstelle Koblenz-Lützel. Natürlich trägt sie seitlich auch wieder die einst typischen Fabrik- und Beheimatungsschilder sowie das DB-Emblem der Deutschen Bundesbahn.

Aufnahme: Roland Hertwig

Unfälle

Ein bekanntes Sprichwort lautet: „Wo gehobelt wird, dort fallen Späne." Dies gilt natürlich auch für den Bahnbetrieb. Da im Güterverkehr viel häufiger als im Personenverkehr unfallträchtigere Rangierbewegungen durchgeführt werden müssen, sind Güterzugloks viel häufiger von Rangierunfällen betroffen. Diese Unfälle führen aber meist nur zu geringen Sachschäden (Entgleisung, Verformung durch Aufstoß) und sollen hier nicht erwähnt werden. Vielmehr soll in chronologischer Reihenfolge nur auf eine Auswahl schwererer Unfälle eingegangen werden.

11. Januar 1966, Burgbernheim, Strecke Würzburg – Ansbach:

Ein bei einem Nato-Manöver eingesetzter amerikanischer Panzer geriet bei winterlichen Verhältnissen bei Burgbernheim von der Straße nahe der Bahn ab und rutschte den rund 25 m steilen Gelände-Einschnitt auf den Bahnkörper der Strecke Würzburg – Treuchtlingen hinunter. Dort wurde der Panzer von einem herannahenden und von **E 50 041** bespannten Güterzug erfasst. Die Lok und 22 der 40 Wagen entgleisten. Drei Soldaten und der Lokführer wurden dabei leicht verletzt. Der Sachschaden betrug ca. 3 Mio. DM für die DB und ca. 1 Mio. DM für die US-Armee. Die E 50 041 kam nach der Reparatur der Schäden wieder in den Einsatz.

2. März 1972, Ingolstadt, Strecke Treuchtlingen – Ingolstadt:

Mit einer Geschwindigkeit von etwa 60 km/h fuhr **150 006** mit Dg 6563 zwischen Ingolstadt Nord und Ingolstadt auf den Zugschluss eines vor dem Halt zeigenden Einfahrsignals wartenden Kesselwagenzuges auf. Etliche Wagen entgleisten, ca. 20 mit Benzin gefüllte Kesselwagen des Üg 18263 gerieten in Brand und explodierten zum Teil. Der Lokführer des Dg und zwei sich in einem Wärterhaus nahe der Unfallstelle befindliche Personen wurden bei dem Unfall getötet. Der Fahrdienstleiter hatte nach einer Achszählerstörung auf der Strecke aus Donauwörth dem Dg irrtümlich Fahrt gegeben und beging wenige Stunden nach dem Unfall Suizid.

Die völlig ausgebrannte 150 006 wurde von Krupp mit einem neuen Lokkasten der jüngeren Bauserie wieder aufgebaut.

18. Februar 1976, Weetzen, Strecke Hannover – Altenbeken:

150 042 fuhr mit Dg 53728 infolge unterlassener Fahrwegprüfung durch den Weichenwärter auf den am Bahnsteig in Weetzen stehenden N 5835 mit 141 173 am Zugschluss auf. Es entstand mäßiger Sachschaden. 150 042 kam nach der Reparatur der Schäden wieder in den Einsatz.

6. März 1981, Tauberfeld, Strecke Treuchtlingen – München:

Der Bahnhof Tauberfeld verfügt über zwei durchgehende Hauptgleise und ein mittig dazwischen liegendes Überholgleis ohne Durchrutschweg hinter dem Ausfahrsignal. Am Abend des 6. März 1981 sollten die Lokführer des südfahrenden Güterzuges Dg 47949 und des in der Gegenrichtung verkehrenden Dg 78124 im Bahnhof Tauberfeld zur Optimierung ihrer Dienstschichten ihre Züge tauschen. Dazu lief als erster Zug Dg 78124 mit **150 100** in das mittige Gleis 2 ein. Kurz darauf hielt Dg 47949 mit der Lok etwa in gleicher Höhe an und die Lokführer tauschten ihre Züge. Dg 47949 fuhr kurz danach Richtung Süden weiter, etwa eine Minute später fuhr auch Dg 78124 in Richtung Norden schleudernd an. Der Fahrdienstleiter nahm vermutlich an, dass der Zug nur bis zum Ausfahrsignal vorziehen würde, denn Dg 78124 sollte noch die Überholung durch E 3238 aus München abwarten.

△ **Bild 387** • Durch einen Zusammenstoß mit einem Panzer bei Burgbernheim entgleiste am 11. Januar 1966 die acht Jahre alte Würzburger **E 50 041**.

Aufnahme: Sammlung Eisenbahnstiftung

Bild 388 ▷ Auf diesem am 12. April 1972 im Außengelände des AW München-Freimann angefertigten Bild wird deutlich, dass der Lokkasten der am 2. März 1972 in Ingolstadt verunglückten **150 006** nicht mehr zu reparieren war. Die Lok kam jedoch wieder in Fahrt, nachdem sie im Rahmen der Aufarbeitung u. a. einen neuen Lokkasten erhielt.

Aufnahme: Frank Lüdecke

Dg 78124 überfuhr jedoch mit ca. 26,5 km/h das Ausfahrsignal, erhielt eine Zwangsbremsung und blieb mit der Lok und dem ersten Wagen auf der Weiche im Hauptgleis stehen. Kurz danach durchfuhr E 3238 mit der Zuglok 103 125 den Bahnhof Tauberfeld mit ca. 130 km/h, und schob den ersten Güterwagen und die Zuglok 150 100 beiseite, die auf die linke Fahrzeugseite umkippte. Die 103 und die ersten Reisezugwagen wurden nach rechts abgelenkt und stürzten auf das etwa 10 m tiefer gelegene Feld. Etwa 30 Personen wurden teils schwer verletzt, der Lokführer des E 3238 erlag später seinen schweren Verletzungen. Der Sachschaden betrug ca. 5,9 Mio. DM.

Die Unfallursache war das Abfahren gegen ein Halt zeigendes Ausfahrsignal. Die Zuglok des E 3238 (103 125) erlitt Totalschaden und wurde vor Ort verschrottet, 150 100 wurde wieder aufgearbeitet.

27. April 1982, Linsburg, Strecke Bremen – Hannover:

Am 27. April 1982 war Dg 61532 auf dem Weg nach Bremen im Bahnhof Linsburg wegen einer Bremsstörung an die Seite genommen worden und sollte dort von einem Eilzug überholt werden. Schon während der Einfahrt legte der Fahrdienstleiter die Weiche am Ende des Überholgleises von Normalstellung (Richtung Hauptgleis) in Richtung des Schutzgleises. Im 1.400 t schweren Dg waren jedoch aus ungeklärter Ursache nur die ersten sechs Wagen wirksam gebremst, so dass die Zugspitze von den ungebremsten Wagen über das Ausfahrsignal und den Prellbock des Schutzgleises gedrückt wurde. Dabei stürzte **150 057** vom Bahndamm ab.

Die Lok kam nach der Reparatur der entstandenen Schäden wieder in den Einsatz.

14. Juli 1984, Frankfurt (M)-Sportfeld:

150 105 geriet wegen eines technischen Defekts in Brand. Die Lok kam nach Reparatur der Schäden wieder in den Einsatz.

20. März 1985, Abzweig Empelde, Strecke Hannover – Altenbeken:

In der Nacht vom 19. auf den 20. März 1985 näherten sich kurz vor Mitternacht Gag 76085 (Hamburg – Kulmbach), bestehend aus 20 Kesselwagen mit Superbenzin und der Zuglok **150 079**, sowie Gag 57461 (Marl-Sinsen – Hameln) mit 24 Kohlewagen und der Zuglok 140 459 der Abzweigstelle Empelde. Dort mündet die Verbindungskurve der Güterumgehungsbahn Hannover (Strecke Wunstorf – Seelze – Hannover-Linden – Lehrte) in die Hauptstrecke Hannover – Hameln – Altenbeken. Während Gag 57461 82 Minuten vor Plan verkehrte, hatte Gag 76085 etwa 15 Minuten Verspätung. Der Fahrdienstleiter im Zentralstellwerk Hannover-Linden, zu dessen Fernsteuerbereich der Abzweig Empelde gehört, entschied, nicht in den Selbststellbetrieb einzugreifen, so dass der Benzinzug Gag 76085 vor dem von der Güterumgehungsbahn kommenden Kohlezug Gag 57461 weiter in Richtung Hameln fahren sollte. Gemäß dem später ausgewerteten Indusi-Streifen quittierte der Lokführer des Kohlezuges noch das in Warnstellung befindliche Vorsignal, das etwa 1.000 m vor dem Hauptsignal an der

△ **Bild 389** • Im Bahnhof Weetzen prallte **150 042** (rechts) am 18. Februar 1976 auf 141 173 mit ihrem Nahverkehrszug

Aufnahme: Jürgen Hörstel

△ **Bild 390** • Die **150 057** stürzte im Bahnhof Linsburg am 27. April 1982 den Bahndamm hinunter. Bis zu ihrer Bergung wurde sie abgedeckt. AUFNAHME: JÜRGEN HÖRSTEL

Streckeneinmündung stand. Danach schaltete er die Antriebsleistung wieder hoch und beschleunigte den Zug bis auf etwa 58 km/h. Am Halt zeigenden Hauptsignal löste der 2.000-Hz-Magnet die Zwangsbremsung aus, welche die Zugspitze mit 140 459 jedoch erst im Weichenbereich des Hauptgleises zum Halten brachte. Kurz danach näherte sich Gag 76085 und fuhr der 140 und den ersten Wagen des Kohlezuges in die Flanke. Dabei entgleisten 150 079 sowie die ersten Wagen des Benzinzuges und gerieten in Brand. Beide Lokführer konnten sich durch schnelles Verlassen der Führerräume retten, bevor nach mehreren Explosionen an der Unglücksstelle ein Großbrand entstand, der durch die wenige Minuten später anrückende Feuerwehr erst im Laufe des Tages unter Kontrolle gebracht werden konnte.

Der Sachschaden betrug ca. 3,5 Mio. DM. Die Strecke blieb nach dem Ende der Aufräumungsarbeiten noch zwei Tage gesperrt. Vor der Neuerrichtung des Oberbaus musste das Erdreich an der Unfallstelle ausgetauscht werden, da dort einige Tausend Liter Benzin versickert waren. Die staatsanwaltlichen Ermittlungen ergaben, dass der Lokführer des Kohlezuges Gag 57461 einer Signalverwechslung unterlegen sein musste. Dazu trugen vermutlich auch die ungünstigen Aufstellungsorte der beiden Hauptsignale an der Abzweigstelle mit bei, da diese im Verlauf der Fahrt in der Rechtskurve teilweise durch Sträucher und Bäume verdeckt waren sowie in einem bestimmten Kurvenbereich leicht zu vertauschen waren, d. h. der Lokführer bezog in jenem Moment das für den Benzinzug „Fahrt“ zeigende Signal auf sich und beschleunigte durch Aufschalten den Kohlezug. Erst etwa 250 m vor den Signalstandorten erscheinen die Signale wieder eindeutig in ihrer Zuordnung zu den Gleisen. Allerdings war die „Streckenkunde“ des Lokführers für diese Fahrt etwa sechs Wochen vorher abgelaufen, d. h. er hätte die Fahrt gar nicht antreten dürfen oder hätte einen Lotsen anfordern müssen. Allein ursächlich für den Unfall war diese Signalverwechslung jedoch nicht: Bei Beginn der Fahrt hatte der Lokführer statt der Zugartschalterstellung U die Stellung M eingeschaltet, wodurch bei der Geschwindigkeitsprüfung am 500-Hz-Magneten vor dem Hauptsignal, den er mit 49 km/h passierte, keine Zwangsbremsung erfolgte. Bei Stellung M erfolgt eine Zwangsbremsung erst ab 50 km/h. Bei Stellung U wäre wegen der Prüfgeschwindigkeit 40 km/h bereits am 500-Hz-Magneten eine Zwangsbremsung ausgelöst worden, die den Zug vor dem Weichenbereich zum Halten gebracht und somit den Zusammenstoß verhindert hätte. Um weiteren Signalverwechslungen vorzubeugen, wurden die Standorte der betroffenen Hauptsignale nach dem Unfall verlegt.

150 079 kam nach der Reparatur der schweren Schäden wieder in den Einsatz.

23. März 1985, Altenbeken, Strecke Hamm – Kassel:

Nur drei Tage nach dem Unfall in Empelde ereignete sich in Altenbeken eine Flankenfahrt zwischen dem den Bahnhof verlassenden Dg 53803 mit 150 070 und der rangierenden Üg 67891 mit 212 045, die nach Signalmissachtung in das Hauptgleis geraten war. Die Zugbildung der Übergabe 67891 von Altenbeken nach Warburg war gegen 5 Uhr beendet worden, so dass der Zug auf das Gleis 23 an der Südseite des Bahnhofs im Bahnhofsteil der Strecke in Richtung Warburg umsetzen konnte. Das Schlusssignal war bereits angebracht und auch die Bremsprobe war schon durchgeführt worden. Beim Vorziehen in Gleis 23 befand sich der Rangierleiter auf der Lok, wo er durch die geöffnete Tür in Höhe des Treppenaufgangs die Begleitpapiere vom Zugführer entgegennahm und sie dem Lokführer weitergab. Danach stieg er von der Lok ab, da seine Aufgabe beendet war, und meldete dem Fahrdienstleiter die Üg 67891 über Funk fertig zur Abfahrt. Dieser antwortete über Funk: „… erst Durchfahrt Gleis 22, dann geht es weiter …“ Ob die Rangierfahrt zu diesem Zeitpunkt vollständig zum Halten gekommen war, konnten beide nicht eindeutig beantworten. Erst die spätere Auswertung des Indusi-Messtreifens ergab, dass die Üg mit Schrittgeschwindigkeit weitergerollt war. Der Fahrdienstleiter jedenfalls hatte sich per Augenschein davon überzeugt, dass die Rangierfahrt etwa in Höhe des Endes der Bahnsteigüberdachung zum Halten gekommen war, und stellte daraufhin die Durchfahrt für den Dg 53803 aus Richtung Hamm ein.

In Erwartung der Ausfahrt in Richtung Warburg zog der Lokführer mit der Üg 67891 vor, um Sicht auf das Ausfahrsignal V 23 zu erhalten, da die Gleise in einem leichten Bogen liegen. Allerdings befand sich am Bahnsteig ein Fahrtanzeiger, von dem Lokführer die Stellung ihres Ausfahrsignals entnehmen konnten. Beim Vorziehen über das im Bogen liegende Gleis 23 kam kurzzeitig (zwischen zwei Häusern neben der Strecke) das auf Hp 1 stehende Ausfahrsignal von Gleis 22 in das Blickfeld des Lokführer, der dieses auf sich bezog und den Zug beschleunigte (obwohl für Ausfahrten aus Gleis 23 nur Hp 2 zugelassen ist). Dies bemerkte auch der Fahrdienstleiter, der durch Umschalten der Signalbeleuchtung auf Taglicht noch den Lokführer der Üg auf die Haltstellung des Ausfahrsignals aufmerksam machen wollte. Gleichzeitig nahm er die Durchfahrt für den Dg zurück und setzte einen ZBF-Nothaltauftrag ab. Das nutzte aber nichts mehr. Nachdem die Üg ihr Ausfahrsignal überfahren hatte, war sie in das Hauptgleis gerutscht. Kurz darauf fuhr Dg 53803 mit ca. 75 km/h in die Flanke der Übergabe. Das Triebfahrzeug des Dg (**150 070**) sowie 15 Güterwagen entgleisten und stürzten zum Teil um. Der Führerstand der 150 wurde durch einen aufgekletterten Güter-

△ **Bild 391** • Am Abzweig Empelde bei Hannover kam es am 20. März 1985 zur Flankenfahrt eines Kohlenzuges mit 140 459 (links) und eines Benzinzuges mit 150 079. Von vorn sind die schweren Brandschäden an **150 079** kaum zu erkennen. Mehrere Kräne waren an den Aufräumarbeiten beteiligt.

▽ **Bild 392** • Bei einer Flankenfahrt am 23. März 1985 in Altenbeken wurde der Führerstand von **150 070** durch einen aufgekletterten Güterwagen vollständig zerstört.

Aufnahmen (2): Jürgen Hörstel

△ **Bild 393** • In der Nacht auf den 15. April 1986 fuhr **150 092** in Rengershausen auf einen stehenden Güterzug auf. Dabei wurden an der Lok u. a. beide Führerstände schwer beschädigt. Aufnahme: Dr. Klaus-Peter Lorenz

wagen vollständig zerstört, wobei der Lokführer des Dg getötet und ein mitfahrender Lokführer schwer verletzt wurden.

Zur Anklage vor dem Amtsgericht Paderborn kam es in der Folge sowohl gegen den Triebfahrzeugführer der Übergabe, als auch gegen den Fahrdienstleiter. Der Lokführer hätte als Streckenkundiger das Ausfahrsignal richtig zuordnen und zuvor die Rangierfahrt ordentlich beenden müssen (beim Weiterrollen mit Schrittgeschwindigkeit war der Lokführer vermutlich durch Prüfen des Bremszettels und Ausfüllen des Betriebsleistungszettels abgelenkt). Dem Fahrdienstleiter hingegen wurde vorgeworfen, der rangierenden Üg keinen eindeutigen Haltauftrag gegeben zu haben. Gerade bei der Konstellation der beiden Gleise 22 und 23 (ohne Flankenschutz und Durchrutschweg) hätte jede Rangierbewegung im Gleis 23 bei einer Durchfahrt in Gleis 22 unterbunden werden müssen.

Personalvertreter kritisierten den fehlenden Flankenschutz im betroffenen Gleis und die schlechte Sichtbarkeit der Ausfahrsignale; eine vorhandene Flankenschutzweiche war während der Elektrifizierungsarbeiten 1970 ausgebaut worden. Vorgeschrieben sind Flankenschutzweichen jedoch nur, wenn in Durchfahrgleisen schneller als 160 km/h gefahren wird.

150 070 kam nach der Reparatur der schweren Schäden wieder in den Einsatz.

15. Oktober 1985, Hattingen (Baden), Strecke Stuttgart – Singen (Hohentwiel)

Die allein von Tuttlingen nach Singen (Hohentwiel) fahrende **150 183** prallte aufgrund falscher Weichenstellung im Bahnhof Hattingen (Baden) in voller Fahrt auf den im Bahnhof wartenden Dg 44340 (Schaffhausen – Kornwestheim), der mit **150 037** bespannt war.

Beide Lokomotiven wurden bei dem Unfall schwer beschädigt, aber wieder aufgearbeitet.

31. Oktober 1985, Kornwestheim Rbf:

An jenem Tag prallte **150 097** in Kornwestheim Rbf mit 194 180 zusammen. Beide Loks trugen schwere Schäden davon. Während die 194 am 5. November z-gestellt und am 18. Dezember 1985 ausgemustert wurde, konnte 150 097 wieder aufgearbeitet werden.

15. April 1986, Rengershausen, Strecke Kassel – Frankfurt (Main):

Am 15. April 1986 fuhr ein mit **150 092** bespannter Güterzug aufgrund einer Fehlhandlung des Fahrdienstleiters mit hoher Geschwindigkeit auf einen weiteren, im Bahnhof Rengershausen stehenden, Güterzug auf. Die 150 verkeilte sich in die Wagen des vor ihr stehenden Güterzuges. Gleichzeitig stellte sich der erste Güterwagen ihres Güterzuges senkrecht hinter der Lok auf. Der Lokführer wurde schwer verletzt, die Lok wieder aufgearbeitet.

23. Mai 1986, bei Wiera, Strecke Kassel – Gießen:

Bei Wiera brannte die Zuglok **150 069** des Dg 54711 aufgrund eines Schaltwerksschadens teilweise aus. Die Lok wurde wegen der schweren Schäden ausgemustert. Ihre Drehgestelle konnten jedoch noch für den Umbau von 150 025 von Tatzlager- auf Gummiringfeder-Antrieb genutzt werden.

30. April 1987, Ansbach, Strecke Würzburg – Treuchtlingen:

Nach Signalmissachtung trotz Wahrnehmung des „Halt erwarten" anzeigenden Vorsignals durch den Triebfahrzeugführer fuhr **150 133** mit Dg 54174 aus Richtung Treuchtlingen dem gerade aus dem Nachbargleis ausfahrenden D 494 (Hof – Stuttgart – Straßburg) in die Flanke, woraufhin vier der sechs Wagen des D-Zuges entgleisten, einer auf dem Dach und zwei weitere schräg am Bahndamm liegen blieben. Ein Toter und 52 Verletzte waren zu beklagen, dazu hoher Sachschaden.

150 133 kam nach der Reparatur der Schäden wieder in den Einsatz.

29. Mai.1991, Partenstein, Strecke Aschaffenburg – Würzburg:

Am 29. Mai 1991 fuhr Gag 57669 mit **150 048** in Partenstein vor dem Einfahrsignal auf Gag 57169 auf (vgl. auch Bild 252); die 150 und drei Benzin-Wagen des aufgefahrenen Zuges brannten vollständig aus, der Triebfahrzeugführer wurde nach Abspringen von der Lok leicht verletzt. Der Fahrdienstleiter gab nach Problemen mit der Zugnummernmeldeanlage, in irrtümlicher Annahme einer Störung der Gleisbesetztmeldung und unklarer Standortbestimmung des Gag 57169 dem zweiten Zug per Ersatzsignal Einfahrt in den besetzten Abschnitt. Auch die ähnlichen Zugnummern hatten zur Verwirrung über die wirkliche Betriebslage beigetragen. 150 048 wurde noch vor Ort verschrottet.

15. Januar 1997, Laufach, Strecke Aschaffenburg – Würzburg:

Im Vergleich mit den übrigen beschriebenen Unfällen erscheint das Überfahren eines Prellbocks von **150 077** am 15. Januar 1997 in Laufach verhältnismäßig harmlos.

Obwohl die Lokomotive vom Bahndamm rutschte, führten die Schäden nicht zur Ausmusterung.

Bild 394 ▷
Am 15. Januar 1997 ist **150 077** in Laufach in eine missliche Lage geraten. **150 114** passiert am Unfalltag die noch zu bergende Unglückslok.

AUFNAHME: ACHIM SCHENKEL

19. Februar 1997, Frankfurt (Main) Süd:

Wegen einer Signalverwechslung kam es zur Flankenfahrt eines Güterzuges mit 151 072 und eines Güterzuges mit **150 026**. Beide Loks sowie mehrere Wagen entgleisten und zwei mit Benzin gefüllte Kesselwagen gerieten in Brand. Dadurch gab es erheblichen Sachschaden.

150 026 kam nach Reparatur wieder in den Einsatz, 151 072 wurde ausgemustert.

9. Dezember 1997, bei Hannover-Anderten, Strecke Hannover – Lehrte:

An jenem Tag kam es zum Frontalzusammenstoß des RE 5354 (Hannover Hbf – Celle) mit 110 421 und des KC 72271 mit **150 080**. Die verheerende Bilanz: 153 Verletzte, darunter 14 Schwerverletzte und ein Sachschaden von ca.13 Mio. DM.

Der Unfall ereignete sich auf der damals noch existierenden Verbindungsbahn zwischen der Strecke Hannover Hbf – Lehrte und der Güterumgehungsbahn Wunstorf – Hannover-Linden – Lehrte. Der RE sollte planmäßig ab Hannover Hbf auf dem Hauptgleis der Strecke Hannover – Lehrte bis zum Bf. Karl-Wiechert-Allee fahren. Von dort sollte er am Abzweig Tiergarten auf die eingleisige Verbindungsstrecke wechseln, die im Stadtteil Hannover-Anderten kurz vor dem Bahnhof Misburg in die Güterumgehungsbahn einmündet. Über die Güterumgehungsbahn sollte es weiter nach Lehrte gehen. Der RE 5354 bestand am Unfalltag aus der Zuglok 110 421, einem Halbgepäckwagen der Bauart BDms sowie vier Nahverkehrswagen der Bauarten Bnrz, ABn, Bn und Bnr. Bei dem Güterzug handelte es sich um den Kesselwagenzug KC 72271 (Hamburg Hohe Schaar – Kassel-Bettenhausen) mit 22 mit Diesel beladenen vierachsigen (Privat-)Kesselwagen der Bauart Zas sowie der Zuglok 150 080.

Der RE 5354 hatte Hannover Hbf um 16:42 Uhr verlassen und passierte das Vorsignal für das Einfahrsignal des Bahnhofs Misburg mit „Halt erwarten", der Triebfahrzeugführer (TF) quittierte dies und bremste entsprechend. RE 5354 rollte nun mit einer Geschwindigkeit von ca. 23 km/h und somit weit unterhalb der zulässigen Prüfgeschwindigkeit. Kurz danach wechselte das Einfahrsignal auf „Fahrt" mit Geschwindigkeitsanzeiger für 100 km/h, woraufhin der TF wieder beschleunigte. Etwa 300 m danach nahm der TF trotz Dunkelheit und Regens die Zugspitze des entgegenkommenden KC 72271 wahr und leitete eine Schnellbremsung ein. Sekunden danach kam es zum Zusammenstoß.

Der KC 72271 war gegen 16:45 Uhr nach Personalwechsel in Lehrte weitergefahren, wobei der TF durch schrittweises Aufschalten den Zug stufenweise beschleunigt hatte. Mit ca. 84 km/h passierte der Zug auf der Güterumgehungsbahn im Bahnhof Misburg das Zwischensignal mit „Hp 1" und „Halt erwarten" für das Ausfahrsignal. Der Lokführer quittierte die 1.000-Hz-Beeinflussung der Indusi, änderte jedoch nichts am Fahrtverlauf, wie die spätere Auswertung des Indusi-Streifens zeigte. Dies fiel auch dem Fahrdienstleiter im etwa 290 m hinter dem Zwischensignal stehenden Stellwerksgebäude auf, der unmittelbar nach Eintreffen der Meldung des Auffahrens der Weiche in der Fahrstraße für den entgegenkommenden RE 5354 noch versuchte, den RE durch Nothaltauftrag anzuhalten. Beim KC 72271 war spätestens in Höhe des 500-Hz-Magneten eine Zwangsbremsung ausgelöst worden, da die Prüfgeschwindigkeit von 40 km/h mit 88 km/h deutlich überschritten war. Nahezu zeitgleich wirkte die angehängte Geschwindigkeitsprüfung nach der 1.000-Hz-Beeinflussung des Vorsignals. Noch mit ca. 83 km/h, aber bereits ausgelöster Zwangsbremsung, passierte der Kesselwagenzug das Ausfahrsignal und geriet auf die eingleisige Verbindungsstrecke zur Karl-Wiechert-Allee und somit in den Fahrweg des entgegenkommenden RE. Der Zusammenstoß erfolgte unmittelbar darauf, der KC fuhr noch mit ca. 40 km/h, der RE mit ca. 35 km/h. Durch die etwas höhere Geschwindigkeit und die wesentlich größere Masse des Güterzuges wurde der RE nach dem Zusammenstoß um etwa 40 m zurückgeschoben. Beide Lokfronten verkeilten sich ineinander, der Lokrahmen der 110 wurde in Höhe der zweiten Achse nach oben ausgeknickt. Der erste Reisezugwagen, ein Halbgepäckwagen, kletterte auf das hintere Lokende auf und bohrte sich in den hinteren Führerstand der Lok, wobei sein führendes Drehgestell abriss. Durch diese „Knautschzone" wurde vermutlich eine noch höhere Zahl von Verletzten vermieden. Beim Güterzug wurden die ersten fünf Kesselwagen schwer beschädigt, auslaufender Dieselkraftstoff geriet in Brand.

Für beide Elloks bedeutete dies das Ende. 150 080 wurde noch ins AW Opladen gebracht und dort ausgemustert.

Schlussbemerkungen

Die letzten Loks der Baureihe 150 schieden 2003 aus dem DB-Bestand aus. Zu diesem Zeitpunkt war die älteste noch betriebsfähige Lok (150 025, Baujahr 1957) immerhin 46 Jahre alt – ein stolzes Alter.

Der DB und den Ingenieuren der Bahnindustrie war mit der schweren Güterzug-Ellok ein großer Wurf gelungen, denn die Baureihe 150 hat über lange Zeit die ihr zugedachten Arbeiten mehr als zufriedenstellend verrichtet. Allerdings kam es während ihrer 16-jährigen Bauzeit nicht nur zu technischen Fortschritten beim Bau von Eisenbahnfahrzeugen, sondern auch das Anforderungsprofil im Güterverkehr veränderte sich.

In den siebziger Jahren strebte die DB an, schnellere und schwerere Güterzüge einzusetzen, um wirtschaftlicher zu agieren. Schnellgüterzüge sollten mit einer Höchstgeschwindigkeit von 120 km/h verkehren, womit die nur 100 km/h schnellen Loks der Baureihe 150 für deren Bespannung ausschieden. Die Zuglasten sollten erhöht werden, was u. a. bei Schwerlastgüterzügen durch den Einsatz von Doppeltraktion ermöglicht werden sollte, hierüber verfügte die Baureihe 150 nicht.

Daher wurde es für die DB notwendig, mit der Baureihe 151 eine moderne Nachfolgerin der Baureihe 150 zu entwickeln und in Auftrag zu geben. In diese Konstruktion flossen die beim Bau der Schnellfahrlok der Baureihe 103 gewonnenen Erfahrungen mit ein. Aus Zeit- und Kostengründen griff die DB allerdings teilweise auch auf bewährte Elemente der Baureihe 150 zurück.

Bei der Entwicklung der Baureihe 151 wurde für den Lokkasten allerdings auf das Bauprinzip der Baureihen 103 und 181 mit alleintragendem Brückenrahmen zurückgegriffen und es wurden nur die Führerstände auf den Rahmen aufgeschweißt (die darüber hinaus gegenüber jenen der Baureihe 150 geräumiger ausfielen). Auf dem Rahmen lagerten die abnehmbaren Hauben. Dieses Bauprinzip ermöglichte eine gute Zugänglichkeit zu allen Bauteilen und es war genau so stabil (aber leichter), wie das Prinzip mit Versteifungsrippen bei der Baureihe 150. Deutlich leichter fiel bei der 151 auch das Gewicht des Transformators aus (15,4 t ggü. 17,6 t bei der 150), der über eine Nennleistung von 6.325 kVA (BR 150: 4.900 kVA) verfügte. Die Leistungen zur Energieversorgung eines Reisezuges und der elektrischen Bremse verdoppelten sich ggü. der 150 sogar. Bei der Wahl der Fahrmotoren griff die DB auf die in den Baureihen 110/140 genutzten Bauarten zurück, die über eine höhere Leistung als jene der Baureihe 150 verfügten. Allerdings wurde dabei für die Wicklungsisolation die stärkere Isolierstoffklasse F ausgewählt, dank der die thermische Belastbarkeit größer ausfiel und somit ein größerer Motorstrom nutzbar war. Am bewährten Antrieb der 150 mit SSW-Gummiringfederantrieb wurde dagegen festgehalten. Bei der Drehgestellkonstruktion orientierte sich die DB an der Baureihe 103. Ausschlaggebend waren hierzu deren guten Laufeigenschaften, die Verringerung der auf den Oberbau wirkenden Kräfte, ein geringerer Verschleiß und niedrigere Wartungskosten. Die Drehgestelle der ersten Bauserie der E 50 waren mit ihrer Kupplung zwischen den beiden Drehgestellen und dem dazu nötigen Federausgleichssystem noch vergleichsweise schwer und wartungsintensiv ausgefallen. Die 151-Drehgestelle hingegen waren nicht miteinander gekuppelt. Die Abstützung des Lokkastens auf die beiden Drehgestelle erfolgte verschleißlos und wartungsfrei durch 16 Flexicoilfedern. Da die Baureihe 151 zu einem Zeitpunkt entwickelt wurde, als die letzte Bauserie der Baureihe 150 noch nicht in der Produktion war, profitierten auch diese Loks noch von der neuen Konstruktion: So erhielten 150 165 – 194 ebenfalls Drehgestelle mit Flexicoilfedern ohne Kupplung. Diese 150-Bauserie besaß übrigens – wie auch die 151 – Verschleißpufferträger.

Wenn es sich nun so liest, dass die 151 in allen Belangen der 150 überlegen war, ist dies nicht ganz richtig. Die 150 war schwerer und hatte aufgrund der gekuppelten Drehgestelle schlechtere Kurvengängigkeit. Das war für die Gleise nicht gut, wohl aber für die Triebfahrzeugführer. Denn diese konnten mit einer 150 auf steigungsreichen Strecken auch bei schlechten Reibungsverhältnissen noch Züge anfahren, bei denen eine 151 schon längst ins Schleudern gekommen wäre.

◁ **Bild 395**
So hält ein Eisenbahnfan aus Burg (Fehmarn) seine Erinnerung an die Baureihe 150 wach. Seine Gebäudefassade ist mit einem Gemälde mit Bahnmotiven geschmückt. Dargestellt ist darauf u. a. 150 192 mit einem Güterzug (7. September 2019).

Aufnahme: Prof. Dr. Dietmar Böhnke